鄂尔多斯盆地砂岩型铀矿成矿地质背景

金若时 等 著

科学出版社

北京

内 容 简 介

本书主要分析研究了中国北方古生代末期古亚洲洋闭合后，中生代时期大陆内山盆形成过程中，盆地内沉积物质形成及时空演化为砂岩型铀矿成矿而提供的铀成矿有利环境条件。通过对比研究大量铀、煤、油钻孔等实际资料，以沉积盆地为单元，充分运用地质原理及测试分析，研究了盆地的基础地质、地球物理、地球化学、遥感影像特征，并用以恢复认知沉积环境条件变化所带来的有利成铀地质背景。

本书可供铀矿床地质学、沉积地质学及相关专业的生产、科研人员、相关院校师生阅读参考。

图书在版编目(CIP) 数据

鄂尔多斯盆地砂岩型铀矿成矿地质背景 / 金若时等著 . —北京：科学出版社，2019.9

ISBN 978-7-03-062247-1

Ⅰ.①鄂… Ⅱ.①金… Ⅲ.①鄂尔多斯盆地–砂岩型铀矿床–成矿地质 Ⅳ.①P619.14

中国版本图书馆 CIP 数据核字（2019）第 191047 号

责任编辑：韦　沁／责任校对：张小霞
责任印制：肖　兴／封面设计：耕者设计工作室

科学出版社 出版

北京东黄城根北街 16 号
邮政编码：100717
http://www.sciencep.com

北京汇瑞嘉合文化发展有限公司 印刷
科学出版社发行　各地新华书店经销

*

2019 年 9 月第　一　版　开本：787×1092　1/16
2019 年 9 月第一次印刷　印张：18 3/4
字数：445 000

定价：258.00 元
（如有印装质量问题，我社负责调换）

著者名单

金若时　俞礽安　苗培森　司马献章　李建国
孙立新　张原庆　张国利　张素荣　张天福
滕　菲　程银行　汤　超　郑国庆　杨　君　等
刘晓雪　赵丽君　王善博　朱　强　司庆红
文思博　彭胜龙　李海峰　曹惠峰　李秀花

序

铀是我国重要的战略性关键矿产。随着国民经济的高速发展和国家生态文明建设的需要，发展核电对保障能源供应安全及生态环境保护具有十分重要的意义。而我国已探明的铀资源储量远不能满足国家核电长期发展需求。目前，砂岩型铀矿已成为世界最重要的铀矿类型，也是我国最主要的经济可采类型。因此加大砂岩型铀资源的调查和勘查力度，提升铀资源保障能力，是核电可持续发展的重要基础。

鄂尔多斯盆地作为我国重要的产铀盆地之一。进入 21 世纪以来，核地质系统和原国土资源部中央地质勘查基金管理中心等单位在该盆地取得了一系列重要铀矿找矿成果，为鄂尔多斯盆地铀资源基地建设奠定了基础。国土资源部天津地质调查中心作为国家基础性、公益性、战略性的调查科研队伍，2010 年在内蒙古鄂尔多斯开展煤炭监理时，发现了煤田资料"二次开发"对砂岩型铀矿找矿具有重要意义。自从 2012 年以来，该团队牵头承担了中国地质调查局多个地质调查项目、科技部铀矿 973 计划项目及国家重点研发计划项目，全面拉开了我国北方主要中生代盆地的新一轮砂岩型铀矿找矿和科研工作的序幕，并取得了一系列理论创新和找矿成果。

从基础地质入手，以沉积盆地为单元，研究了盆地的基础地质、地球物理、地球化学、遥感影像特征，恢复认知了沉积环境条件变化所带来的有利成铀地质背景。对比研究大量铀矿、煤田、油气田勘查钻孔等实际资料，发现了反映岩石原始形成环境的颜色具有垂直分带性，有别于层间氧化带成矿理论的横向颜色分带认识。确定了鄂尔多斯盆地沉积环境与控矿的层序；初步建立了反映沉积环境的氧化还原条件和干旱潮湿岩性序列指标。为建立"跌宕"成矿模式奠定了地质事实基础，对确定找矿方向和靶区优选，开辟铀矿找矿工作新局面起到了重要的指导和推动作用。

利用钻孔大数据平台和放射性异常参数特征筛查煤田和油田钻孔资料，快速圈定了一批成矿远景区和找矿靶区，明确了铀矿找矿具体部署方向，提出了"232"找矿方法体系，为找矿工作整体部署提供了思路。此轮工作提出的选区、类型研究、工程验证和勘查示范四个阶段的工作程序，是执行项目过程总结出来的成功经验。

金若时和他的科研团队依托中国地调局公益性平台，创新煤田、油田资料"二次开发"的技术思路，实现了地矿、核工业、煤炭、石油等系统的资料共享、人员大联合和大协作，充分利用了煤炭和石油系统数以万计的钻孔、测井等资料和核工业系统丰富的找铀经验，结合地矿系统多手段、多矿种、多领域的找矿信息，真正实现了跨行业、跨系统的系统性科学找矿。打开了行业壁垒，盘活了各行业数十年积累的资料，调动各行业科研和勘查队伍的积极性，踊跃参与项目，协同研究和找矿勘查，用较少的投入，快速发现和探明了一批矿产地。这种创新性工作方式，值得借鉴。

该著作体现了天津地调中心铀矿团队基于煤田和油田系统已有资料，通过科学性"二次开发"，在鄂尔多斯盆地开展砂岩型铀矿调查和找矿取得的新成果和新认识，显示了新一轮综合研究和铀矿找矿突破的良好开端,进一步揭示了鄂尔多斯等北方盆地仍具有巨大的找矿潜力。我坚信,在自然资源部和中国地质调查局的大力支持下,通过广大铀矿地质工作者的不懈努力和奋斗,继续创新铀矿成矿理论和找矿技术,将推动我国铀矿找矿取得更大突破,也将有力的助推铀矿地质事业的蓬勃发展。

中国工程院院士

2019 年 8 月 20 日

前　　言

　　纵观砂岩型铀矿历史此类矿产的开发利用仅是近几十年的事情。1850 年，捷克首次把铀矿石作为矿产品开采。1880 年，美国在科罗拉多高原发现砂岩型铀矿。1945 年 7 月 16 日，美国实验引爆了世界上第一颗原子弹。1952 年，苏联发现乌奇库杜克砂岩型铀矿床。1954 年，在苏联的奥布宁斯克建成了第一座核电站。1967 年，苏联布金纳依砂岩型铀矿床地浸实验取得成功，使砂岩型铀矿成为一种具有规模大、原地浸出成本低、开采环保的非化石清洁能源。1980 年，法国巴黎召开的 "the 26th International Geologic Congress"，提出了 "Geological Environments of Sandstone-type Uranium Deposits" 计划，系统地提出了砂岩型铀矿的定义，展开了全球重要砂岩型铀矿床分布范围的划分和构造背景的研究（IAEA，1985 年资料）。

　　对于砂岩型铀矿前人做了一些研究工作。代表性的为：美国学者 Shawe 等（1959）提出了 "卷状型" 铀成矿作用；而后，Granger 和 Warren（1969）建立了 "卷状型" 铀分带的成矿模式。俄罗斯科学家 Наумов 和 Шумилин（1994）提出了 "潜水渗透型" 和 "层间渗透型" 成矿作用；国内学者将俄罗斯学者提出的 "层间渗透" 改造为 "层间氧化带" 成矿模式。

　　国内鄂尔多斯盆地砂岩型铀矿的重要发现已近十余年。2000 年，核工业二〇八大队在鄂尔多斯盆地发现了皂火壕砂岩型铀矿，之后又发现了纳岭沟铀矿。2010 年，国土资源部中央地质勘查基金管理中心等单位发现了国内最大砂岩型铀矿床——大营铀矿。2012 年以来，中国地质调查局天津地质调查中心（简称天津地调中心）等单位在总结前人工作基础上，运用 "煤铀兼探" 和 "油铀兼探" 的思路快速发现了塔然高勒、宁东、黄陵和泾川等铀矿，建立了鄂尔多斯盆地东北缘三维可视化模型和盆地铀矿勘查钻孔数据库，并对该盆地成矿地质背景和作用提出了许多新认识。

　　本套著作共包含两册，一册为《鄂尔多斯盆地砂岩型铀矿成矿地质背景》（本书），另一册为《鄂尔多斯盆地砂岩型铀矿成矿作用》。是对 "我国主要盆地煤铀等多矿种综合调查评价" 计划项目（2013～2014 年）、"北方砂岩型铀矿调查工程"（2015～2021 年）、973 计划项目 "中国北方巨型砂岩铀成矿带陆相盆地沉积环境与大规模成矿作用"（2015～2019 年）和 "北方砂岩型铀矿能源矿产基深部探测技术示范" 专项（2018～2020 年）四个项目 2018 年前获得的地质成果的总结。

　　《鄂尔多斯盆地砂岩型铀矿成矿地质背景》分析研究了中国北方古生代末期古亚洲洋闭合后，中生代时期大陆内山盆形成过程中，盆地内沉积物质形成及时空演化为砂岩型铀矿成矿而造就的铀成矿的有利环境条件。本书对比研究了大量铀、煤、油钻孔等实际资料，研究成果突出以沉积盆地为单元，充分运用地质原理及测试分析，研究了盆地的基础地质、地球物理、地球化学、遥感影像特征，来恢复认知沉积环境条件变化所带来的有利成铀地质背景。

依托中央公益性地质调查职能定位和平台优势，通过"五个坚持"的工作原则和"五个统一"的质量管理，创新了多行业、多部门协同工作，产学研相结合的铀矿找矿工作新机制，充分发挥了煤炭、石油、核工业、院校等部门、单位优势，以中央公益性地质调查队伍为龙头，综合找矿、科学找矿落到实处。没有海量的煤田、油气田钻孔资料的二次开发应用，不可能对成矿沉积相、沉积相及岩石的蚀变水平分带、氧化还原环境的垂向分带等做到细致的研究，没有氧化还原环境的垂向分带新认知，找矿空间就得不到拓展，就没有我国北方砂岩型铀矿找矿工作的新局面。

依托铀矿 973 计划项目和铀矿调查工程等平台，项目成员共发表论文 177 篇，其中被 SCI 收录论文 36 篇、EI 收录论文 37 篇。在天津地调中心初步打造了一支近 70 人的铀矿调查与科研团队，铀矿团队先后被评为 2015 年天津市模范集体和全国国土资源管理系统先进集体；2 人被评为天津市劳动模范、2 人被评为中国地质调查局"十大杰出青年"、1 人被评为中国地质调查局优秀青年、1 人入选中国地质调查局卓越地质人才、1 人入选杰出地质人才、2 人入选优秀地质人才。通过铀矿综合找矿，一大批煤炭、油气、地矿专家成为铀矿专家。一系列铀矿矿产地的发现，也为不同地勘单位调整产业结构、提升业务承载力提供了机遇、搭建了平台。

通过对盆地及其周边地球物理特征的分析，对整个盆地的构造格架有了新的认识；结合发现的砂岩型铀矿矿集区分布特征，分析了砂岩型铀矿产出的有利构造部位。对盆地周缘的地球化学特征分析，推断了成矿物质的物质来源。盆地的航空能谱具有北低南高的背景值特征，分析其特征主要受盆地形成期后构造改造的现今地貌和第四纪沉积分布所控制。遥感信息反映该盆地内，发育许多线形和环状构造，这些构造的控矿作用值得关注。

通过对全盆地和成矿集中区的钻孔联井剖面沉积环境的对比研究，发现整个盆地无论是成矿集中区还是未成矿地区，代表成岩形成时氧化-还原形成条件的岩石颜色分带，均为垂直分带，而且其分带由上至下多为红色—黄色—绿色—灰色—黑色。砂岩型铀矿大多产在含煤岩系或含油岩系上部的含铀岩系内，即一般产在煤层或油层之上的灰色岩石中。这种分带现象在该盆地内上万个钻孔资料中普遍存在，这个现象与前人"层间氧化带型"成矿模型提出的沿斜坡带上段为红色、黄色氧化带，中间为绿色、灰色氧化还原过渡成矿带，下段为灰色、黑色还原带的成矿区岩石颜色水平分带的认识大相径庭。而对成矿区内沿斜坡带剖面岩心进行系统的短波红外光谱扫描测试，发现其蚀变矿物沿斜坡带呈水平分带。

本书相关研究建立了利用煤田和油田勘查资料二次开发的工作细则、统一了调查标准。明确了异常钻孔筛选圈定找矿靶区、钻孔验证发现矿产地、对矿产地开展地质调查确定找矿方法、矿产调查扩大资源量四个工作步骤。建立了利用综合信息、查明控矿要素和运用好铀矿调查方法"232"的找矿方法组合。提出了"含煤盆地砂岩型铀矿找矿模式层序"、"红-黑岩系耦合产出对砂岩型铀矿成矿环境的制约"、"含铀岩系构造样式"、"大盆地、大砂体、大规模成矿作用成大矿"等对砂岩型铀矿形成背景条件的理论观点。用这些理论认识作指导并利用系列新的找矿方法在此盆地内发现了一批砂岩型铀矿资源矿产地。

本书共分为五章，前言、绪论由金若时、俞礽安、张元庆等执笔；第一章由孙立新、李建国、赵更新、张国利、张素荣、滕菲、程银行、张原庆、郑国庆、王威等执笔；第二章由金若时、俞礽安、张天福、孙立新、杨君、肖鹏等执笔；第三章由俞礽安、苗培森、李秀花、彭胜龙、曹惠峰、朱强、司庆红、汤超、刘晓雪、肖鹏、赵丽君等执笔；第四章由金若时、俞礽安、王善博、张元庆等执笔；第五章由金若时、司马献章、俞礽安、王善博、汤超、肖鹏、文思博等执笔。全书最后由金若时、俞礽安统撰定稿，杨君、刘晓雪、赵丽君、王亚飞等参与了书中大量图件的编制。

在项目执行过程中，自然资源部科技发展司高平司长、中国科学院侯增谦院士、中国工程院毛景文院士及中国地质调查局资源评价部等有关领导对973计划项目的运行给予悉心的指导和帮助，973计划项目和铀矿工程跟踪技术专家原中国核工业地质局总工程师郑大瑜同志由始至终指导了本项目的铀矿调查和研究工作；另外原中国核科技信息与经济研究院院长侯惠群、中陕核工业集团二二四大队陈冰、宁夏核工业勘查院郭建宇、甘肃核工业地质局张玉龙等同志对完善项目的调查技术方法和保证工作质量给予大力的支持。

这些工作是在中国地质调查局和科技部的长期支持下，由中国地质调查局天津地质调查中心组织牵头，联合内蒙古自治区煤田地质局、中国核工业地质局二〇八大队、宁夏回族自治区地质局和核工业勘查院、中国煤田地质局、内蒙古自治区地质调查院和陕西核工业地质局等所属的多家队伍共同承担完成的；向这些为此项目流淌辛勤汗水与贡献智慧的同仁和所有关心支持此项目的领导与专家表示衷心的感谢！

金若时

2018年11月19日于天津

目　　录

绪　　论

一、铀资源形势分析

1. 铀

随着 19 世纪 40 年代第一个人工核反应堆的成功运转和第一颗原子弹的成功爆炸，人类进入到原子能时代。原子能和化学能、化石能源最重要的差别就是单位质量的能量密度，它们相差约六个数量级。例如，一吨铀元素裂变所能产生的能量大约相当于 260 万吨标准煤燃烧所释放出的化学能。

地球上放射性核素很多，人类对放射性核素的应用也多种多样，如放射性核素示踪、地质年代测定、农作物处理等。但是放射性元素对人类影响最大的还是原子能动力发电和原子武器。原子能发电和原子武器最基础的材料就是铀元素。铀元素也是地球上数量最多、内蕴裂变能量最大的放射性元素。自从人类进入原子能时代，铀元素具有的三大显著特点，或者说三大功能，深深地影响着人类社会的生产、生活和发展与进步：一是巨大的裂变能量，为人类提供了大量所需的能源，据 2018 年 BP 年会数据，原子能发电占世界总发电量的 4.8%；二是核武器的巨大破坏力，各国现存的核武器总数，足以毁灭人类几十次；三是核武器巨大破坏力的另一面，就是巨大的威慑力，自从 1945 年世界上有了原子弹，70 多年来大国之间的斗争一直保持着克制，没有哪个国家敢轻易挑起大国战争。这种威慑力预计将会长期存在下去。到目前为止，地球上还没有第二种元素对人类社会有这么大、这么深远的影响。

铀的原子序数是 92，在元素周期表中，为第七周期第Ⅲ副族，是自然界中已发现的质量最大的化学元素。铀共有 15 种同位素。所有同位素皆不稳定，但是半衰期差别巨大。自然界中铀有三种同位素，分别是 ^{238}U、^{235}U、^{234}U。其中，^{238}U 含量占 99.275%，半衰期为 $4.468 \times 10^9 a$；^{235}U 含量占 0.720%，半衰期为 $7.038 \times 10^8 a$；^{234}U 含量占 0.005%，是 ^{238}U 的衰变子体，半衰期为 $2.455 \times 10^5 a$（Rudnick and Gao，2003）。

铀在地壳中属于微量元素，由于含量较少且分布极不均匀，在地壳中的丰度值不同年代、不同学者的数据差别很大，最高是 10^{-4} 数量级，一般是 10^{-6} 数量级。据中国最新科普词条（2015 年），含量约为 2.5×10^{-6}，在地壳元素含量中的排名在第 50 位左右。貌似含量不多，实际上铀元素含量要高于钨、汞、银等人们比较熟悉的金属，比黄金的含量高出千倍！

铀的地球化学习性属于典型的亲石元素，具有较强的亲氧性，在自然界中多形成铀的氧化物及含氧盐。与大多数重金属元素一样，铀在自然界的存在状态也非常复杂，运移和沉淀多以各种不同组合的络合物形式进行。但是万变不离其宗，铀元素主要以 +4 和 +6 两种价态存在于各种络合物之中。最简单、基本的化学组合是 UO_2 和 UO_3 原子团，这些原子团再以更复杂的络合物形式存在于自然界中。铀的存在方式虽然复杂多样，但是规律性也比较强，在各种溶液中，易溶于水迁移流动的是 U^{6+}（UO_2^{2+}），U^{4+}（UO_2^0）一般都是以沉淀状态存在的。

目前已经发现的含铀矿物有 170 种以上，具有工业利用价值的矿物主要为沥青铀矿、晶质铀矿、钙铀云母、铜铀云母、钒钾铀矿、钒钙铀矿、钛铀矿、铀石、硅钙铀矿等。

2. 铀资源供求

铀资源是国防安全和能源安全的重要保障，对于调整和优化我国能源结构，改善生态环境具有重要意义。中国《核电中长期发展规划（2011~2020 年）》提出，到 2020 年中国在运核电装机达到 5800 万 kW，在建 3000 万 kW；单位国内生产总值二氧化碳排放比 2005 年下降 40%~45%，非化石能源占一次能源消费比重将达到 15% 左右。世界上多数发达国家核能发电的利用比重已超过 20%，而我国尚不足 2%，核能发电尚有较大的发展空间。

核电的发展需要大量、稳定的铀资源的长期供应，以现在核电发展趋势，国内探明的铀资源量难以满足核能中长期发展的需求。作为核电的原材料，充分利用好国内、国外市场是核资源利用的必由之路，用好两个资源、两个市场必须以国内资源作为依托，才能确保铀资源的供给和价格稳定。因此，扩大我国的铀资源量，才能确保我国铀资源的长期稳定供给和战略储备。

3. 铀矿产资源现状

根据国际原子能机构（IAEA）资料，目前世界上有 75 个国家发现有铀矿床，资源量居前五位的国家依次为澳大利亚、哈萨克斯坦、尼日尔、加拿大和纳米比亚。国际原子能机构根据经济重要性把铀矿床划分为 15 种类型，最重要的就是砂岩型铀矿床。

此外世界上具有工业意义的铀矿床类型还有很多，如花岗岩型、火山岩型、热液型、角砾杂岩型、不整合面型、砾岩型等。类型划分也有不同的看法。各国地质条件不同，所依赖的主要铀矿类型也不尽相同，如法国主要利用花岗岩型、纳米比亚为白岗岩型、澳大利亚为角砾杂岩型、加拿大为不整合面型、南非为砾岩型等。20 世纪中叶以前，美国和苏联（俄罗斯、哈萨克、乌兹别克和乌克兰）则分别利用热液型和火山岩型。1967 年，砂岩型铀矿地浸开采实验取得成功，此后该类型资源利用迅速攀升，目前已成为主要开采的矿床类型（王正邦，2002）。

据 IAEA 红皮书（2016 年），世界上开采成本低于 130 美元/kg U 的已查明资源约为 571.84 万吨，开采成本低于 40 美元/kg U 的已探明资源约为 64.69 万吨。我国开采成本低于 130 美元/kg U 的已查明资源约为 27.25 万吨，开采成本低于 40 美元/kg U 的已查明资源约为 9.7 万吨。

国际社会对核电站恐慌的不断加剧及全球铀矿价格持续下跌严重制约了全球铀矿的勘探开采工作。砂岩型铀矿以矿床规模大、地浸采矿成本低、开采过程环保等优点，在世界铀资源量供给中的比重迅速攀升，目前是世界上经济价值排在第一位的铀矿类型，也是我国铀资源的主要类型。据 IAEA 红皮书（2016 年），砂岩型铀矿探明的资源量占全球总量的 27%（图 0.1a），然而其 2015 年的实际资源供给量已占当年全球铀资源总供给的 49%

（<130 美元/kg U），位居各类铀矿之首（图 0.1b）。从铀矿初始资源量、查明资源量和开采量三个标准衡量，砂岩型铀矿无疑是当前和今后相当长时间内世界上最重要的成因类型和工业类型。

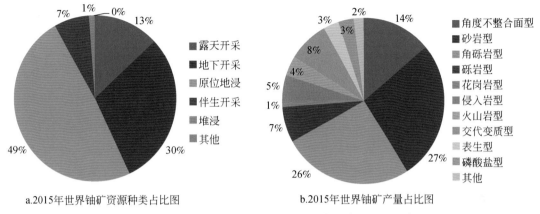

a.2015年世界铀矿资源种类占比图　　　　b.2015年世界铀矿产量占比图

图 0.1　2015 年世界铀矿资源种类占比（a）和铀矿产量占比（b）（据 IAEA，2016）

二、鄂尔多斯盆地砂岩型铀矿研究历史

1. 煤田、石油研究历史简介

鄂尔多斯砂岩型铀矿研究和勘查开发是与鄂尔多斯盆地基础地质研究分不开的。鄂尔多斯盆地是我国重要的煤炭和油气盆地，也是我国最早开展基础地质研究、石油勘查、煤炭勘查的地区之一，煤炭、油气的储量和年开采量在我国都占相当的比重。近年来东胜煤田、长庆油田储量的增长是我国能源产业发展过程中的大事。

新中国成立前，老一代地质工作者在极端艰难的条件下在鄂尔多斯盆地做了大量的调查研究工作，认识到盆地具有巨大的煤炭资源量，又发现了规模较小，但是对当时的中国却具有重要意义的延长油田。

系统性的地质调查、资源勘查工作始于 20 世纪 50 年代。石油、地矿、煤炭、核工业等勘查队伍先后在盆地开展了基础地质研究工作，取得了较丰富的基础地质资料。为全面深入了解鄂尔多斯盆地的地质背景、构造格架、地层结构、地质发展演化等奠定了良好基础，也为开展地浸砂岩找矿工作积累了丰富的基础地质资料。

煤田勘查系统性工作始于 20 世纪 50 年代。内蒙古、陕西、甘肃、宁夏各省、自治区的地质、煤炭等系统所属勘查单位在盆地东北部、东南部、西南部、西部地区分别开展了不同程度的煤田勘查工作，查明东胜煤田等一批大型、超大型煤田，获取了大量煤田基础地质资料，为利用煤田资料"二次开发"进行铀矿找矿提供了重要的资料基础。

陕北地区是我国最早发现、认识石油的地方，也是最先采集石油并加以利用的地方。鄂尔多斯盆地在近代中国的石油勘探中一直被寄予厚望，但是由于种种原因一直没有实现突破。到 1949 年新中国成立时，盆地累计产油 6000 余吨，还不到今天长庆油田日产量的一半。为摘掉"中国贫油论"的帽子，20 世纪 50 年代开始石油工业部、地质矿产部石油普查大队等相继在鄂尔多斯盆地北部开展了 1：20 万石油普查及重、磁、电、震等物探工作，部分地区进行了大比例尺的详查和钻探勘查工作。在工作区地层系统、石油和天然气的赋存情况以及区域构造的认识等方面取得了较大的成就。较系统的资料有 1964 年第三石油普查勘探大队编制的《鄂尔多斯盆地石油地质图集》，其对整个盆地的地质情况首次进行了系统总结。随着 20 世纪 90 年代我国石油勘探再次向西部转移，河流相油气勘探取得突破，盆地油气资源量、开采量都上了一个大的台阶。近年来，盆地内的长庆油田一直稳居我国油气田开采量的首位。

2. 盆地铀矿研究历史

20 世纪 40 年代中后期，美苏先后成功爆炸原子弹，核武器对国际政治、军事格局的影响是深远、巨大的。新中国成立及抗美援朝战争后，以毛泽东为代表的第一代领导人深刻意识到核武器的重要性，积极推动我国核工业的发展。因此 50 年代开始我国对铀矿找矿工作就非常重视，全国范围内逐步开展了小比例尺航空放射性普查工作和重点矿区的调查工作。鄂尔多斯盆地就一直是我国铀矿找矿的重点地区。盆地铀矿勘查工作大致可分为三个阶段：

第一阶段：20 世纪 50 年代至 80 年代。原西北一八二大队、内蒙古三队、宁夏三队、核工业二〇八大队和二〇三研究所、北京地质研究院等单位及其他队伍，主要开展了地面物化探、航放测量及水化学找矿等工作，发现了大量的地面铀矿点、矿化点及异常点带，提供了重要的寻找铀矿线索。

第二阶段：20 世纪 90 年代至 21 世纪初。核工业二〇八大队、中国地质大学、核工业二〇三研究所等单位主要开展了资料综合整理、编图研究工作，圈定了一系列的成矿远景区及找矿靶区；同时核工业勘查队伍陆续开展了铀资源调查评价、预查、普查、详查等勘查工作，取得了很好的找矿成果，发现了皂火壕、纳岭沟、双龙、瓷窑堡等铀矿床。

第三阶段：2010 年至今。由于铀矿的特殊性和计划经济体制的显性、隐性约束，前两个阶段基本上是专业队伍找矿。2010 年开始，以"煤铀兼探"、"油铀兼探"、资料"二次开发"为特征的找矿技术方法相继推广运用，找矿理论也突破了层间氧化带型固有模式，开创了鄂尔多斯盆地及其他地区铀矿找矿的新局面。其中，天津地调中心 2010 年在内蒙古鄂尔多斯开展煤炭勘查监理时，发现了煤田资料"二次开发"对砂岩型铀矿找矿具有重要意义，并于次年 4 月与中央地勘基金管理中心、内蒙古自治区国土资源厅签订了华北地区铀矿勘查选区综合研究三方合作协议，开始部署北方砂岩型铀矿找矿战略选区工作。2011 年 8 月底，国土资源部中央地勘基金管理中心牵头组织开展了"内蒙古大营铀矿会战"。通过"煤铀兼探"，率先发现了国内最大规模的可地浸砂岩型铀矿床——大营铀矿。在此基础上，2012 年以来，在中国地质调查局的统一部署下，由天津地调中心牵头负责，先后实施了"我国主要盆地煤铀等多矿种综合调查评价"计划项目、"北方砂岩型铀矿调查工程"、科技部 973 计划项目"中国北方巨型砂岩铀成矿带陆相盆地沉积环境与大规模成矿作用"及"北方砂岩型铀矿能源矿产基深部探测技术示范"专项。以煤田钻孔资料"二次开发"为主要技术手段，全面拉开了我国北方主要中生代盆地的新一轮砂岩型铀矿找矿和科研工作。鄂尔多斯盆地是其中的重要组成部分。围绕铀矿调查评价、重要基础地质问题，天津地调中心组织煤田、地矿、核工业等不同行业队伍共同推进各项工作，累计投入经费1.7亿元，取得了一系列选区和找矿的重要突破或发现，并对盆地砂岩型铀矿资源潜力开展了初步评价，为后续勘查和铀资源基地建设奠定了坚实的基础。

三、砂岩型铀矿资源量突破过程及主要成果

自从砂岩型铀矿地浸法采矿试验成功以来，砂岩型铀矿的重要性越来越突出，目前地浸法开采已经成为世界和我国铀矿的最主要开采方式（IAEA资料）。鄂尔多斯盆地是我国北方砂岩型铀矿成矿带中的重要盆地。2010年，核工业队伍在盆地的北部发现了我国第一个大型砂岩型铀矿——皂火壕铀矿。回顾鄂尔多斯盆地砂岩型铀矿的找矿历史，我们发现成矿理论的突破和找矿方法的革新起了关键性作用。在成矿理论方面，受传统沉积理论，特别是磷、锰、铁成熟沉积模式的影响，铀矿成矿也长期拘泥于沉积环境的水平分带模式，对沉积环境快速变化的河流相氧化还原条件认识不足，对氧化还原环境随时间轴（层位）的演化、转换认识不足。在找矿方法方面，充分挖掘煤炭、石油勘探过程中钻探资料尤其是测井资料信息，通过放射性异常和砂泥岩沉积韵律、沉积相、构造环境的综合关联分析，明确了找矿层位和含矿岩系的基本特征。形成了一套以沉积相、氧化还原环境四维时空演化为特征的铀矿成矿理论，以及以钻孔放射性异常、沉积环境、沉积韵律分析等综合分析为基础的综合找矿理论方法。正是由于成矿理论和找矿方法的突破，2010年以后，鄂尔多斯盆地铀矿新获资源量是以前几十年的数倍。在这套理论方法指导下，北方其他盆地资源量也同样出现大幅增长。在这个过程中，研究思路的目标导向与找矿方法的实质性创新是分不开的。

1. 研究思路

地球科学理论发生板块革命以来，成矿理论研究也进入了一个新的时代，成矿理论和地质环境、地质事件研究的结合越来越密切。成矿模式的总结成为成矿理论研究的"顶峰"！其实成矿理论研究的目的也是双重的，一方面要认识、发现矿床的成矿规律，另一个更重要的方面就是如何寻找矿产资源。找矿不单单是勘探队员的任务，更是学科领域内专家学者的直接任务。我们不但要研究矿床的成矿规律，还要研究矿床的找矿方法和找矿规律。铀矿是关系到我国政治、经济、安全的战略性资源，必须寻找突破口。天津地调中心结合国家战略导向，以"全力支撑铀资源保障，促进形成新的铀资源基地和解决关键地质问题"为主要目标，以盆地为单元，部署铀矿选区调查与科学研究工作。以地质事实为依据，深化研究控矿要素，获取精细的研究实验数据，凝练关键科学问题是实现成矿理论提升的基础工作，理论认识的提高必然带来新的找矿突破。

2. 技术方法

本次铀矿调查工作确定了"①筛选钻孔，确定'远景区'、'靶区'；②优选'靶区'进行钻探验证；③确定成矿类型，选择找矿技术方法组合；④优选矿点进行勘查示范，将矿点变成矿产地"四步工作阶段。建立了"统一工作思路"、"统一工作部署"、"统一技术路线与方法"、"统一技术标准"四个统一工作原则。

砂岩型铀矿的形成受沉积相带和沉积体的氧化还原条件双重因素控制。这次工作以盆地尺度为单元来认知砂岩型铀矿的形成环境,使我们在含铀岩系沉积相带和沉积的氧化还原环境背景方面有了与前人不一致的认知。在成矿方面以矿集区为单元的研究工作开拓了大规模流体"源、运、储"的研究视野,结合盆地的地下水动力条件,建立了新的找矿模式。

3. 主要成果

通过在鄂尔多斯盆地近五年的铀资源调查评价工作,依靠利用对煤田、油田资料二次开发的创新思路和勘查技术方法体系,在不同行业队伍的共同参与下,大致查明了鄂尔多斯盆地沉积环境特征和铀成矿地质条件,取得了系列找矿突破和成矿理论新认识,完善了找矿技术方法。

(1) 战略选区和铀矿调查取得新区新层系重要找矿发现,提交新发现铀矿产地 8 处(其中两处达大型矿床规模),累计提交 334_1 资源量 X 万吨,为鄂尔多斯盆地铀资源基地建设提供了资源基础,同时扩大了资源前景。

①新发现一批重要找矿远景区。运用"煤铀兼探"、"油铀兼探"思路,首次较系统地收集、筛选鄂尔多斯盆地内煤田、油田钻孔 17 550 个、筛查出潜在铀矿孔 1877 个、潜在铀矿化孔 1700 个;综合分析了铀成矿地质条件,总结铀成矿规律,开展铀矿区划和资源潜力评价,圈定了铀成矿远景区 9 片,为后续调查工作部署提供了重要依据。

②钻探验证效果显著。组织施工验证钻孔 219 个,发现铀矿工业孔 46 个,铀矿化孔 76 个,总体见矿率达 61%;新发现铀矿产地 8 处(大型 2 处、中型 3 处、小型 3 处)、矿点 6 处、矿化点 12 处,提交砂岩型铀矿 334_1 资源量 X 万吨,完成了中国地质调查局砂岩型铀矿攻坚战第一阶段的目标任务;找矿成果有力支撑了盆地铀矿重大找矿进展,促使鄂尔多斯盆地跃升为世界级产铀盆地。

③提出了盆地重要矿集区含铀岩系地质特征新认识。控制铀矿沉积的核心要素是氧化还原环境的变化,这种环境和一定的层位关系密切,在四维时空演化中有其独特的规律。其中,盆地东北缘地区铀矿主要赋存于中侏罗统直罗组下段;西缘宁东地区除直罗组外,在其下伏的中侏罗统延安组中首次发现了一定规模铀工业矿体;在西南缘油气田区首次在白垩系洛河组发现较高品位工业矿体,实现了新区新层位重要找矿发现;东南缘黄陵地区的主要含铀层为直罗组下段;中部及东部地区见有安定组的含铀层。

④初步评价了盆地的铀资源潜力。盆地东北缘一处新发现的大型规模铀矿产地有望将国内最大的大营铀矿床和纳岭沟大型铀矿床相连,使其成为世界级的超大型铀矿床;盆地西缘发现四处铀矿产地,在中侏罗统直罗组下段和延安组顶部均发现工业矿体,通过进一步勘查评价示范,有望成为新的铀资源基地;另外盆地东南部重点地区提交一处中型规模铀矿产地;西南缘某地区有望形成大中型规模铀矿产地;盆地中部某地区发现铀矿化现象,均显示具有较好的找矿潜力。

(2) 开展了盆地的物、化、遥综合编图及重要矿集区三维编图工作,厘定了中生代以来盆地的主要构造事件,初步查明了重要矿集区含铀岩系沉积体系、沉积环境等关键地质问题。

①全面收集和编制了覆盖全盆的地、物、化、遥系列图件,开展了构造、铀源专题研

究。查明了主要的构造格架特征及主要断裂、褶皱构造空间分布特征，初步分析了主要断裂构造与铀成矿的关系。同时利用铀元素地球化学资料分析了盆地的主要供铀背景。

②初步查明了找矿目的层沉积体系及中生代以来主要构造事件。通过三维编图、野外剖面测量和样品分析，大致了解了盆地延安组、直罗组沉积相特征，对沉积相、沉积序列进行了精细划分，将延安组划分为五个层序、直罗组划分为四个层序。探讨了沉积相对铀成矿的控制作用。结合裂变径迹等测试工作，厘定了鄂尔多斯盆地中生代以来六次重要构造事件。认为侏罗系底界面和下白垩统志丹群底部存在区域性的角度不整合界面，是区域印支运动、燕山运动在鄂尔多斯地区的重要构造事件形迹。

③建立了反映目的层沉积环境的序列指标体系。结合沉积相、主微量元素、古生物化石及黏土矿物特征，建立了反映古沉积环境的序列指标体系，指出延安组古气候为氧化-还原交替气候条件，直罗组下部沉积期为还原气候条件，侏罗纪晚期和白垩纪为氧化气候条件。它们为确定铀矿沉积的氧化还原环境提供了重要环境条件。

（3）创新了煤田、油田资料"二次开发"找铀技术方法。

结合铀矿工程的国家战略和973计划，鄂尔多斯盆地铀矿勘查以宁东地区铀矿选区调查为起点，在前人工作研究的基础上，建立了煤田、油气田钻孔资料排查的关键技术指标，先后编制了"北方砂岩型铀矿调查与勘查示范子项目设计书编写技术要求（试行）"、"子项目地质报告编写指南（试行）"、"北方砂岩型铀矿调查与勘查示范子项目报告编写技术要求"、"地浸砂岩型铀矿地质调查工作技术要求（第四版）"等技术文件，并编制了统一的砂岩型铀矿野外地质编录简易色卡，有力促进了盆地砂岩型铀矿调查工作的标准化和规范化。已初步形成了一套以煤、油钻孔资料"二次开发"为核心的砂岩型铀矿调查技术方法体系。技术方法的创新使得尘封多年的煤田、油气田勘查资料焕发出蓬勃生命力，产生了十分显著的找矿效果和巨大的社会经济效应，大大缩短了铀矿找矿周期，节省了大量的人力、物力、财力。

（4）成矿理论与找矿模型研究突破固有模式，拓展了找矿空间。

在盆地数万个煤田、油田勘查钻孔和9万余米验证钻孔等大数据基础上，结合973计划项目研究成果，在成矿理论和找矿模型方面突破传统理论的固有模式，针对盆地沉积演化、成矿氧化还原环境演化，拓展了理论和实际找矿空间。由传统水平分带单一控矿模式拓展到垂向氧化-还原分带水平成矿流体分带的立体分带控矿模式，形成了成矿氧化还原环境变化的时空四维约束机制。发现氧化还原环境的垂向分带具有更广阔的成矿空间和成矿物理化学条件，认为红-黑岩系对含铀岩系有重要控制作用。全盆地从延安组到安定组普遍发育有"黑色—灰色—绿色—红色"的垂向地层结构，它们是古沉积环境由还原向氧化转变形成的垂向分带，是大规模成矿作用的地质背景条件，为铀预富集提供了有利条件。红-黑岩系结构往往决定了含铀岩系的归属；同时发现了矿体、地球化学和蚀变矿物的水平与垂直分带特征及其演化规律，为表生流体在铀成矿过程中如何溶解、运移、沉淀铀矿物质提供了依据。

根据对典型矿床的成矿地质特征总结，提出了集古沉积环境、成矿流体特征、构造有利部位和钻孔放射性异常为一体的"232"找矿预测模型。指导了盆地的铀资源潜力评价。

（5）工作机制创新，是综合找矿、科学找矿的成功范例。

依托中央公益性地质调查职能定位和平台优势，通过"五个坚持"的工作原则和"四个统一"的质量管理，创新了多行业、多部门协同工作、产学研相结合的铀矿找矿工作新机制，充分发挥了煤炭、石油、核工业、院校等部门、单位优势，以中央公益性地质调查队伍为龙头，将综合找矿、科学找矿落到实处。没有海量的煤田、油气田钻孔资料的二次开发应用，不可能对成矿沉积相、沉积相及岩石的蚀变水平分带、氧化还原环境的垂向分带等做到细致的研究，没有氧化还原环境的垂向分带新认知，找矿空间就得不到拓展，就没有我国北方砂岩型铀矿找矿工作的新局面。

（6）搭建了数据库平台，完成 2100 口钻孔入库工作，为后续勘查和理论研究提供了资料基础。

开发了面向铀矿资源的钻孔数据库平台，完成了鄂尔多斯盆地 2100 口煤田油田钻孔、部分前人铀矿孔和本次验证钻孔数据入库工作，积累了丰富的地质勘查资料，为后续的资源勘查、地质背景和成矿理论研究奠定了坚实的数据基础。

（7）培养了一大批铀矿地质人才，为我国铀矿事业发展提供了重要人才保障。

现代社会的综合国力竞争主要是科技的竞争，科技的竞争主要是人才的竞争。通过综合找矿、科学找矿，煤炭、油气、铀矿方面的专家相互合作，共同提高，不但实现了铀矿找矿资源量质的提升，更重要的是找矿方法、思维方法的突破，相信这种合作交流机制也会提升煤炭、油气勘探的科技水平。通过铀矿调查和科研工作，在天津地调中心初步打造了一支近 70 人的铀矿调查与科研团队。通过干项目、带队伍，天津地调中心已初步建成一支以矿产勘查为主，集矿产地质、基础地质、物探勘查、数据库建设等多领域的铀矿调查与科研团队。一批优秀青年技术骨干脱颖而出。20 余人成长为项目负责人，2 人被评为天津市劳动模范，团队先后被评为 2015 年天津市模范集体和全国国土资源管理系统先进集体，2 人被评为中国地质调查局"十大杰出青年"，1 人被评为中国地质调查局优秀青年，3 人被推荐为中国地质调查局科技人才。通过铀矿综合找矿，一大批煤炭、油气、地矿专家成为铀矿专家。一系列铀矿产地的发现为不同地勘单位调整产业结构、提升业务承载力提供了机遇，搭建了平台。

第一章　鄂尔多斯盆地区域地质背景

第一节　区域地质背景

鄂尔多斯盆地位于我国北方地区的中部，主体位于陕西省和内蒙古自治区境内，西部跨宁夏、甘肃部分地区。盆地地貌别具风格，按地貌成因和形态类型，鄂尔多斯盆地地貌可划分为北部沙漠高原、南部黄土高原和周边的山地及断陷盆地地貌（图1.1）。地势总体为南高北低，南北向中间轴部高，东西两翼低。局部地区起伏较大，盆地北部的东胜-盐池梁，海拔1500m左右，中部的白于山和东南部的子午岭，海拔1500～1800m，构成盆

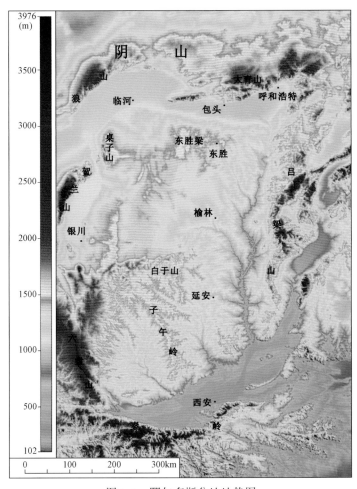

图1.1　鄂尔多斯盆地地势图

地内部的地表分水岭，形成南北两个截然不同的地貌景观。沙漠高原上分布着库布齐沙漠、毛乌素沙地及剥蚀丘陵，海拔 1100～1500m；地形起伏相对较小，相对高差 30～80m。黄土高原地区沟壑纵横、切割强烈、地形支离破碎，海拔 1000～1700m，黄土覆盖厚度多在 100～300m。黄土高原面积约 14.45 万 km²，是盆地内面积最大的地貌单元。环县–吴旗以北，以黄土梁峁地貌为特征，以南主要以塬和残塬为主。

鄂尔多斯盆地地貌主要受新构造运动控制。第四纪以来，鄂尔多斯盆地整体抬升，抬升速度北部大于南部，北部除了在相对凹陷区有河湖相堆积外，大多处于剥蚀或剥蚀–堆积阶段，形成剥蚀波状高原和大面积风沙堆积景观；南部普遍接受了厚层黄土堆积。中、晚更新世，河流、沟谷等侵蚀作用加强，塬、梁、峁和沟壑组合的黄土高原地貌景观形成。

板块及大陆动力学体系下，鄂尔多斯地块是华北陆块的一部分，位于华北陆块的西部，呈不规则矩形，长轴近南北向。东侧是华北陆块的中部构造带，西侧为阿拉善地块和西缘冲断带，北侧以白云鄂博–赤峰断裂为界与兴蒙造山带（中亚造山带中部）相接，南侧以洛南–栾川断裂为界与秦祁昆造山带（中央造山带中西部）相邻。鄂尔多斯地块是华北陆块上少有的构造稳定地块，主要构造特征为古元古代末克拉通化，中、新元古代形成了一套拗拉槽、裂陷槽型沉积，早古生代形成了厚度较大的、稳定的陆表海沉积，晚古生代为一套海陆交互的海湖盆沉积，中生代发育厚度较大的陆相盆地碎屑岩及火山岩沉积。

鄂尔多斯地区在古生代时期，就是一个巨大的稳定沉积盆地，是范围更大的华北陆表海的一部分。鄂尔多斯盆地真正以独立沉积盆地的形成演化，则主要发生在中、新生代的板内动力学演化阶段。中生代的鄂尔多斯盆地包含周围一部分小盆地，新生代这些周缘小盆地和鄂尔多斯主体发展演化明显不同。周缘盆地由于都有自己的独立的空间和发展演化过程，一般狭义的鄂尔多斯盆地不再包括鄂尔多斯周缘新生代中小盆地。

鄂尔多斯盆地是我国中生代典型的大型内陆沉积盆地之一，构造形态上为一走向南北，东缓、西陡的不对称向斜盆地，其四周被褶皱山系所围限，北起阴山、大青山，南抵秦岭，西至贺兰山、六盘山，东达吕梁山、太行山，总面积约 25 余万平方千米。盆地中蕴藏有丰富的石油、天然气、煤炭、铀矿、盐类、油页岩等多种能源和非金属矿产，已成为我国重要的能源矿产基地之一。

一、区域地层

鄂尔多斯盆地及其周缘地区发育各地质时代的地层，它们具有不同的沉积类型和建造特征。其中，中生代地层分布广泛；太古宙、元古宙和古生代地层多出露于周缘山区，分布零散；新生代地层在周缘断陷盆地发育齐全，盆地中沙漠、低山丘陵和黄土高原区为第四纪松散沉积物分布区（图 1.2）。

根据华北区域地层划分方案，鄂尔多斯盆地地层区划上隶属于华北地层大区，鄂尔多斯地层分区（陈晋镳、武铁山，1997），地层类型属于典型的华北型沉积地层。鄂尔多斯盆地地层自老向新总体由太古宇—古元古界片麻岩系，中—新元古界碎屑岩、碳酸盐岩夹

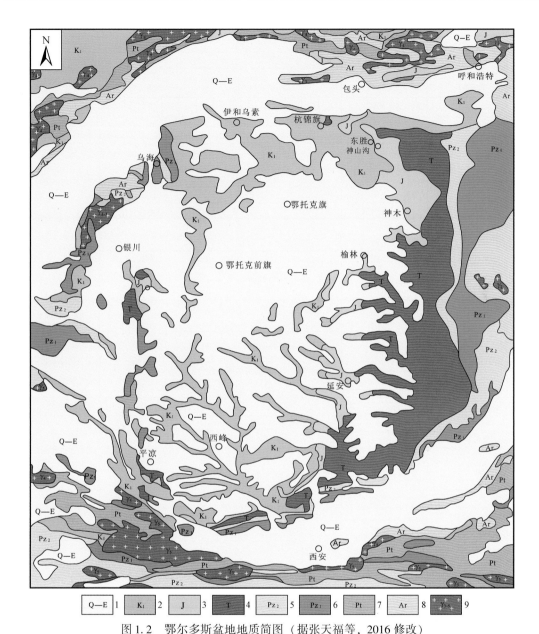

图 1.2　鄂尔多斯盆地地质简图（据张天福等，2016 修改）

1. 第四系—古近系；2. 下白垩统；3. 侏罗系；4. 三叠系；5. 上古生界；6. 下古生界；7. 元古宇；
8. 太古宇；9. 燕山期花岗岩

少量火山岩，寒武-奥陶系碎屑岩、碳酸盐岩，石炭-二叠系海陆交互相碎屑岩、石灰岩、含煤岩系，三叠系含煤、油陆相碎屑岩系，侏罗系含煤、铀陆相碎屑岩系，白垩系碎屑岩及新生界松散堆积组成（表 1.1）。由于 20 世纪 90 年代地层清理过程中命名的新系列和过去系列差别较大，煤田、油气钻孔资料均为以传统岩组为主体的表述体系，本书编写过程中为符合大多数读者的习惯，地层系列采用新旧结合的体系，即岩组以下单位以传统地方性描述为主，岩组以上单位以新地层体系为主。

表 1.1　鄂尔多斯盆地岩石地层、构造运动、盆地演化

界	系	统	岩石地层		主要岩性	构造运动	盆地演化
新生界	第四系				河湖相与风成碎屑沉积，厚 0~2500m	喜马拉雅运动	鄂尔多斯断块隆起、周缘新生代断陷盆地形成
	新近系				红色河湖相碎屑岩，厚 0~10000m		
	古近系						
中生界 Mz	白垩系 K	上统			⌷⌷⌷⌷⌷⌷⌷⌷⌷⌷⌷⌷⌷⌷⌷⌷	燕山运动 III	全面隆升
		下统	保安群	泾川组	风积河湖相碎屑岩		鄂尔多斯盆地形成、发育和消亡
				罗汉洞组	河流砾砂岩		
				环河组	河湖相碎屑岩		
				洛河组	风成砂岩		
				宜君组	泥石流砾岩	燕山运动 II	
	侏罗系 J	上统	芬芳河组		红棕色冲积中粗砾岩，厚度 100~1000m		
		中统	安定组		河湖相碎屑岩，厚度 150~270m		
			直罗组		河湖相碎屑岩，厚度 200~280m	燕山运动 I	
		下统	延安组		河湖三角洲相陆源碎屑，含煤，厚度 200~450m		
			富县组				
	三叠系 T	上统	延长组		河湖相碎屑岩，局部含煤，厚度 1100~3500m	印支运动	大面积隆升
		中统	铜川组		河湖相碎屑岩：在鄂尔多斯西缘，岩性普遍变粗，存在碎屑流和泥石流砾岩，或相变为碎屑流巨砾岩，厚 960~1630m		前陆盆地缓慢沉降
			纸房组				
		下统	和尚沟组				
			刘家沟组				
古生界	二叠系 P	上统	石千峰组		河湖相碎屑岩：贺兰山地区中上部夹数层沉凝灰岩和凝灰质砂岩，厚 340~720m	海西运动	残余盆地缓慢沉降
		中统	石盒子组				
		下统	山西组		近海三角洲、潮坪及河湖相含煤沉积，厚 80~100m		
	石炭系 C	上统	太原组		台地碳酸盐岩、碎屑-泥质潮坪含煤沉积，厚 120~1250m		
			本溪组				
		下统				加里东运动	大面积隆升沉积缺失
	泥盆系 D						
	志留系 S						
	奥陶纪 O	上统				怀远运动	
		中统	马家沟组		巨厚灰岩、生物碎屑灰岩夹白云岩		
		下统	亮甲山组		含燧石团块白云岩、白云质灰岩		
			冶里组		石灰岩、砾屑灰岩		陆表海盆地缓慢沉降
	寒武纪 ∈	上统	炒米店组		竹叶状灰岩、条带状灰岩、海绿石砂岩		
			崮山组		条带状灰岩、页岩		
		中统	张夏组		鲕粒灰岩、生物碎屑灰岩夹页岩		
			馒头组		红色碎屑岩夹泥晶白云岩		
		下统	昌平（朱砂洞）组		含磷灰岩、白云岩、白云质灰岩		
元古宇	新元古界				石英砂岩建造：以石英岩、变质砂砾岩、板岩、页岩为主；碳酸盐建造：以白云岩、隐藻类白云岩夹石灰岩为主；厚 1400~10000m	晋宁运动	盖层形成
	中元古界						
	古元古界				浅变质岩系，厚 2000~15000m	吕梁运动	陆壳扩大固结
太古宇					深变质片麻岩、TTG 岩系，厚 3400~16000m	阜平运动	陆核形成

（一）基底地层

鄂尔多斯地块经历了长期的发展演化历史，可以分为三大演化阶段，对应形成三大构造层。第一阶段为中太古代到古元古代末，为地壳（板块）形成初期阶段，古元古代末区域克拉通化，形成一套变质结晶岩系。第二阶段为中元古代—古生代，为华北陆块泛盆地沉积发展阶段，形成了一套早古生代陆表海相、晚古生代海陆交互相为主的厚度较大、相对稳定的沉积岩系，部分地区有亚稳定态的中、新元古代沉积。第三阶段为中、新生代阶段，以不同粒度的陆相碎屑岩、火山岩沉积为特征。因此对中、新生代盆地来说，盆地基底具有明显的双层结构：变质结晶基底层和中元古代—古生代沉积岩系基底。或者说中、新生代盆地直接基底为中元古代—古生代沉积层，间接基底为中太古代—古元古代结晶岩系。

结晶基底主要由太古宙（Ar）麻粒岩相、角闪岩相的变质岩和混合花岗岩，以及古元古代（Pt_1）角闪岩相变粒岩、斜长角闪岩和变质较浅的绿片岩相岩石组成。结晶基底空间分布具有北老南新的特点，相应地变质程度也具有北深南浅的趋势。在盆地周边的蚀源区，结晶基底有不同程度的出露，不仅为盆地间接基底的形成提供沉积物源，也为中、新生代的沉积提供丰富的沉积物源和铀源。

直接基底包括中元古界、新元古界和下、上古生界，但是中—新元古界沉积范围、厚度十分有限，主体为下古生界沉积层。上古生界虽然沉积范围广，但是厚度一般不大。下古生界主要为滨海相、浅海相、潟湖相沉积，碳酸盐岩、泥页岩为主；上古生界主要为海陆交互相的碎屑岩。各单元地层特征描述如下。

1. 中太古界

中太古界变质岩系为鄂尔多斯盆地及周缘古陆块的最古老岩系，露头主要分布在山西霍县、赞皇、集宁、涑水、界河口等地，估计盆地深部也有分布。主要为麻粒岩相、高角闪岩相岩石，主要岩性为麻粒岩、角闪黑云变粒岩、含辉石斜长角闪岩、斜长角闪岩、磁铁石英岩等。

2. 新太古界

新太古界变质岩系为盆地深部及周缘的变质岩基底的组成部分，出露于山西五台、龙华河、绛县等地。主要为高、低角闪岩相变质岩系，主要岩性为黑云变粒岩、斜长角闪岩、角闪变粒岩、石榴石英岩、云母片岩、磁铁石英岩等。

3. 古元古界

古元古界变质岩系主要分布于盆地深部及周缘，为低角闪岩相、高绿片岩相岩石，主要岩性为板岩、变质砂岩、变质安山岩、变质玄武岩、大理岩、石英岩、千枚岩等。

4. 中元古界

中元古界长城系、蓟县系零星出露于甘肃平凉、陕西永寿和渭河一带。其中长城系为海陆交互相的砂页岩和火山岩组合，不整合于前长城系之上。贺兰山长城系为黄旗口群海相石英砂岩、石英岩状砂岩夹少量板岩、砂板岩。

蓟县系分布于盆地北缘、西南缘。北缘贺兰山有少量分布。为灰白色中厚层状硅质条带或硅质团块白云岩，厚 726m。西南缘在陕西渭北西部、千阳景福山，甘肃平凉南部山区，宁夏云雾山、青龙山等地均有出露。钻孔揭露最东见于陕西铜川柳林镇田家嘴耀参 1井，最北见于内蒙古杭盖井任 3 井。岩性主要为深灰、灰白色中厚层状硅质条带或硅质团块白云岩，下部偶见砾岩透镜体。该层在陕西岐山一带厚度大于 2000m，在陕西千阳、甘肃陇县一带为 500~700m，宁夏青龙山地区以灰白色薄-中厚层硅质条带含灰质白云岩为主，厚度大于 708m。蓟县系与下伏前长城系及上覆寒武系均呈角度不整合接触。

5. 新元古界

新元古界主要有青白口系和震旦系。青白口系主要分布于西缘桌子山、青龙山、固原地区和东缘柳林、吴堡一带，为一套滨浅海相的石英砂岩、石英岩、粉砂岩、含硅质条带和结核的白云岩，夹少量板岩。

震旦系在南部陇县、千阳一带为灰白、浅灰色厚层状含燧石条带白云质灰岩、白云岩，玫瑰色中厚层状硅质页岩、黄色钙质页岩及泥灰岩等，厚 1350m。宁夏青龙山地区为灰色块状硅质角砾岩、褐红色含粉砂质板岩夹少量细砂岩。与下伏中元古界为不整合接触，厚度 35.8m。

6. 下古生界

下古生界为盆地最重要最稳定的地层单元，沉积范围覆盖整个盆地及周缘地区，盆地西缘北自桌子山、黑山、太阳山、云雾山，到南缘的景福山、铁瓦殿、金栗山及东缘的稷王山、汉高山和偏关均有出露，盆地中部深埋于地下。下古生界主要发育寒武系下统、中统、上统和奥陶系下统、中统。海侵从南向北发展，很快覆盖整个盆地。寒武系从老到新依次为朱砂洞组、馒头组、毛庄组、徐庄组、张夏组、崮山组、长山组、凤山组，奥陶系依次有冶里组、亮甲山组、马家沟组，广泛分布于整个盆地及周缘地区。

朱砂洞组：出露于宁夏青龙山、固原老爷山等地。为一套灰白、深灰色中厚层白云岩、白云质灰岩，偶夹薄-中厚层灰岩，厚 13.1~47m。

馒头组：在桌子山、千里山与岗德尔山等地呈环带状分布，平行不整合覆于青白口系之上，与中寒武统张夏组整合接触。岩性为紫褐色砂质白云岩与灰白色石英砂岩、砂砾岩、页岩、石灰岩等，厚度 125.5~263.37m。万荣、富平地区为紫红、灰紫、深灰色钙质页岩、泥岩、泥质粉砂岩为主夹泥灰岩、鲕状灰岩、白云质灰岩等，厚 103~535m。在河津、韩城一带为黄灰、棕红色泥灰岩、白云岩、紫红色页岩、鲕状灰岩、薄板状灰岩及浅灰色石灰岩，夹有砂砾岩和透镜状石英砂岩，厚 166~230m，并总体上具有从南向北、自西向东逐渐变薄的趋势。

盆地东缘晋陕蒙地区出露于偏关河上游一带的馒头组岩性下部为褐红色砂砾岩、砖红色砂质页岩夹细砂岩、灰紫色页岩及少量白云岩和石灰岩，上部紫红、黄褐色页岩、白云质灰岩。南部地区上部见鲕状灰岩、石灰岩、泥质条带灰岩，厚 49.5~108.5m，北薄南厚。

毛庄组（$\bigodot_2 m$）：主要出露于盆地南部，整合覆盖于馒头组之上，主要为紫红色页岩夹薄层粉砂岩，含三叶虫化石。

徐庄组（$\bigodot_2 x$）：整合覆盖于毛庄组之上，沉积范围基本上覆盖整个盆地及周缘地区。

岩性主要为深灰色中厚层状含粉砂质泥质灰岩，产三叶虫化石。

张夏组（ϵ_2z）：盆地内部及西北部、南部、东缘称为张夏组，西南缘称为陶思沟组和胡鲁斯台组。整合覆盖于徐庄组之上。以灰色中–厚层鲕状灰岩、含泥质条带鲕状灰岩为主，夹薄层灰岩、白云质碎屑灰岩、竹叶状灰岩等。底部常有一层黄灰色薄板状泥质条带灰岩夹黄绿色钙质页岩。与上下层均为整合接触，厚49～354m。在甘肃境内，下部为紫色页岩、粉砂质页岩夹薄层灰岩，上部为深灰色薄层鲕状灰岩与暗紫、紫灰色页岩互层，厚160m。柳林、吴堡一带为深灰、青灰色薄–中厚层泥质条带灰岩、含白云质鲕状灰岩、中厚层灰岩、薄层灰岩夹黄绿色钙质页岩、竹叶状灰岩、生物碎屑灰岩等。厚46.0～111.3m，具南厚北薄、东厚西薄的变化规律。东缘晋陕蒙地区为鲕状灰岩、含白云质灰岩、竹叶状灰岩，夹有泥质灰岩，厚77～110m。由南向北白云石含量增高，厚度加大。在内蒙古桌子山一带相变为泥质条带灰岩、页岩夹薄层灰岩。陶思沟组岩性为灰白、灰黄色薄–中层状细粒石英砂岩、白云岩、石灰岩、页岩等，厚109.5m。与下伏朱砂洞组整合接触。胡鲁斯台组岩性为灰绿、紫红色页岩与薄–中层灰岩、泥质条带灰岩不等厚互层，间夹鲕状灰岩、竹叶状灰岩。

崮山组（ϵ_3g）：整合覆盖于张夏组之上，主要为青灰色竹叶状灰岩夹紫色钙质页岩。

长山组（ϵ_3c）：整合覆盖于崮山组之上，主要为紫色竹叶状灰岩，含白云质结晶灰岩。

凤山组（ϵ_3f）：整合覆盖于长山组之上，主要为浅灰色薄层白云质灰岩、泥灰岩、白云岩。

冶里组（O_1y）：整合覆盖于寒武系凤山组之上，主要为黄灰色薄层、厚层状结晶白云岩。

亮甲山组（O_1l）：整合覆盖于冶里组之上，主要为浅灰色薄层、厚层白云质灰岩，夹少量白云岩，含燧石结核，底部夹黄绿色页岩，含三叶虫、头足类化石。

马家沟组（O_2m）：整合覆盖于亮甲山组之上，主要为深灰、灰褐色薄层、巨厚层状灰岩、豹皮灰岩。中上部为浅黄色白云质灰岩，底部为细粒石英砂岩。在鄂尔多斯盆地中部发育多层厚度较大的盐岩层和石膏层。

7. 上古生界

奥陶系马家沟组沉积以后，鄂尔多斯地区作为华北陆表海盆的一部分，开始整体隆升，遭受风化剥蚀。到晚石炭世再次下沉，延续到二叠纪，鄂尔多斯地区发育了一套厚度相对稳定的海陆交互相、陆相碎屑岩、含煤岩系，富含煤矿、铁矿、铝土矿等。上石炭统分为本溪组和太原组，二叠系分为山西组、下石盒子组、上石盒子组、石千峰组。各组之间局部有小的沉积间断，上下组主体为整合接触，局部平行不整合或角度不整合。上石炭统零星出露于盆地的西、南及东部周边地区，在盆地内钻孔中不同程度见及。二叠系主要出露在盆地东部的沟谷中和西北部桌子山地区，其次在西部和南部亦有断续的零星出露，全盆地大面积埋藏于中、新生代沉积层之下。各组特征如下：

本溪组（C_2b）：平行不整合覆盖于下古生界之上。底部为古风化壳型黏土质物质，主要为泥岩、石英砂岩、粉砂岩、石灰岩、铁铝质岩，含䗴、腕足类及珊瑚类化石。该组富含铁矿、铝土矿等矿产。

太原组（C_2t）：整合覆盖于本溪组之上。上部和下部为煤系地层，中部为石英砂岩，底部为灰白色砂砾岩。该组为富煤地层。

山西组（P_1s）：整合覆盖于太原组之上。灰色至灰白色石英砂岩、深灰色粉砂岩、泥质岩、生物碎屑灰岩夹薄煤层。

下石盒子组（P_1x）：主体整合覆盖于山西组之上，部分地区似整合或小角度不整合。主要为黄褐、灰绿色黏土质粉砂岩、页岩夹紫色中粒砂岩，底部为灰白色含砾粗砂岩。

上石盒子组（P_2s）：总体整合覆盖于下石盒子组之上。主要为褐黄色中细粒粉砂岩、粉砂质泥岩，暗紫色泥岩夹含砾粗砂岩，底部为灰白色含砾粗砂岩。

石千峰组（P_2sh）：总体整合覆盖于上石盒子组之上。主要为棕红色砂质泥岩，灰白、灰绿色中细粒粉砂岩，底部为灰白色砾岩。

（二）中—新生界

鄂尔多斯盆地盖层是指中、新生代沉积及火山沉积地层。鄂尔多斯地区在中生代之前，其发展演化主要是作为华北陆块、华北陆表海的一部分，与周围地质单元虽然有所不同，但是主要表现为一致性。进入中、新生代以后，虽然还有一定的统一性，但是表现出更多的特殊性。这主要是由鄂尔多斯地区所处的大地构造背景所决定的。中生代以后，太平洋板块向欧亚板块俯冲，特提斯喜马拉雅构造域板块向北漂移、推挤、俯冲、碰撞等构造活动影响波及该地区，造成大规模断裂活动和系列盆地沉积。各盆地沉积特征、构造演化有所不同，鄂尔多斯盆地和周缘盆地沉积地层见表1.2。与同在鄂尔多斯地块上发展起来的渭河盆地、河套盆地相比，鄂尔多斯盆地沉积主要发生在中生代，而渭河盆地、河套盆地沉积主要发生在新生代。

鄂尔多斯盆地发育的地层包括中生界的三叠系（T）、侏罗系（J）、下白垩统（K_1）和新生界的古近系（E）、新近系（N）及第四系（Q）（图1.3）。各地层在横向和纵向上发育差异较大，其中三叠系、侏罗系和下白垩统是盆地沉积的主体。

侏罗系在盆地东部一带呈南北向带状出露，向西、南西倾伏，为盆地重要的含煤地层，也是寻找铀矿的主要岩系。下白垩统在盆地北部广泛分布，也是盆地寻找铀矿的主要岩系之一。古近系和新近系在鄂尔多斯盆地零星出露，主要发育在周缘外围盆地中。第四系松散沉积物在盆地中部及南部有大面积分布。

1. 三叠系

三叠系为一套内陆河流、湖泊、沼泽相碎屑岩沉积建造，主体与二叠系连续过渡沉积。自下而上分为下统刘家沟组（T_1l）和尚沟组（T_1h）、中统二马营组（T_2e）、上统延长组（T_3y）。

刘家沟组（T_1l）：分布广泛，在盆地东缘及南缘出露。与下伏二叠系石千峰组基本上是连续沉积。为一套河流相为主的杂色中、细砂岩，夹少量泥岩和砾岩。

表 1.2　鄂尔多斯盆地及周缘中、新生代地层对比表

地层			六盘山盆地	巴彦浩特盆地	贺兰山地区	鄂尔多斯盆地	大同盆地	宁武盆地	济源盆地	义马盆地	阴山地区
上覆地层			古近系 (E_{2+3})	古近系 (E_{2+3})	古近系 (E_{2+3})	清水营组 (E_3q)	古近系 (E)	新近系 (N)	古近系 (E_{2+3})	新近系 (N)	古近系 (E_{2+3})
中生界	白垩系	上白垩统					助马堡组		东孟村组	东孟村组	
		下白垩统	乃家河组	巴彦浩特群	庙山湖群	东胜组	左云组				固阳组
			马东山组			泾川组					李三沟组
			李洼峡组			罗汉洞组					
			和尚铺组			华池-环河组	中庄铺群				
			三桥组			洛河组					
						宜君组					
中生界	侏罗系	上侏罗统		芬芳河组	芬芳河组	芬芳河组			千秋镇组		白女羊盘组
											大青山组
		中侏罗统		安定组	安定组	天河池组		韩庄组	东孟村组		长汉沟组
			石砚子组	直罗组	直罗组	直罗组	云岗组	云岗组	马凹组		召沟组
				延安组	延安组	大同组	大同组	杨树庄组	义马组	五当沟组
		下侏罗统			富县组	永定庄组		鞍腰组		
中生界	三叠系	上三叠统	瓦窑堡组	延长组	延长组	延长组		潭庄组	潭庄组	
			永坪组					椿树腰组	椿树腰组	
			胡家村组			铜川组	铜川组	油坊庄组	油坊庄组	
			铜川组							
		中三叠统	纸坊组	纸坊组	二马营组	二马营组	二马营组	二马营组	二马营组	
		下三叠统	和尚沟组	和尚沟组	和尚沟组	和尚沟组	和尚沟组	和尚沟组	和尚沟组	老窑铺组
			刘家沟组	刘家沟组	刘家沟组	刘家沟组	刘家沟组	刘家沟组	刘家沟组	
下伏地层			石千峰组	羊虎沟组	石千峰组	石千峰组	石千峰组	石千峰组	石千峰组	石千峰组	脑包沟组

注：来源于“鄂尔多斯盆地铀矿资源潜力评价报告”。

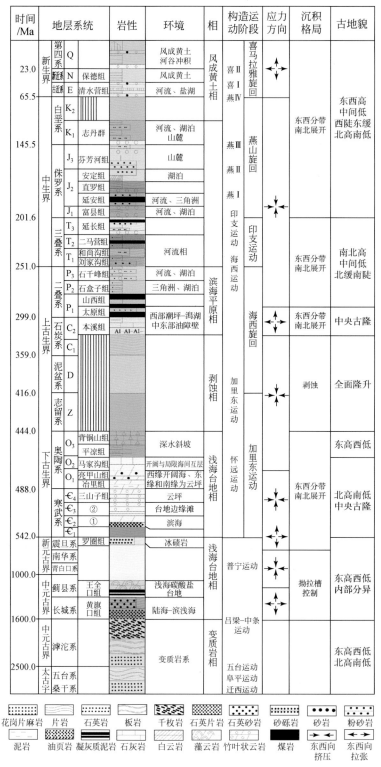

图 1.3 鄂尔多斯盆地地层综合柱状图 (据赵振宇等，2012 修改)

①馒头组；②张夏组、徐庄组、毛庄组

和尚沟组（T_1h）：在全区均有分布。整合覆盖于刘家沟组之上。为一套湖相为主的沉积建造。岩性主要为紫红色泥岩，夹少量紫红色砂岩、砂砾岩。

二马营组（T_2e）：分布较广，在盆地东部及东南部地区出露。整合覆盖于和尚沟组之上。为一套相变频繁的河、湖、三角洲相沉积建造。岩性主要为紫红色粉砂质泥岩与砂岩互层。

延长组（T_3y）：发育较为广泛，在东部剥蚀区有广泛的出露，整合覆盖于二马营组之上。为一套以河流相为主的沉积建造。岩性主要为灰绿色含砾砂岩，中部夹泥质粉砂岩、砂质泥岩，偶见极不稳定的薄煤层。

2. 侏罗系

侏罗系为一套河湖相碎屑岩夹煤层沉积，地表主要出露于东部，钻孔等资料证实全盆地皆有发育，平行不整合于三叠系之上，厚度超过 2000m。由下至上分别为下统富县组，中统延安组、直罗组、安定组和上统芬芳河组。下统为泥岩夹砂岩及少量泥灰岩和砂岩、砾岩及泥岩、油页岩夹薄煤层的河流-湖沼相沉积；中统为砂岩、含砾砂岩及砂岩、页岩与泥岩不等厚互层，夹煤层或煤线，顶部为油页岩、页岩及钙质粉砂岩和泥灰岩的河流-湖沼相沉积组合；上统为山麓相的砂砾岩堆积，仅在西缘桌子山东麓和西南部等地零星出露。侏罗系是本区石油、煤炭和铀资源的重要赋矿层，其中在盆地北部形成的侏罗系煤田为我国重要煤田之一，在局部煤层浅埋或裸露区，形成不稳定的厚 5～15m、最厚 50m 的烧变岩，盆地中的宁东、黄陵、东胜地区直罗组为重要的铀资源赋存层位。

富县组（J_1f）：鄂尔多斯盆地侏罗纪最早沉积的地层，其发育在由印支运动所造成的凹凸不平的剥蚀面上，沉积以填平补齐为特点，与下伏三叠系延长组呈平行不整合接触关系。主要分布于盆地的东部及东南部，与三叠系有沉积间断。为一套以河流-湖沼相为主的沉积建造。岩性主要为黄绿色砂岩与泥岩互层，见少量泥灰岩和砂岩、砾岩及泥岩、油页岩夹薄煤层。

延安组（J_2y）：在盆地北部广泛发育，在东部鄂尔多斯市、榆林一带呈大面积出露。整合覆盖于富县组之上。为一套以河流-湖沼泊相为主的沉积建造。岩性以灰色泥岩、粉砂岩为主，发育煤层。该组是盆地内主要含煤及含油层位之一，也是鄂尔多斯盆地砂岩型铀矿找矿目的层之一。

直罗组（J_2z）：在全盆地及周边地区均有分布，在盆地东部呈南北带状出露，在西部的磁窑堡地段也有出露。基本上平行不整合于延安组之上。为一套以河流-湖沼相为主的沉积建造。岩性下部为灰、灰绿色砂岩和砂砾岩，上部为灰、灰绿色泥岩和砂岩。该组是鄂尔多斯盆地砂岩型铀矿的重要找矿目的层。

安定组（J_2a）：在盆地内部均有分布。为一套湖泊相为主的沉积建造。岩性主要为紫红、褐、杂色砂质泥岩与褐红、灰绿、灰白色砂岩、粉砂岩互层。

芬芳河组（J_3f）：一套山前洪积相为主的沉积建造。仅在盆地西部桌子山东缘及盆地南缘西段有出露。为一套山麓相和山前冲积相沉积，地层厚度 100～1200m。岩性主要为棕色巨厚层状、似块状砾岩、巨砾岩夹细砾岩、砂砾岩等。与下伏安定组呈平行不整合接触，与上覆的白垩系呈角度不整合接触。

3. 白垩系

早白垩世初期，盆地东缘上升为山，南缘及西缘也再度上升，形成四周升起，封闭统一的盆地，沉积了厚达 1300m 以上的下白垩统志丹群（保安群）陆相碎屑岩沉积，为一套紫红、杂色陆相碎屑岩建造，角度不整合于侏罗系之上。白垩系在鄂尔多斯盆地内仅存下统（志丹群），为一套紫红、杂色陆相碎屑岩建造，角度不整合于侏罗系之上。自下而上划分为宜君组、洛河组、华池–环河组、罗汉洞组和泾川组。

宜君组（K_1y）：亦称宜君砾岩，主要出露在盆地南部的千阳、彬县、旬邑一带，东缘的安塞、宜君、甘泉、黄陵、耀州区等地也有零星出露，盆地北部缺失。因其分布局限且大部分地区与洛河组呈连续过渡，故后文中统称为洛河组。

宜君组为一套近源山前洪冲积扇沉积，其厚度在盆地内为 0～302m，岩性主要为（杂色）紫红色砾岩、砂砾夹砂岩透镜体及少量泥岩薄层。空间形态多呈扇状、楔状、丘状、透镜状产出，从边缘向盆地内迅速变薄、尖灭或过渡为洛河组砂岩。另外在西缘逆冲带中的灵武附近有大面积分布，厚度大于 887m。宜君组在区域上与下伏侏罗系安定组、直罗组、芬芳河组多呈微角度不整合或平行不整合接触。在盆地南缘和西南缘，高角度不整合于侏罗系不同层位之上。盆地西缘逆冲带夏灵武碎石井、侯家河一带直接不整合在三叠系之上。砾石成分主要为石灰岩、花岗岩及硅质岩和少量砂岩，分选较差，砾径 2～30cm，一般 5～6cm；磨圆较好，次棱角–次圆状，以次圆状为主，个别砾石略具定向排列，硅钙质胶结。

洛河组（K_1l）：亦称洛河砂岩，主要出露于盆地南部千阳、彬县、旬邑、宜君一线至盆地东缘黄陵、志丹、榆林、鄂尔多斯市一带的广大范围内，地下分布稳定，钻孔中均可见及。盆地南部洛河组与宜君组连续沉积整合过渡，其他地方平行不整合于侏罗系安定组或直罗组之上，其北东部还超覆于三叠系和二叠系不同层位之上。厚度受沉积古地形地貌差异和后期剥蚀的影响变化较大，但总体呈东薄西厚的特征，厚度一般在 250～350m 变化，最大厚度大致沿盆地西缘麻黄山、洪德城、三岔镇一带，厚度一般大于 400m。钻孔揭露最大厚度分别为 844.5m（A256 井）和 855m（A242 井）；在盆地北东侧纳林希里附近其残留厚度亦相对较大，C181 井为 529m、A1111 井为 472m；南部宁县附近 B10 井为 481m。盆地边缘彬县一带厚 241.8m，千阳草碧沟厚 130m，其他地方厚度仅数十米至近百米。

洛河组为一套近源冲积扇→辫状河→沙漠相沉积，内蒙古伊金霍洛旗、乌审召，宁夏盐池，甘肃洪德城、环县、泾川，陕西长武以东地下大致以沙漠相沉积为主体；盆地北缘、西缘和南缘，以及东南缘的宜君、直罗镇附近，东北缘的岔河镇、尔林兔镇、鄂尔多斯市南一带则以河流相沉积为主。

洛河组沙漠相沉积面积约占同期沉积的 2/3，厚度一般在 200～300m，其沉积中心厚度普遍大于 450m（定边王盘山、吴旗铁边城一带）。以风成沙丘砂岩夹丘间细粉砂岩、泥质岩组合为主。沙丘砂岩是洛河组沙漠沉积主体，岩性以砖红、棕红、紫红色块状中、细粒长石石英砂岩、长石砂岩为主，少量含砾砂岩、粗砂岩、粉细砂岩。以发育巨型交错层理、板状层理为特征。岩石结构成熟度和成分成熟度较高，结构疏松，孔隙发育且连通性好。丘间细粉砂岩、泥质岩分布局限，厚度较小，且不连续。纵观沙漠相组合，以其泥岩夹层少、砂岩占地层比例高（90%以上）、延伸稳定、规模巨大、结构疏松而成为盆地最主要的含水层。

洛河组河流相主要以冲积扇及辫状河沉积为主。在盆地北部（B1、B14、B16及D27、D31井等处）底部见由杂色砾岩、砂砾岩、含砾砂岩及砂岩组成的冲积扇沉积，其厚度64～170m，砾石大小混杂，其中不乏大于50cm的漂砾，磨圆较差，泥砂质充填，基底式胶结。垂向及侧向上与辫状河呈相变过渡。辫状河沉积在盆地北部和西部边缘广泛分布，以岩屑长石砂岩、长石砂岩、长石石英砂岩及含砾砂岩为主，夹粉砂质泥岩、泥质粉砂岩和泥岩薄层，局部含石膏。砂岩多具不等粒结构，分选、磨圆中等-较差，以厚度不等的透镜状产出。本次工作新发现该组为盆地西南缘地区的含铀目的层。

华池-环河组（K_1hc+h）：包括原华池组和环河组，与洛河组呈整合接触。在北部内蒙古境内成片出露，东南部则呈树枝状分布于沟谷底部，出露范围较洛河组向西收缩，东界在伊金霍洛旗、靖边县、志丹县一线以西。地层厚度一般在200～600m，最大厚度仍位于天环向斜核部一带（800～900m），东部边缘厚度0～100m。地表露头和地下钻孔揭示，环河组南北岩性、岩相差异明显，大致以白于山以北盐池、靖边为界，北部以河流相沉积为主，偶见湖相沉积；南部则为三角洲、湖泊及少量河流相沉积。

靠近盆地北部边缘及西缘，环河组底部可见冲积扇相灰、灰绿色砾岩、含砾中粗粒砂岩，砾径粗大向上变细，分选差。砾石成分为石英岩、片麻状花岗岩等。B1井、B6井和B3井钻孔揭示厚度分别为39m、58m和61.34m。但盆地北部大面积以辫状河、曲流河沉积为主，岩性以紫灰、棕红、青灰色岩屑长石砂岩、长石砂岩、砂砾岩、含砾砂岩为主，夹棕红色泥岩、泥质粉砂岩等。钙质、泥质接触式-孔隙式胶结为主，发育多个粗→细的沉积旋回。平面上盆地北部自西向东、自北而南粒度具由粗变细的趋势。

盆地南部以湖相沉积占主导地位，岩性与北部有明显差异，主要由青灰、灰色的中-细粒砂岩、粉砂岩、泥岩及少量膏盐层的细粒物质组成。含水介质主要为三角洲水上、水下分流河道砂体。其单个砂体厚度北厚（C93井263m）南薄（D10井32m、C165井23m），西厚（B9井28m、ZX1井23m）东薄（C315井10m、ZX2井5m）。统计表明，由北向南从河流沉积至湖泊沉积中心，砂层累积厚度逐渐减小，由北部占地层厚度的70%，向南东递减为43%。砂体垂向上具多旋回叠置特征，反映其进积、退积的演化。平面上常呈不规则长条状及网状向湖内延伸，反映其游荡性特征。

罗汉洞组（K_1lh）：地表呈"厂"字形出露于盆地北部鄂尔多斯市-鄂托克旗以北、西部定边-环县-庆阳-长武以西的盆地边缘。在伊盟隆起和桌子山地区及盆地西缘南北向"古脊梁"等处，分别不整合超覆于奥陶系、三叠系，以及侏罗系直罗组和安定组之上，整合于上覆泾川组之下，其他地方与下伏环河组整合或冲刷侵蚀接触。罗汉洞组出露厚度变化较大，盆地北部伊克乌素一带最厚可达350m以上，西部鄂托克前旗、镇原-泾川一带最厚超过250m，其他地区一般在0～150m。

罗汉洞组是继环河组河湖相沉积之后，鄂尔多斯盆地复又抬升，且气候逐渐转为干旱，形成以河流、沙漠相为主的碎屑岩沉积。局部因火山作用形成火山溢流相玄武岩夹层等。在盆地北部近边缘罗汉洞组主要呈冲积扇相→辫状河相沉积格架，岩性为一套棕红、紫红、橘黄、姜黄色砂岩、含砾砂岩、砾岩夹透镜状泥岩、砂质泥岩；在盆地南部西侧近边缘罗汉洞组分布区主要呈辫状河（冲积扇）相→沙漠沙丘亚相沉积格架，岩性主要为棕红、橘红、紫红色不等粒、中粒、中细粒岩屑长石砂岩、钙质细砂岩、长石石英砂岩夹紫红色泥岩、粉细砂岩薄层。

在杭锦旗塔拉沟乡黑石头沟一带，该组为灰黄、姜黄、黄绿、灰绿色中粗砂岩、含砾粗砂岩夹砾岩，中上部夹10m左右的黑色气孔状、杏仁状伊丁石玄武岩。

泾川组（K_1j）：主要分布于盆地北部伊克乌苏—杭锦旗一线以北及西部布隆庙—盐池—环县—泾川一线以西的盆缘地区，呈南北向条带状断续出露，与罗汉洞组连续沉积。北部最大厚度在300m以上，西南部泾川-镇源一带最大厚度在200m左右，形成南北两个沉积中心，其他地区厚度在几十米至百余米。岩性南北差异明显，颗粒北粗南细，颜色北部鲜艳、南部暗淡。

在盆地北部伊克乌苏—杭锦旗一线以北，该组下部为典型的山麓洪冲积相和辫状河相沉积，岩性为黄绿、灰绿色砾岩夹灰白、棕红、灰黄色灰质砂岩；上部为土红、黄绿色中细粒砂岩、含砾粗砂岩与砾岩互层，富含灰质结核。北部地区大多被新生界所覆盖，地表露头仅零星见及，从钻井资料看，地层从南往北增厚，A892井揭露厚度251m。盆地北部西缘鄂托克旗布隆庙、鄂托克前旗西部大庙、北大池一带为湖泊相沉积。岩性为蓝灰、灰绿、棕灰色及砖红色中薄层状泥岩，夹灰绿、黄灰色钙质细砂岩和泥灰岩，局部夹薄层状假鲕状灰岩透镜体，残留厚度120.87m（乌加庙）。由此向南至盐池县哈巴湖相变为铁钙质胶结的泥岩、粉细砂岩、中粒长石砂岩和岩屑长石砂岩互层沉积，厚42.47m。陇东地区主要为淡水湖泊相和曲流河相沉积，岩性为暗紫、浅灰色砂质泥岩与泥质粉砂岩互层，中部夹浅灰色泥灰岩、白云质泥岩和浅灰、浅黄色砂岩，地层厚度142（千阳草碧沟）～446m（崇信厢房沟）。产鱼、介形类和植物化石。与下伏罗汉洞组为连续沉积，向西超覆不整合于侏罗系、震旦系之上。

4. 古近系-新近系

鄂尔多斯西缘缺失古新统，始新统寺口子组仅出露在六盘山沉积区。渐新统清水营组，中新统红柳沟组和干河沟组在区内普遍发育。

始新统寺口子组：寺口子组为一套砖红、棕红色砾岩、砂砾岩、含砾砂岩和砂岩组成的粗-中粒碎屑岩。不整合于中生界之上。

渐新统清水营组：清水营组为一套褐红、砖红色泥岩、粉砂岩，夹灰绿色砂岩、泥岩及石膏层。与下伏寺口子组为连续沉积，其上与红柳沟组为平行不整合接触。

中新统红柳沟组：红柳沟组为一套橘红、橘黄色黏质砂土、黏土夹灰白色长石石英砂岩、砂砾岩透镜体，向上黏质砂土、黏土渐增，偶夹浅灰色泥灰岩。其上与干河沟组为连续沉积。

中新统干河沟组：干河沟组为一套由灰色砂砾岩，灰白色石英岩，土黄、土红色粉砂岩、砂质泥岩组成的碎屑岩和黏土质岩石，偶含石膏或泥灰岩夹层。顶部被第四系覆盖。

5. 第四系

在盆地内广泛发育，主要成分为黄土和风成砂。按成因类型分为洪积层、湖积层、风积黄土层、冲–湖积层、冲积层、冲–洪积层、风积沙层。

洪积层：在下更新统和中更新统及全新统均有发育。主要分布在阴山冲积平原、贺兰山、六盘山等山麓或阶地上，其次在大小沟谷和山前冲洪积扇中亦有少量分布。岩性为灰色或杂色砾岩、砂砾岩、砾卵石，夹砂、砂砾及黏质砂土或透镜体。厚 5～130m。

风积黄土层：包括下更新统午城组、中更新统离石组及上更新统马兰组。构成塬、峁、墚地貌的基、中、顶三部分。主要分布在盆地的西、南、东部，其他地区亦有零星分布。午城组下部为淡肉红色土状亚黏土（石质黄土），夹数层至数十层浅棕红色古土壤；上部为浅肉红色石质黄土层，夹 10～20 层钙质结核。厚 2～84m。离石组为灰黄、浅褐黄色粉砂质黄土，上夹数层褐红色古土壤，下夹灰白色钙质结核层，柱状节理发育。厚度 2～235m。马兰组为浅黄、褐黄色粉砂质黄土和钙质结核。垂向节理发育。厚 5～70m。

风积及湖积层：包括上更新统萨拉乌苏组、全新统的湖积层。萨拉乌苏组主要分布在盆地中东部和南部，为河湖相及风积相沉积。岩性底部为 1～2m 的黑灰色泥炭、泥砂层；中部为浅棕黄色细粉砂土、粉砂、砂质黏土及中粗砂互层；上部为浅灰色黏土质含钙质粉砂层。厚 5～90m。属主要的含水层。

全新统冲–湖积层主要分布在黄河流域两岸和银吴盆地、卫宁盆地、清水河谷、苦水河谷中及其他较大支流内。属湖沼河流向河流泛流相的过渡沉积。由灰黄、灰黑色细砂、粉砂、黏土、淤泥组成，或呈互层产出。厚 1～30m。

冲–洪积层：主要见于各地山前扇形平原，冲、洪积扇及各大河流和一、二级阶地中。为土黄色含卵石砂砾石、含砾中粗砂，夹薄层黏砂土。具水平及交错层理。最厚达 5m。属主要含水层位。

冲积层：分布于各大冲沟和河漫滩及各级基座阶地之上。包括具水平层理的灰黄、灰绿色次生黄土和其他冲积砂土，底部夹砾石透镜体和钙质结核及黄土块、泥球。一般厚 1～5m。

风积沙层：主要分布在盆地北部及边缘，构成库布其、毛乌素及乌兰布和沙漠，其他地段均为零星分布。以浅黄色细砂为主，中、粉砂次之，厚 0～15m。构成各种类型沙丘，相对高差 5～80m。属主要的含水层。

二、区域构造

（一）大地构造背景

鄂尔多斯盆地位于华北陆块的西部，呈不规则矩形，长轴近南北向。东侧是华北陆块的中部构造带，西侧为阿拉善地块和西缘冲断带，北侧以白云鄂博–赤峰断裂为界与中亚造山带相接，南侧以洛南–栾川断裂为界与秦祁昆造山带相邻（图 1.4）。已有的研究表明，鄂尔多斯盆地所处的华北陆块至少古生代时与北部的西伯利亚板块被古亚洲洋分割，二叠纪末期两大板块之间的洋盆闭合，形成古亚洲大陆（王鸿祯，1987）。古亚洲大陆的南侧华北板块与扬子板块之间的秦岭–祁连古生代洋盆于二叠纪末期—中生代早期闭合，形成华北与扬子板块的拼合，构成中国大陆的基本轮廓（任纪舜等，2000）。

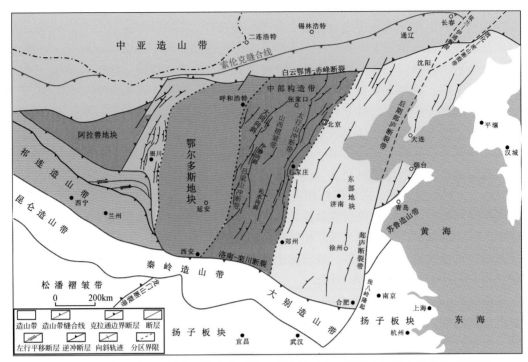

图 1.4　鄂尔多斯盆地区域大地构造位置图（据中国矿产资源潜力评价大地构造图修改）

　　鄂尔多斯地块是中蒙大陆纵向中轴的主要地质单元（马宗晋、郑大林，1981），李四光视作祁吕山字形构造的脊柱。鄂尔多斯地块（中轴）可以说是中国最稳定的地质单元，中、新生代主要盆地走向及主要褶皱、断裂构造线走向，以鄂尔多斯地块为界，东部多为北东、北北东走向，西部多为北西走向。说明东部中、新生代构造以西太平洋俯冲构造体系影响为主，西部以特提斯构造体系（阿尔卑斯-喜马拉雅碰撞造山）影响为主。东部、西部构造活动的结果都是周缘山脉的隆起剥蚀，使得盆地中、新生代沉积近源物源极端丰富，砂岩、砂砾岩、砂泥岩沉积巨厚。不但有丰富的铀矿源，还有广阔的储存空间。

　　鄂尔多斯地块、鄂尔多斯盆地都是华北陆块重要的大地构造单元，以长期稳定的发展演化历史和蕴含丰富的能源矿产而著称。大地构造上的鄂尔多斯地块和鄂尔多斯中、新生代盆地、鄂尔多斯地区中、新生代沉积范围（所谓"大鄂尔多斯盆地"），在空间范围上具有较大的一致性，但也不完全一致，不同的专业语系内涵不同，特别是在南北两端区别较大。鄂尔多斯盆地，其东西两侧的边界就是鄂尔多斯地块的边界。北侧为长轴近东西向的河套新生代盆地，南侧为长轴北东东向的渭河新生代盆地。鄂尔多斯地块空间上包含鄂尔多斯盆地和河套盆地、渭河盆地的主体部分，鄂尔多斯盆地占据鄂尔多斯地块的主体。

　　鄂尔多斯盆地是华北陆块重要的地质构造单元，具有与华北陆块相同、相似的变质基底和沉积盖层。在地质演化历史上，中、新元古代—古生代时期的鄂尔多斯盆地是华北板块的一部分，隶属于巨型的华北克拉通沉积盆地，特别是古生代时期，从陆表海到总体上升剥蚀，再到海陆交互沉积，具有很强的一致性。独立的鄂尔多斯盆地主要是指中生代盆地沉积，中生代鄂尔多斯地区沉积范围还包括盆地周缘的一些中小盆地，新生代以后鄂尔多斯盆地总体抬升，周缘盆地沉积巨厚，已经属于不同的构造单元。

在地质构造上，鄂尔多斯盆地是一个由古生界组成轴向近南北的大型向斜式沉积盆地，南北长约640km，东西宽约400km。向斜轴部偏西，东西两翼极不对称：东翼为一向西缓倾单斜，宽度超过300km；西翼则由数条近南北向延伸向东逆冲的断褶带组成，宽度不足100km。盆地南缘为渭北隆起，该隆起的南部则以断块向汾渭断陷盆地呈阶梯状降落；盆地北缘为伊盟隆起，缺失下古生界，并以边缘断裂和河套断陷盆地相接（图1.5）。

鄂尔多斯盆地的基底为前寒武系结晶变质岩，盆地内依次沉积了总厚度超过6000m的下古生界碳酸盐岩、上古生界—中生界碎屑岩和各种成因的新生界。

鄂尔多斯盆地前寒武系结晶变质岩基底形态呈不对称箕型，盆地内的碳酸盐岩主要为寒武系和奥陶系，仅出露在盆地的东、南部，在盆地西缘因逆冲断裂翘起局部出露，在盆地北部因断裂下陷深埋。

奥陶系石灰岩顶面经过长期剥蚀，起伏较大，在盆地中央埋深可达4000m以上。区内碳酸盐岩以石灰岩为主，夹有白云岩，沉积总厚度在2000m以上，蕴藏有丰富的天然气和岩盐等矿产资源。

石炭系—侏罗系碎屑岩底面（下古生界碳酸盐岩顶面）是一个不整合的剥蚀面，盆地形状不对称，该层主要在盆地东、南部缓倾出露，在西部多呈条带状陡倾出露，在盆地北部因断裂下陷深埋。在盆地中部底面埋深最大超过4000m，以砂岩和泥岩互层为主，总厚度在3000m以上，含有丰富的煤炭、石油、天然气、煤层气、铀、铝土矿等矿产资源。

白垩系碎屑岩主要指位于鄂尔多斯盆地中西部的保安群（过去又名"志丹群"），形成一个南北长600km，东西宽300km，面积达13.42万km²的长方形分布区。白垩系盆地东部为宽缓的台向斜一翼，西部为被一系列逆冲断层破坏的陡倾翼，盆地南部翘起，北部被断裂切断下陷。保安群底在盆地中西部最大埋深可达1200~1500m，岩性主要为巨厚层砂岩（含砾岩）及砂、泥岩互层，矿产资源贫乏。

鄂尔多斯盆地新生界不连续的沉积在起伏不大的中古生界顶面之上，以第四系为主，局部发育古近系、新近系。第四系以风成砂（主要分布在北部）和黄土（主要分布在南部）为主。大致以长城一线为界，西北部地表多被厚度不一的风积砂层和厚40~120m的冲湖积层覆盖；东南部地表多覆盖厚数十米至200多米的黄土，黄土层下常发育厚数到数十米的新近系上新统泥岩。

根据地震剖面所做的推测认为，汾渭地堑新生界下伏地层总体表现为两端老、中间新的特点：渭河、忻定、大同和延怀盆地新生界基底为太古宇或元古宇—古生界；运城盆地基底为石炭-二叠系；临汾、太原盆地基底为三叠系（王同和，1995；邢作云等，2005）。

地震勘探和钻探资料表明在大青山山前的新生代河套断陷盆地底部是下白垩统，分布比较广泛，从包头到呼和浩特一带都有发育，其下伏地层时代不详。银川地堑新生界沉降幅度达7km。目前仅其南部吴忠以东钻探的银参2井揭示新生界直接覆盖在奥陶系之上，迄今尚无其他井钻穿新生代地层。银参2井位于近东西向展布的北纬38°断裂构造带内，故其钻探结果并不能反映银川地堑基底地层时代（赵俊峰等，2010）。

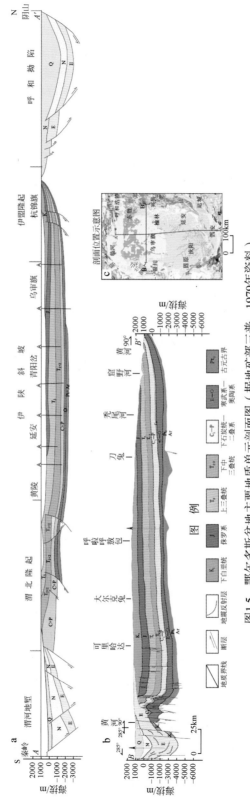

图1.5　鄂尔多斯盆地主要地质单元剖面图（据地矿部三普，1979年资料）

a. 南北向剖面图；b. 东西向剖面图；c. 剖面位置平面示意图

(二) 主要断裂构造

鄂尔多斯盆地主要构造样式有断层、宽缓褶皱、单斜、环形构造 (将在遥感部分介绍) 等，尤其断层发育规模大，活动时间长，对区域构造格架有明显的控制作用。按照断层活动规模和空间位置，可分为边界断层和内部断层；按照走向可以分为南北向、东西向、北东向三组主要断层。主要断层特征如下。

1. 东西向断裂

正谊关-偏关断裂：西起内蒙古宗别立，向东经正谊关、铁可苏庙附近、鄂托克旗、伊金霍洛旗南，再向北东东延伸到偏关，呈反 "S" 形，总体上近东西向展布。此断裂在铁可苏庙附近出露地表，大致是伊盟隆起的南部边界，北侧为太古宙贺兰山群，南侧是下古生界石灰岩和上古生界含煤岩系。断层北倾为主，倾角 70°~80°，具右行平移性质。可能形成于新太古代，铁可苏庙以西在中、新生代仍有一定活动。

卫宁-离石断裂带：基本上沿北纬 38°展布，西起惠安堡，经中宁、靖边、子州、绥德，到离石北仍向东延伸，在盆内长约 300 km。该断裂带在 (中) 卫-(中) 宁北山，表现为古生界的褶皱冲断带，主轴部位由开阔宽缓的拱起或鼻状隆起及伴生的低序次断裂组成。主要拱起有：五镇拱起、高镇-子洲拱起、辛家沟拱起、安边-定边拱起等。拱起两侧基本对称，倾角 60°~80°。规模较大的断裂有：黄湾断裂、高原山断裂、砖庙-田家岔断裂、罗庞源-吴仓堡断裂、定边-吴旗隐伏断裂等。断裂多表现为张性特征，少数为压性、压剪性特征。在崔窑坪一带可见宽达 50m 的挤压破碎带，断距 30~40m，断面北倾，倾角 78° (张福礼，1994)。该构造带由一系列规模较大的基底断裂引起，可能形成于太古宙 (王双明，1996)，晚期活动较弱。

固原-韩城断裂：西起固原，向东经庆阳、正宁、宜君、韩城到临汾西，近北东东向展布，向东可能继续延伸，但磁场特征已不很清楚。该断裂主要依据为磁异常，推测后期活动微弱。

麟游-潼关断裂带：西起千阳，经麟游、永寿向东到口镇、潼关并继续向东延伸。在永寿—三原段断裂直接出露地表，由多条向南倾斜、倾角 55°~70°的压性断裂自南向北叠次逆冲而构成，断裂切割了古生代地层，而中生界基本没有发生错断。口镇以东隐伏于地下，卫星图像上可见线性影像构造。该断裂可能形成于加里东期，中、新生代仍在活动。

2. 北东向断裂

大同-环县断裂：西南端自环县西南始，经靖边、横山、榆林、神木等，延伸至大同东北，该断裂呈北东向延伸，基本都隐伏于显生宙盖层之下。在航磁△T 等值线图和布格重力异常图上有清晰的反映，航磁图上反映最明显，是一条规模宏大的航磁梯度带，梯度最大达 50nT/km。断裂东南侧表现为区域北东向磁力高正异常，西北侧则为区域北东向磁力低负异常并很快过渡为区域东西向磁异常。该断裂是盆地内延伸最长的断裂。在航磁上延 45km 以后，特征仍十分清楚。地质资料表明，该断裂是控制基底岩性的断裂之一，断裂以北为东西向展布的中—新太古界，断裂以南为北东向展布的古元古界。形成于新太古代—古元古代，可能是元古宙晋陕拗拉槽的北部边界 (马杏垣等，1979；任纪舜，1990)。

该断裂在显生宙活动迹象较弱。

庆阳-佳县断裂：从陇县温水起，经庆阳、志丹、米脂、佳县等地向东北延伸，至晋北左云，区内延伸达650km，走向35°~40°，与富县-离石断裂彼此平行。该断裂基本被显生宙盖层所覆盖，卫星图像、航磁异常图上均可见线性构造或线性异常。可能主要活动于新太古代、古元古代。

富县-离石断裂：该断裂亦呈北东向延伸，北起山西忻县，向南经离石、富县到永寿。该断裂区内延伸45km。断裂形成于古元古代，古元古代后活动微弱。可能是元古宙晋陕拗拉槽的东南边界，与庆阳-佳县断裂性质相同。

下站-汾西断裂：西南自下站始与麟游-潼关断裂相交，东北经合阳、禹门口到汾西。该断裂带地貌上为黄土高原与渭河平原界线。在合阳附近出露于地表，倾角65°~80°，断距约80~200m。航磁异常及重力异常图上表现为北东向梯级带。可能形成于元古宙，在中生代是逆冲断层，新生代反转为正断层。

3. 南北向断裂

黄河大断裂、青铜峡-固原断裂：为盆地西界。鄂尔多斯盆地西缘是后期构造变动最强烈的地区。早白垩世鄂尔多斯盆地西部在发生夷平作用之后，继续受挤压，形成前陆盆地。古近纪末，在近东西向压力作用下，形成六盘山、贺兰山等断块山。盆地南、北侧发生断陷，形成河套、渭河盆地。新近纪早期，主要在南北向压应力的作用下，鄂尔多斯东西两侧均发生断陷，形成汾河地堑及银川地堑。区域地质资料显示，青铜峡-固原断裂以西属六盘山弧形构造带，二者不论地层特点还是构造演化特点均与鄂尔多斯盆地存在明显差异。盆地西界由银川盆地北界黄河大断裂与青铜峡-固原深断裂共同组成。盆地西部构造单元"西缘冲断带"整体表现为一条连续的剩余重力高异常带，磁异常表现为低负磁异常条带。以此为界，西侧贺兰山、银川、六盘山一带重力异常场变化强烈，分区复杂，磁异常场表现为区域性分布的大面积相对高磁异常区。而东侧鄂尔多斯盆地内部重磁异常场相对平静，异常结构简单，主要次级异常带呈北东向规律展布。

离石断裂：为盆地东界。鄂尔多斯盆地东缘是一条燕山运动期形成的、复杂的构造-地貌边界带。燕山运动使吕梁山隆升并向西推挤，加上基底断裂的影响，便形成南北走向的晋西挠褶带。盆地东缘以离石断裂为界与山西断隆相邻，是华北陆块中部构造带山西断隆和鄂尔多斯地块两个构造单元的分界断裂。该断裂切断的地层从前长城系直至三叠系。

（三）重磁解译盆地内部断裂

鄂尔多斯盆地不仅是一个四周均被断裂所围限的非规则矩形断块，在盆地内部还存在大量规模不等的断裂。由于地表出露条件不足而不易被观察识别。但是它们有明显的重磁信息特征。根据滕菲等利用航磁、重力资料综合分析解译，辅之以其他信息，在盆地内部及其周缘解译出不同规模的（隐伏）断裂130条（图1.6）。其中，在盆地北部地区，主要以东西向断裂为主，盆地中南部地区，则发育大规模的北东向及其相伴生的北西向断裂，南北向断裂位于盆地东西两侧，控制着盆地的东西边界。这些隐伏断裂在盆地盖层中大多没有明显的地质显示。从航磁场看，鄂尔多斯盆地北东向航磁异常最强，其次为东西向。北东向构造受北西向构造的控制、影响，使得局部发生偏移和错位，表现为北东成带、北西成块的特点。北西向断裂明显晚于东西向断裂，在磁场上表现为切割了东西向断裂，并且明显阻挡了北东向断裂的连续性。可见盆地主要构造的发生、发展时序为东西向→北东向→北西向。

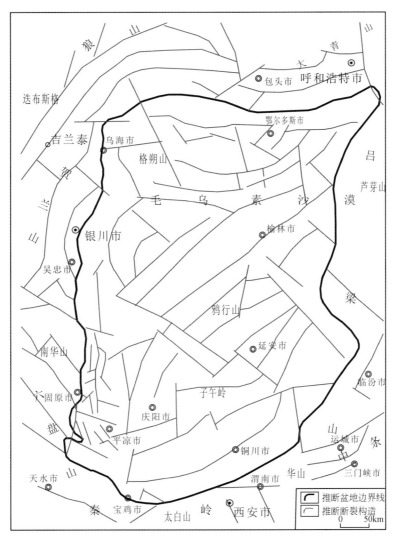

图 1.6　重磁综合推断断裂构造及盆地边界图

1. 红色线为断裂构造；2. 黑色线为推断盆地边界

三、岩浆活动及变质作用

鄂尔多斯盆地内部沉积层相对稳定、厚度较大，基本上覆盖全部地表，岩浆岩及变质岩仅局部范围有零星分布。盆地周缘造山带发育不同时代的岩体及变质岩系。盆地周缘露头和部分钻孔资料表明，中、新生界中尚有极少量的零星出露的不同时代火山岩及火山沉积岩。

（一）岩浆活动

鄂尔多斯盆地及周边岩浆活动具有多期次、多阶段演化的特点，太古宙、元古宙、早古生代和晚古生代、中生代岩体均有发育。尤以吕梁、晋宁期和海西期岩浆活动最为强烈，中、新生代岩浆活动相对较弱，以燕山期侵入体为主。部分钻孔发现有燕山期、喜马拉雅期火山岩，推断盆地内部中、新生代盖层下面也可能有岩浆侵入体分布。

鄂尔多斯盆地及周边出露的岩浆岩分为南、北两带。北带的阴山分布区主要出露海西期花岗岩，其次为吕梁、晋宁期和燕山中期花岗岩。南带的秦岭分布区主要出露燕山早期的花岗岩，其次为吕梁、晋宁期、加里东期和海西期花岗岩。此外，在鄂尔多斯盆地东部的吕梁山和五台山分布区，零星出露有太古宙和元古宙的花岗岩；盆地西侧、西南侧的贺兰山、祁连山零星出露早古生代和元古宙的花岗岩（图1.7）。

盆地内部由于覆盖层较厚，不易观测到岩浆活动。伴随强烈升降运动，局部断陷带有少量陆相火山喷发。中生代以来的首次岩浆活动反映在盆地西缘北部贺兰山汝箕沟的拉斑玄武岩，玄武岩呈层状产于上三叠统延长组顶部和中侏罗统延安组之间，全岩K-Ar法测定同位素年龄值为229±15Ma，大致形成于印支期末（赵红格、刘池洋，2003）；其次为下侏罗统富县组的凝灰岩，获得锆石U-Pb年龄集中在168.4～175.2Ma（李振宏等，2014）。另外，盆地东缘中部紫金山岩体中获得130.7Ma和133.9Ma的锆石U-Pb年龄，盆地西南缘铜城岩体中获得108Ma锆石U-Pb年龄。

从盆地所处的区域构造环境看，南北两缘在古生代末—中生代初为强烈的碰撞造山带，而盆地内部晚古生代—三叠纪沉积均表现为相对稳定的陆台型沉积，说明盆地内部和边缘岩浆活动明显具有不同的性质和强度。边缘的岩浆岩主要是造山带向盆地内部冲断推覆形成的。

（二）变质作用

鄂尔多斯盆地周缘变质岩系发育。其变质作用主要发生在周缘造山带和盆地老基底中。盆地基底岩系克拉通化时代为古元古代末，是盆地最广泛的一次变质作用活动。盆地周缘最老岩石为中太古界变质岩系，露头主要分布在山西省的霍县、赞皇、集宁、涞水、界河口等地。主要岩性为麻粒岩、角闪黑云变粒岩、含辉石斜长角闪岩、斜长角闪岩、磁铁石英岩等，变质程度达麻粒岩相、高角闪岩相。新太古界变质岩系露头分布与中太古界分布一致，多出露于山西省五台、龙华河、绛县等地。岩性主要为角闪岩相变质的黑云变粒岩、斜长角闪岩、角闪变粒岩、石榴石英岩、云母片岩、磁铁石英岩等。古元古界变质岩系主要为低角闪岩相、高绿片岩相的板岩、变质砂岩、变质安山岩、变玄武岩、大理岩、石英岩、千枚岩等。变质作用从北东部的麻粒岩相向南西方向逐步变化为高角闪岩相、低角闪岩相、绿片岩相。

四、鄂尔多斯盆地构造-沉积演化

鄂尔多斯盆地是在华北陆块上发展起来的典型中生代盆地。从盆地整个演化历史看，其基底具有双层结构，下部是克拉通化的结晶基底，上部是古生代为主的稳定陆表海沉

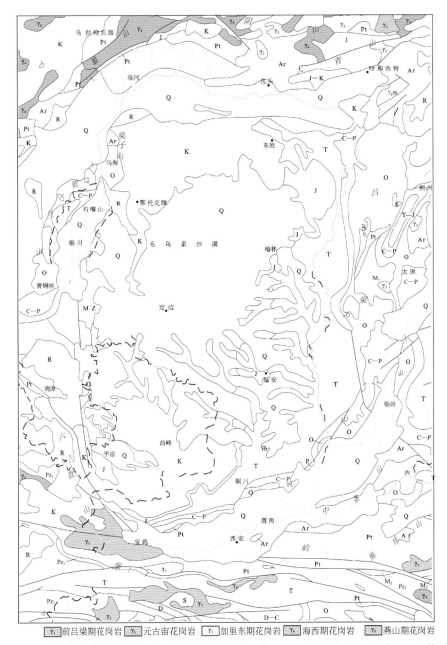

图 1.7　鄂尔多斯盆地及周边地区岩浆岩分布图（据 1:100 万华北地台地质矿产图修改）

积，双层基底的分布具有广泛的一致性。中生代沉积盆地范围和基底差别较大，主要是中、新生代陆相地层系。这种盆地结构通常被称为叠合复合盆地。但是从地质单元、成矿活动时空发展演化的独立性看，鄂尔多斯盆地沉积和铀成矿作用均发生于中生代，具有自己的典型特点。所以，一部分专家认为鄂尔多斯盆地就是一个中生代盆地，基底的层次没有实质性意义。我国华北陆块、塔里木陆块上的很多中、新生代盆地具有这种特点。鄂尔多斯盆地基底作为华北陆块的一部分，其发展演化具有华北陆块的普遍特点，同时还受盆地周缘古洋盆形成演化的影响，具有自身的独特性和复杂性。盆地构造-沉积演化主要经历了吕梁、晋宁、加里东、海西、印支、燕山及喜马拉雅等多期构造运动，发育多套沉积地层和断层系统，形成多个构造层。各构造层岩石地层特征、构造样式及沉积建造类型各异。

盆地发展演化主要经历六个阶段：①太古宙—古元古代盆地结晶基底形成阶段；②中—新元古代裂陷槽-拗拉槽沉积阶段，主要发育裂陷槽、拗拉槽沉积；③早古生代陆表海沉积阶段，主要发育海相台地碳酸盐岩、碎屑岩沉积；④晚古生代海陆交互盆地阶段，主要发育海陆交互相沉积；⑤中生代陆内盆地阶段，主要发育河流相、三角洲相及湖泊相沉积；⑥新生代盆地陆内断陷阶段，主要发育河流相、湖泊相沉积及风成黄土和沙漠。其中，前二叠纪的演化阶段为中生代盆地基底演化期，主要奠定鄂尔多斯块体"内静外动"的构造格局，同时也形成了鄂尔多斯块体周边的富铀建造；三叠纪以来的演化阶段为陆内盆地演化期，它主要控制含铀建造的形成和铀成矿作用过程。

1. 太古宙—古元古代盆地结晶基底形成阶段

太古宙—古元古代是华北克拉通盆地基底形成时期。由于经历了迁西、阜平、五台、吕梁四次构造运动，盆地基底岩系发生了强烈变质、混合岩化及褶皱作用，并由此形成了由麻粒岩相、绿片岩相岩石组成的复杂变质岩系。华北陆块最终在吕梁运动（18亿年左右）后形成了稳定的克拉通。

2. 中—新元古代裂陷槽-拗拉槽沉积阶段

克拉通化后的华北陆块还很脆弱，裂陷槽、拗拉槽广泛发育。盆地南缘发育贺兰、晋陕、晋豫陕三大拗拉槽，沉积了长城系滨海相碎屑岩、蓟县系含燧石条带藻纹层白云岩及青白口系碳酸盐岩、海相碎屑岩。盆地北缘主要发育白云鄂博裂谷系和燕辽拗拉槽，沉积厚度约为2000~10000m。

3. 早古生代陆表海沉积阶段

寒武纪—中奥陶世为陆表海被动陆缘沉积阶段。作为华北陆块的一部分，盆地表现为稳定的海相碎屑岩及碳酸盐岩沉积交互产出，盆地北部形成了东西向的阴山隆起，中西部形成南北向的靖边鞍状隆起，盆地东部形成吕梁隆起。

晚奥陶世早期为主动大陆边缘阶段。盆地南侧的秦祁洋向北俯冲而北侧的兴蒙洋向南俯冲，南北向挤压进一步加剧，随之盆地两侧转换为活动大陆边缘，发育沟-弧-盆体系，华北陆块整体抬升，海水退出全区，盆地中部部分地区极度干旱形成巨厚的盐岩层。随着南北两侧造山运动的加强，盆地进入整体剥蚀阶段。

4. 晚古生代海陆交互盆地阶段

盆地基底经过长期的风化剥蚀后，南北造山活动也进入相对平静期，华北陆块进入海陆交互盆地发展阶段。由风化剥蚀残坡积沉积到逐步过渡到海陆浅盆地。鄂尔多斯地块发生区域性沉降，开始接受石炭-二叠系沉积。古地貌北高南低，北侧为亚洲大陆，南侧为特提斯洋及边缘海盆，海侵方向由南向北。

5. 中生代陆内盆地阶段

古生代末，中国大陆主体形成，鄂尔多斯盆地基本上位于陆块的内部，以陆内盆地沉积为主。只有西南向距离特提斯洋（秦祁洋）较近，该方向也是中、新生代板块俯冲、碰撞造山强烈活动区域。西南向俯冲碰撞远程效应造成盆地周缘山脉持续抬升，鄂尔多斯盆地接受了大量的近源碎屑沉积，盆地的沉降沉积和周缘山脉隆升剥蚀形成耦合，沉积了巨厚、连续的中生代地层。早中生代沉积范围覆盖鄂尔多斯盆地及周缘地区，燕山运动以后虽然盆地范围逐渐有所萎缩，但基本覆盖盆地的主体部分。盆地构造运动以水平升降运动为主，构造、岩浆活动较弱，现今还保持着较厚的地壳厚度和稳定状态。而鄂尔多斯盆地以东，燕山期华北克拉通地壳减薄影响明显强于鄂尔多斯盆地。

　　早、中三叠世，鄂尔多斯地区和整个华北地区西部构造分异较小，基本上继承了二叠纪构造格局和沉积特点，属稳定陆相盆地沉积环境。从地层厚度和岩性来看，中三叠统沉积环境变化加大，局部沉积变厚并出现砾岩夹层，推测此时南北向冲断带已开始产生。上三叠统延长组在贺兰山（香池子砾岩）和石沟驿（含砾石）一带形成了以砾岩为主各厚达3000m左右的前渊凹陷。盆地西缘受当时逆冲断层的限制，凹陷西翼陡、东翼缓，其物源主要来自西侧，向盆地内部迅速变细，盆地表现为前陆盆地特征。中三叠世末印支运动Ⅱ幕全区快速广泛隆起并遭受剥蚀，形成沟谷纵横、丘陵状没有完全夷平的不整合面。此时盆地西缘冲断带初具雏形。下侏罗统富县组和中侏罗统延安组下部在此背景下接受沉积，该阶段鄂尔多斯盆地大部分为河湖相、河流相。一直延续到中侏罗世，盆地不断沉降，河流相、河湖相沉积充满整个盆地。早三叠世为气候干燥、炎热，植被不发育的沉积环境，主要为河湖相的红色细碎屑岩建造，沉积物主要为砂岩、泥岩。中三叠世，盆地东缘沉积了红色砾岩、砂泥岩；中部沉积了灰绿色泥岩，局部夹煤层，植物日渐繁茂，中三叠世末发生的印支运动第Ⅱ幕活动，造成中、晚三叠世地层间断。盆地北部抬升，晚三叠世地层缺失，而西缘拗陷继续下陷。晚三叠世，除北部外，其他地区沉积了灰绿色泥岩，局部夹煤层，晚三叠世末发生的印支运动第Ⅲ幕，盆地一度抬升，造成上三叠统部分地层被剥蚀。

　　早、中侏罗世，鄂尔多斯盆地为一套陆相沉积物。早侏罗世中晚期，仅在准格尔旗南部沉积了一套百余米厚的杂色陆相碎屑沉积——富县组。中侏罗世，盆地处于温暖潮湿的亚热带气候环境，植被发育，沉积了一套从西向东逐渐变薄的含煤建造。晚侏罗世气候干燥、炎热，植被不发育，沉积环境主要为河湖相的红色细碎屑岩建造，沉积物主要为砂岩、泥岩。晚侏罗世末期发生的燕山运动的第Ⅱ幕，使早、中侏罗世地层发生了褶皱和断裂，上升成为剥蚀区。晚侏罗世的燕山运动第Ⅳ幕（155～140Ma）是影响中国东部地区的一次重要构造事件，表现在鄂尔多斯盆地的周边构造作用强烈，贺兰山、吕梁山等山体明显隆升，盆地西缘形成南北长近600km的逆冲、逆掩断裂带，造成了盆地西缘下白垩统与三叠系、中-下侏罗统的角度不整合，往盆地方向演变为下白垩统与中侏罗统的微角度不整合和假整合。白垩纪初，鄂尔多斯盆地下降，全区大部分地区接受了早白垩世沉积，早期沉积物为河湖相红色碎屑及风成沉积，晚期为湖泊相砂泥质沉积，沉积中心在盆地北部临河一线，为南北向延伸的箕状盆地，盆地东部已退缩到东胜一带。早白垩世中期盆地开始萎缩，沉积的东胜组为红色粗碎屑沉积建造。早白垩世晚期，鄂尔多斯盆地整体抬升，湖水退出。晚白垩世，盆地成为剥蚀区。

　　中生代，鄂尔多斯盆地主要受特提斯构造体系控制，碰撞造山的远程影响使盆地周缘山脉隆升，并最终导致了吕梁隆起、六盘山冲断带及阴山构造带的复活与发展。中生代鄂尔多斯盆地是作为独立沉积盆地发育与演化的，表现出了明显的阶段性和旋回性。

　　6. 新生代盆地陆内断陷阶段

　　古近纪时期，盆地主要为河、湖相含石膏红色砂泥质碎屑建造。始新世初开始下降，渐新世盆地西部沉积物分布广泛，主要为一套红色含石膏的沉积建造。盆地内新近系不甚发育。新生代是西部构造格局剧烈变化时期，西南向滇藏各地块、印度板块持续向北漂移、碰撞，造山作用远程影响使得鄂尔多斯盆地周缘山脉隆升的同时，盆地本身也随之一起抬升。西南方向喜马拉雅、昆仑等山脉的形成，阻挡了西南向的潮湿气流，鄂尔多斯盆地气候朝干旱化方向发展，盆地内部有不同厚度的砂岩、石膏层沉积。鄂尔多斯盆地的隆升，外缘相继发展形成一系列新生代盆地，如南侧渭河断陷系、北侧河套断陷系、西侧银川断陷系、东侧汾河断陷系。

五、晚侏罗世以来盆地构造热历史

　　认识盆地中生代的构造演化历史是铀矿形成和找矿的关键。程银行根据伊盟隆起北西西向剖面中的中三叠世二马营组（T_2e）到早白垩世洛河组（K_1l）八件磷灰石裂变径迹样品及测试结果（表1.3），厘定得出了鄂尔多斯盆地晚侏罗世以来经历了四次构造-抬升事件活动，从早到晚依次分别为晚侏罗世—早白垩世150～125Ma、晚白垩世110～100Ma、晚白垩世100～80Ma、古近纪—新近纪50～23Ma（图1.8）。

表1.3　磷灰石裂变径迹分析结果

样品号	颗粒数	$\rho_s/(10^5/cm^2)$ (Ns)	$\rho_i/(10^5/cm^2)$ (Ni)	$\rho_d/(10^5/cm^2)$ (N)	$P(\chi^2)$ /%	中值年龄 /Ma	池年龄 /Ma	$L/\mu m$ (N)
T_3y-2	35	2.948 (1001)	6.17 (2095)	13.122 (7124)	79.2	127±8	127±8	12.6±2.2 (105)
T_2e-1	30	4.985 (1593)	10.038 (3208)	12.285 (7124)	15.4	125±7	124±7	12.6±2.6 (104)
J_2y-1	35	4.139 (771)	10.028 (1868)	16.681 (7124)	6.7	142±10	140±9	12.7±2.5 (107)
J_2y-2	34	2.341 (438)	6.955 (1301)	16.053 (7124)	83.5	110±8	110±8	13.2±1.6 (104)
J_2z-1	34	3.915 (1251)	10.577 (3380)	15.215 (7124)	12.0	114±7	114±6	13.0±1.9 (116)
J_3a-1	35	2.835 (813)	6.082 (1744)	14.378 (7124)	5.7	137±8	136±8	12.6±2.1 (96)
K_3l-1	35	3.345 (936)	9.126 (2554)	13.541 (7124)	93.2	101±6	101±6	12.5±1.2 (110)
K_1d-1	29	11.945 (2049)	26.135 (4483)	12.703 (7124)	0.4	117±7	118±6	12.8±1.4 (137)

　　注：Ns. 自发AFT；ρ_s. 自发AFT密度；Ni. 诱发AFT条数；ρ_i. 诱发AFT密度；$P(\chi2)=\chi2$检验概率；中值年龄＝AFT年龄±标准差；L＝平均AFT长度±标准差；N. 封闭；AFT. 条数。

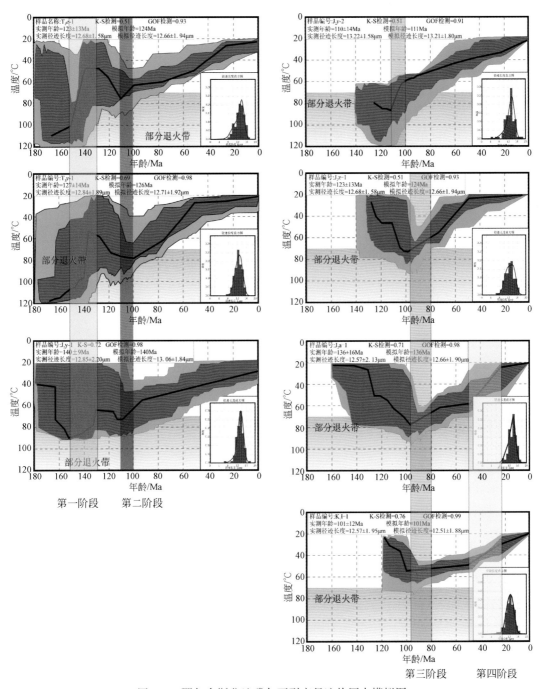

图 1.8　鄂尔多斯盆地磷灰石裂变径迹热历史模拟图

PAZ. 磷灰石退火带（70°~120°）；K–S：磷灰石模拟径迹长度与实际径迹长度拟合值；GOF. 磷灰石模拟年龄
与实测年龄拟合值；绿色热史模拟曲线：可接受热史模拟曲线；紫红色热史模拟曲线：较好的热史模拟曲线；
黑色热史模拟曲线：最佳热史模拟曲线；浅绿色柱状部分：第一阶段抬升作用（150~125Ma）；蓝色柱状部分：
第二阶段抬升作用（110~100Ma）；橙色柱状部分：第三阶段抬升作用（100~80Ma）；黄色柱状部分：第四阶
段抬升作用（50~23Ma）

（一）鄂尔多斯盆地西缘抬升时限

伊盟隆起区西缘的贺兰山逆冲推覆构造区磷灰石裂变径迹年龄具有四个主要峰值，分别为 $116\pm6 \sim 107.2\pm5.8Ma$、$89\pm7 \sim 71.7\pm3.6Ma$、$58.3\pm5 \sim 30.9\pm3.5Ma$、$11.4\pm0.9 \sim 10.0\pm1.4Ma$。通过对伊盟隆起中东部鄂尔多斯一带磷灰石裂变径迹模拟获得的四次冷却事件分别为 $150 \sim 125Ma$、$110 \sim 100Ma$，$100 \sim 80Ma$、$50 \sim 24Ma$。伊盟隆起和贺兰山共同记录了 $24 \sim 110Ma$ 的三次构造冷却事件。在该时期内，伊盟隆起与贺兰山逆冲推覆带为统一沉积盆地，贺兰山为古伊盟隆起的西缘。作为古伊盟隆起西缘，贺兰山逆冲推覆构造形成时限具有三个阶段：$150 \sim 125Ma$、$110 \sim 76Ma$、$50 \sim 24Ma$。

（二）盆地东缘抬升时限

吕梁山地区磷灰石裂变径迹年龄，具有四阶段年龄分峰值：$138 \sim 110Ma$、$90 \sim 70Ma$、$60 \sim 30Ma$、$25Ma$。早白垩世—新生代吕梁山与鄂尔多斯盆地呈同步沉积和抬升，上新世以来抬升冷却加速，吕梁山与鄂尔多斯盆地分离。吕梁山北段、中段年龄较老，中段裂变径迹年龄逐渐变小。推测吕梁山北段、中段受印度洋板块西南向俯冲影响是分阶段的，与西南向多地块迭次俯冲一致。

第二节　　地球物理特征

一、岩石地层物性特征

盆地是由各种不同的岩石、地层建造组成的，它们具有不同的物性特征。可以形成各种不同形式的异常，这些异常反映了不同地质体的空间展布和组合关系。物性参数是对各种异常进行解释、分析的基础。

（一）岩石、地层密度及磁性特征

1. 沉积岩的密度与磁性

鄂尔多斯盆地沉积岩的密度与磁性参数列于表1.4、表1.5中。

1）寒武-奥陶系

以滨海相碳酸盐岩类为主。以白云质灰岩、白云岩为代表，密度 $2.71\times10^3 \sim 2.725 \times10^3 kg/m^3$；磁化率 $0 \sim 43.29\times10^{-5}SI$，剩余磁化强度 $0 \sim 127.59\times10^{-3}A/m$，为高密度、弱磁性岩石。

2）石炭-二叠系

为海、陆交互相沉积。主要为各种碎屑岩，上石炭统太原组和山西组为盆地重要的煤系地层。

表1.4　鄂尔多斯盆地沉积岩物性参数统计表

岩类	密度样品数	密度/(10^3kg/m)			磁性样品数	磁化率（κ）/10^{-5}SI			剩余磁化强度（$J\gamma$）/(10^{-3}A/m)		
		平均值	极小值	极大值		最小值	最大值	平均值	最小值	最大值	平均值
黄土	394	1.91									
钙质亚黏土	1	1.89									
钙质黏土	18	2.37									
黏土岩	6	2.519	2.006	2.696	149	1.7	12.59	2.51	0.39	2.43	0.88
砾岩	361	2.47	2.039	2.5	24	21.13	31.9	23.63	0.54	74.88	23.13
砂砾岩	197	2.33									
砂岩	1642	2.48	1.8	2.8	170	2.92	22.92	13.02	0.2	26.6	9.46
页岩	434	2.52	2.017	2.931	18	2.48	18.7	11.21	0.28	2.09	1.65
泥灰岩	254	2.58									
白云岩	1217	2.725	2.21	2.98	24	1.26	77.9	43.29	0.2	246.98	127.59
白云质灰岩	221	2.71						0			0
石灰岩	1275	2.7	2.079	3.07							
泥岩	101	2.53	1.773	2.757	171	0.3	7.47	3.75	0.38	1.05	0.9
石英岩	5	2.588	2.017	2.931	2	11.01	25.99	18.5	0.74	1.28	1.01
板岩	5	2.58									

注：统计数据引自"华北矿产资源潜力评价重力资料应用成果报告"。

3）中生界侏罗系、白垩系

为一套河湖相陆相碎屑沉积岩。以砂岩、砂砾岩、凝灰岩为代表，砂岩、砂砾岩的密度1.89×10^3~2.33×10^3kg/m^3；磁化率13×10^{-5}~23×10^{-5}SI，剩余磁化强度9×10^{-3}~23×10^{-3}A/m。为低密度、弱磁性岩石。局部火山-沉积岩系凝灰岩，密度2.5×10^3~2.74×10^3kg/m^3；磁化率660×10^{-5}SI，剩余磁化强度2210×10^{-3}A/m。为低密度、强磁性岩石。

4）新生界古近系、新近系

广泛分布于平原和山间盆地中，为河流、湖泊相沉积。以砂岩、砾岩、黏土岩、黄土为代表，密度2.53×10^3kg/m^3；磁化率3×10^{-5}~100×10^{-5}SI，剩余磁化强度1×10^{-3}~30×10^{-3}A/m。为低等密度、微弱磁性岩石，新近系黏土、黄土，普遍具有微弱磁性。

上述各类沉积岩均为无磁性或弱磁性岩石，在航磁图上均表现为平稳的负磁场或极不明显的正磁场。

表1.5　鄂尔多斯盆地沉积地层磁性参数统计表

地层		主要岩石岩性	密度标本块数	平均密度 /(10³kg/m³)	密度分层 /(10³kg/m³)	密度范围 /(10³kg/m³)	磁性标本块数	磁化率(κ) /10⁻⁵SI	磁化率分层 /10⁻⁵SI	磁化率范围 /10⁻⁵SI	剩余磁化强度 $J\gamma$/(10⁻³A/M)
新生界	第四系	黄土冲积层	50	2.05	2.05	1.95~2.17	40	120			60
新生界	新近系	棕红色黏土	46	2.11	2.2	2.11~2.19		60			6
新生界	新近系	灰色粉砂岩、基性火山岩	52	2.23		2.12~2.32					
新生界	古近系	灰色砂岩	43	2.25		2.0~2.35					1
新生界	古近系	灰绿色砂页岩	55	2.45	2.41	2.3~2.50	757	3			
新生界	古近系	灰紫色泥岩,砖红色砾岩	46	2.33							
中生界	白垩系	棕色砂质页岩,砂砾岩及细砂岩	47	2.45			333	160			540
中生界	侏罗系	灰绿色砂岩	77	2.58	2.59		1091	1210			2750
中生界	三叠系	火山碎屑岩	55	2.56			40	14			12
中生界	三叠系	砂岩、泥岩	45	2.56							
上古生界	二叠系	中细砂岩、黑色页岩	67	2.61		2.33~2.61	400	16			12
上古生界	石炭系	泥灰岩,碎屑岩	68	2.61		2.29~2.71	657	9			7
下古生界	奥陶系	石灰岩	80	2.7	2.68	2.66~2.77	284	3			1
下古生界	寒武系	石灰岩	54	2.77		2.59~2.84	180	12.9	12.9	2~35	5
下古生界	寒武-奥陶系	石灰岩、白云岩	63	2.72		2.59~2.77	190	45			20

2. 岩浆岩密度、磁性

1）基性侵入岩

基性岩主要岩性为辉长岩、辉石角闪岩、辉绿玢岩、角闪辉长岩等，辉长岩为其标准岩石。密度 $2.91×10^3 kg/m^3$；磁化率 $1992×10^{-5} \sim 4390×10^{-5} SI$，剩余磁化强度 $290×10^{-3} \sim 4300×10^{-3} A/m$。为高密度、强磁性岩石。中生界分布范围较大，以基性脉岩为多，常引起重力高、磁性强的一定范围的重磁异常。

2）中性侵入岩

中性岩在鄂尔多斯盆地周缘分布广泛，无论基岩出露区，还是浅覆盖区都有分布。主要岩性为闪长岩、辉石闪长岩、闪长玢岩、花岗闪长岩等，以闪长岩为标准岩石，密度 $2.62×10^3 \sim 2.72×10^3 kg/m^3$；磁化率 $1067×10^{-5} \sim 2456×10^{-5} SI$，剩余磁化强度 $372×10^{-3} \sim 1049×10^{-3} A/m$。为中等密度、较强磁性岩石。由于分布范围相对较大，密度中高、磁性较强，常引起重力高、磁性强的较大规模的局部重磁异常。

3）酸性侵入岩

鄂尔多斯盆地周缘酸性岩分布范围广、面积大。主要岩性为花岗岩、花岗斑岩、二长花岗岩、二长花岗斑岩、石英二长岩，以花岗岩、二长花岗岩为标准，密度 $2.50×10^3 \sim 2.65×10^3 kg/m^3$；磁化率 $183×10^{-5} \sim 633×10^{-5} SI$，剩余磁化强度 $33×10^{-3} \sim 660×10^{-3} A/m$。为相对低密度、弱磁性岩石。侵位于前古生界高密度地层中的酸性岩常呈岩基分布，引起较大范围的重力低异常和平稳的低值正、负磁异常。

由以上分析可知：侵入岩从超基性岩—基性岩—酸（碱）性岩的变化，密度逐渐降低、磁性逐渐减弱。主要是由于铁镁质矿物含量逐渐减少，石英、长石质矿物含量逐渐增加所致。

4）火山岩

鄂尔多斯盆地周缘及盆内火山岩系分布广泛，从酸性至基性，从元古宇至新生界都有分布。主要岩性有玄武岩、安山岩、流纹岩、粗面岩、凝灰岩、火山碎屑岩等，密度 $2.28×10^3 \sim 2.91×10^3 kg/m^3$，磁化率 $200×10^{-5} \sim 3409×10^{-5} SI$，剩余磁化强度 $302×10^{-3} \sim 4540×10^{-3} A/m$，为密度、磁性变化范围大的中密度、强磁性岩石。多分布于火山岩盆地中。分布在中、新生代火山岩盆地中的火山-沉积岩系，常引起重力低、杂乱磁异常。以安山岩、玄武岩为主的火山岩盆地，可形成重力高、强异常区。

3. 变质岩的密度与磁性

鄂尔多斯地块古老变质岩系广泛发育，盆地周缘也有出露。可分为三套岩系，即中太古界、新太古界和古元古界变质岩系。由于岩系在盆地内部埋藏较深，采样相对困难，对区域背景场有一定的影响。

（二）岩石、地层放射性及电性特征

1. 岩石的放射性特征

从鄂尔多斯盆地及邻区样品的伽马能谱测量数据统计结果可以看出（表 1.6），花岗岩、闪长岩等放射性核素含量普遍偏高，往往形成明显的高值场；中基性岩放射性核素含量普遍偏低，一般显示为明显的低值场；沉积岩的放射性核素含量多数为中等偏低，火山岩及火山沉积岩的放射性则与火山岩的组分及含量有关。

表 1.6　岩石伽马能谱参数统计表

岩性	总道（Ur）	铀/10⁻⁶	钍/10⁻⁶	钾/%
花岗岩	38.23	4.15	25.08	4.90
闪长岩	27.20	4.22	16.57	3.12
辉长岩	12.10	0.66	7.63	1.60
超基性岩	12.78	1.94	6.56	1.70
凝灰岩	37.43	1.60	17.06	6.18
石英片岩	15.03	0.69	9.86	1.96
大理岩	15.50	2.68	7.11	1.96
石灰岩	10.45	1.27	4.85	1.39
砂岩	13.73	3.29	5.02	1.65
砾岩	14.58	1.55	5.50	2.06
泥岩	24.63	0.26	13.35	3.82
第四系未成岩沉积物	20.43	0.02	12.11	3.15

注：根据中国国土资源航空物探遥感中心 1993~2004 年实测数据统计编制。

2. 岩石的电性特征

岩石的电性特征主要从区域外围测试中获得，数据见表 1.7。金属矿物一般具有较低的电阻率，在电法测量中能够形成不同程度的电磁响应。中基性侵入岩电阻率偏低，尤其是中基性火山岩，如安山岩、蚀变安山岩的电阻率明显偏低；花岗岩及大部分沉积岩电阻率偏高，难以形成明显的电磁响应。

表 1.7　岩（矿）石电性参数统计表

岩（矿）石名称	电阻率 ρ/(Ω·m)	
	变化范围	常见值
铜镍钴矿	1~320	25
蚀变矿化带	150~250	175
橄榄岩	110~890	310
闪长岩	91~169	130
花岗岩	149~189	167
花岗斑岩	104~192	148
流纹斑岩	96~149	118
安山岩	76~95	85
蚀变安山岩	54~83	63
凝灰岩	82~918	219

岩（矿）石名称	电阻率 $\rho/(\Omega \cdot m)$	
	变化范围	常见值
角砾岩	57 ~ 110	84
火山角砾岩	131 ~ 221	191
石英脉	153 ~ 211	170
千枚岩	313 ~ 440	377

注：根据内蒙古地调院资料整理。

在实际测量中，地表或浅层分布的盐碱、石膏层、高矿化度水等都具有很低的电阻率，一般会形成非常明显的电磁响应，这些干扰因素往往会对电磁异常的提取造成较大影响，但这些异常一般比较容易识别。

3. 盆地内钻孔中—新生界的物性参数特征

鄂尔多斯盆地钻孔揭露的地层主要为中—新生界，通过对盆地内113口钻孔的测井参数统计，总结出鄂尔多斯盆地不同层位、不同岩性的伽马、电阻率、密度等参数特征。

1）地层放射性特征

从层位来看，直罗组下段伽马背景值最高，平均为4.1nC/(kg·h)，延安组次之，伽马背景值平均为3.5nC/(kg·h)。直罗组上段伽马背景值平均为3.32nC/(kg·h)；安定组伽马背景值平均为2.71nC/(kg·h)；洛河组伽马背景值较低，平均为2.68nC/(kg·h)。说明直罗组下段提供次级铀源的能力越强。

此外不同岩性的测井伽马背景值变化较大。粗砂岩伽马背景值范围在0.1 ~ 0.85nC/(kg·h)，平均为2.618nC/(kg·h)；中砂岩伽马背景值范围在0.3 ~ 12.42nC/(kg·h)，平均为3.09nC/(kg·h)；细砂岩伽马背景值范围在0.3 ~ 10.38nC/(kg·h)，平均为3.23nC/(kg·h)；粉砂岩伽马背景值范围在0.3 ~ 8.64nC/(kg·h)，平均为3.32nC/(kg·h)；泥岩最高，伽马背景值范围在0.3 ~ 16.71nC/(kg·h)，平均为3.58nC/(kg·h)。可以看出粒度越细，伽马背景值越高（图1.9），说明地层中铀的背景值的高低主要与细粒级岩石吸附作用有关。

2）地层电阻率特征

整体上电阻率还是表现出随粒度降低而减小的趋势（图1.10左）。不同组段间测井电阻率差别较大（图1.10右），主要是受不同组段内岩性差别影响。其中下白垩统洛河组以中、粗砂岩为主，整体粒度较大，电阻率较高；中侏罗统安定组主要以泥岩为主，电阻率相对较低。

3）地层密度特征

从岩石粒度对比看，整体上岩石密度与岩石粒度成负相关关系，随着粒度的减小而增大（图1.11左）。而在同一地区，不同层位而岩性相同的情况下，密度参数变化不大，说明压实效应不明显，密度大小只与岩石组分有关（图1.11右）。

砾岩在物性特征上表现为高电阻率、高密度，由于其大多存在于下白垩统中，泥、砂、砾混积，变化范围较大；自然电位反映效果较差，所以对砾岩未进行参数统计。

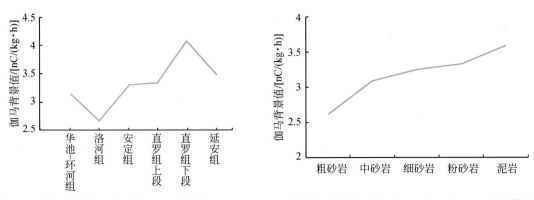

图 1.9　鄂尔多斯盆地各组段伽马背景值对比（左）和不同岩性伽马背景值对比（右）（113 口钻孔数据）

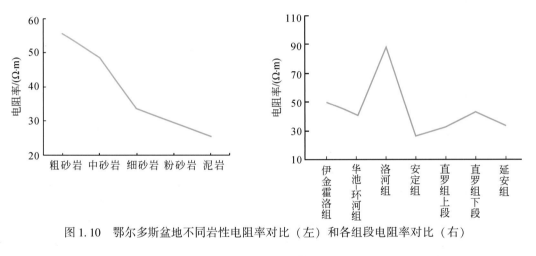

图 1.10　鄂尔多斯盆地不同岩性电阻率对比（左）和各组段电阻率对比（右）

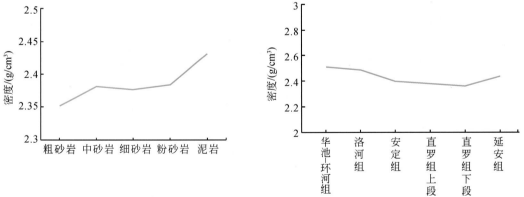

图 1.11　鄂尔多斯盆地不同岩性密度对比（左）和各组段地层密度对比（右）

二、区域重力场特征

鄂尔多斯盆地的布格重力异常基本处于大兴安岭–太行山梯级带的西侧重力低异常区

之内，总体趋势为自西向东逐渐增高，反映了盆地盖层的沉积特征，与地壳厚度由西向东变薄呈负相关关系。重力异常的形态呈东西向、南北向和北东向三组条带状分布（图1.12）。

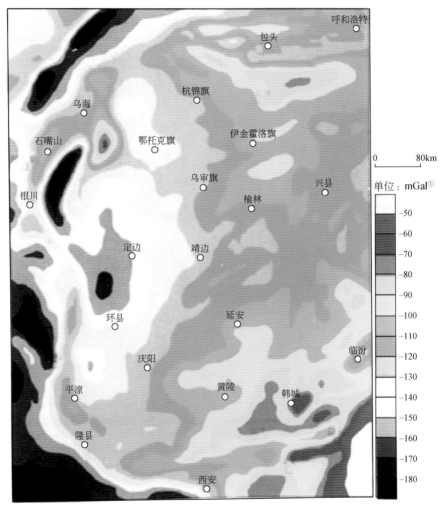

图1.12　鄂尔多斯盆地布格重力异常图（据长庆油田资料）
①1Gal=1cm/s²

中部和西南部的重力异常呈近南北向分布，与相应的地质构造或沉积厚度相关。盆地中部的重力异常变化较为平缓，反映了盆地内部在结晶基底形成后构造运动相对稳定。

盆地的东南部分布多个重力异常高值圈闭，多为后期改造中的断块翘倾掀斜引起。

西北部（银川-石嘴山一带）存在重力异常呈高低值相间的圈闭（同银川地堑和后期改造造成不均匀升降相对应）。

东北部重力异常场的形态为向东北方向开口的箕状分布，这同该地区北东向构造相对应，是北东向走向的深部继承性构造的反映。

三、区域磁场特征

鄂尔多斯盆地航磁化极异常见图 1.13，有三条正异常为主的区域性条带围限鄂尔多斯盆地，北侧为华北陆块北缘正异常为主的条带，南西侧是秦祁昆造山带正异常为主的条带，东侧是华北陆块的中部构造带，也是以正异常为主。三者围限的盆地内部以负异常为主。因此航磁所反映的大地构造格局和重力异常是一致的。在盆地内部航磁场异常也很清楚，北部为东西向的负异常带，范围基本上和东西向伊盟隆起一致。中南部为北东向的高强度条带状异常，从北西向南东依次为负、正、负、正四个北东向异常带。因此在中南部形成两正两负正负相互间隔夹一负的格局。其中，中部北东向正异常带规模强度都比较大，向北东超越盆地边界，一直到朔州、大同、张家口一带。

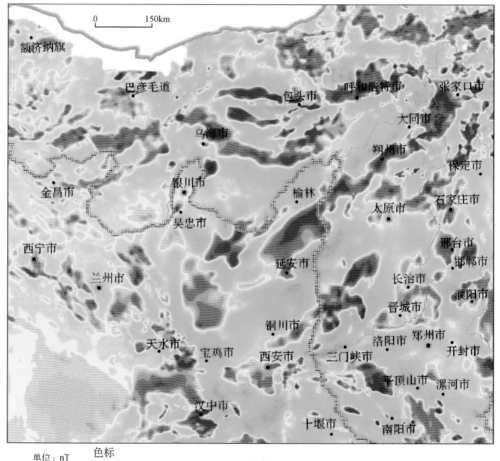

图 1.13 鄂尔多斯盆地航磁化极异常图（根据天津地调中心 2012～2015 年区域地球物理调查成果集成与方法研究项目内部资料编制）

　　与重力异常相比，航磁化极场上，盆地边缘的环形异常也有一定的显示，但并不十分明显。航磁化极垂向一阶导数异常图（图1.14）显示的区域构造单元特征更为明显，华北陆块北缘、秦祁昆造山带、华北陆块中部构造带正异常为主的带状特征更为显著。与重力异常一样，垂向一阶导数异常围绕盆地边缘也表现出明显的环状异常。垂向一阶导数异常相比垂向化极异常，盆地中南部的北东向异常、北部的东西向异常，可识别程度也明显提高。重磁信息的高度吻合，说明异常成因具有相当程度同源特征。盆地除火山岩外的沉积岩的磁化率普遍很低，可以视为弱磁化和无磁性。因此，鄂尔多斯盆地的区域磁异常场主要反映了鄂尔多斯地块结晶基底的空间展布特征。

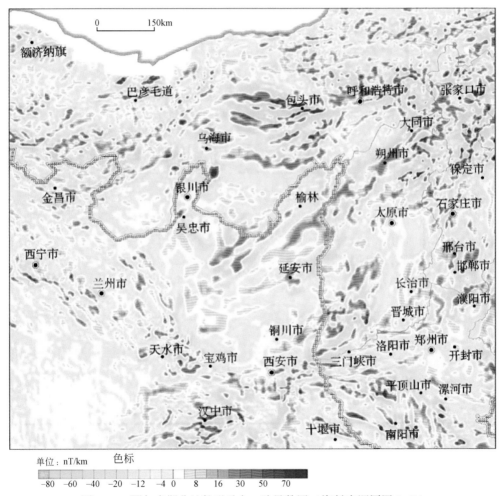

图1.14　鄂尔多斯盆地航磁垂向一阶导数图（资料来源同图1.13）

　　总而言之，鄂尔多斯盆地航磁异常是华北陆块北缘正异常带、秦祁昆正异常带和华北陆块中部正异常带围限盆地的相对低（负）的环形异常，内部局部异常是西部呈南北向条带状异常，北部呈东西向异常，中南部呈北东向异常。内部局部异常走向分布和重力异常相对一致。

　　其中，鄂尔多斯盆地北缘出露老变质岩系，推断应该和盆地深部的变质岩系一致，研究它们的磁场特征是研究盆地内部北东向老基底条带的钥匙。同时盆地北部也是铀矿密集区，它们的矿源和老基底有直接的联系。从航磁 ΔT 等值线图上可以看出北缘有两个特征明显的东西向异常带成对出现，北侧为东西向强磁异常带、南侧为东西向低缓负异常带。

北侧强磁异常带：位于鄂托克旗、伊金霍洛旗、清水河和临县、岢岚一带。磁场表现为宽阔的正异常带，异常强度 10 ~ 600nT，当磁场化极上延不同高度仍显示为正异常带。据区域地质资料，华北陆块的基底由中—新太古界和古元古界结晶岩系构成。这套地层沿盆地北部的乌拉山和东部的吕梁山地区有出露。在乌拉山地区称作乌拉山群，在吕梁山地区称作滹沱群。乌拉山群主要由变粒岩、片麻岩、斜长角闪岩、斜长角闪片麻岩夹磁铁石英岩组成。可以看出，这套地层变质深，暗色矿物多，而且含有磁铁矿，所以磁性强，它们在磁场上往往能引起强度较大的正异常带（区）。分布于包头、乌拉特前旗地区的乌拉山群正好与正异常带对应较好，两地异常带强度、形态和走向完全可以对比。所以，认为盆地中那些宽缓升高的正异常带应是太古宇乌拉山群强磁性基岩的反映。

南侧低缓负异常带：位于盆地北缘的达拉特旗及南部的银川、乌审旗、神木、府谷地区，以平缓变化的负异常区为特征，强度一般在 –100 ~ 0nT 变化，个别地区可达 –200nT。当磁场上延不同高度后，仍显示为宽缓的负异常区。在盆地西缘的贺兰山、桌子山有太古宇千里山群出露，岩性主要由片麻岩、黑云斜长片麻岩、变粒岩和混合岩组成。这套地层为弱磁性。古元古界色尔腾山群（岩性主要为混合岩化片麻岩、混合岩、片岩）也为弱磁性层，磁化率仅为数百个 10^{-5}SI。所以，这种平缓变化的负异常区是太古宇—古元古界千里山群和色尔腾山群的反映。这套地层构成了该区的弱磁性基底。该地层厚度大，磁性弱，分布范围广。鄂尔多斯盆地的基底是由中—新太古界和古元古界结晶杂岩构成，由于其岩性和岩相不同，在磁场上反映为不同的特征。

四、航空放射性异常特征

（一）区域航空放射性测量总道能谱异常特征

根据张国利收集编制的鄂尔多斯地区航空放射性测量总道能谱异常简图，该地区总道能谱异常整体呈现"南高北低"异常形态，沿盐池、榆林、店塔一线分为南北两个大区：南部西峰-通镇总道能谱高异常区（Ⅰ）和北部鄂托克旗-东胜总道能谱低异常区（Ⅱ）（图1.15）。

（1）南部西峰-通镇总道能谱高异常区。

可以沿徐团镇、环县、西峰和石湾镇、沿河湾镇、富县两条近南北向线分为三个小区，即下马关-镇原（I_1）、吴旗-华池（I_2）、绥德-通镇（I_3）地区。由西向东呈"两低夹一高"形态。异常走向以北西向为主，少部分北东向的异常。与地表出露的中生界走向和空间位置对应关系比较密切。在徐团镇、安边镇、吴旗县、华池县等地出现多处较高峰值。

其中，吴旗-华池（I_2）异常区，总道能谱计数率背景值在 2360cps 左右，异常下限一般在 2460cps 以上。在华池县、吴旗县、环县等地峰值均在 2700cps 以上。异常较连续，

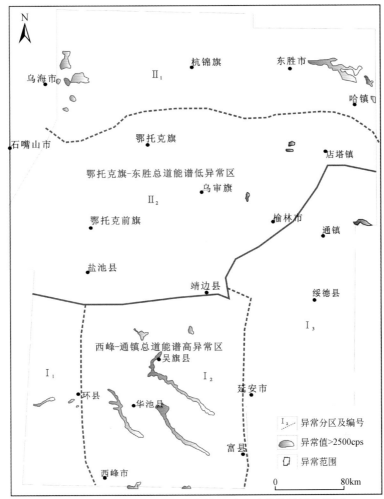

图 1.15 鄂尔多斯盆地航空放射性测量总道能谱异常简图

呈条带状、短轴状，走向以北西向为主。

其他两处 I_1、I_3 异常区的异常相对分散，分布不均匀，异常值相对 I_2 异常区偏低。

（2）北部鄂托克旗-东胜总道能谱低异常区。

沿鄂托克旗、伊金霍洛旗、哈镇和磴口县、东胜北部两条近东西向线分为两个小区（II_1、II_2），北部能谱异常相对南部地区偏高。

其中，北部乌海-东胜（II_1）地区的总道能谱异常以低缓异常为主，背景值在2000～2100cps 左右，异常走向多为北西向。西部乌海地区周边出现小面积近南北向能谱异常；东部东胜地区附近出现近东西向能谱异常，异常位置与地表直罗组露头相对应，说明直罗组地层具有较高的放射性背景，其周边分布皂火壕、阿不亥等铀矿床，可能为这些地区铀矿的富集提供一定的铀源。

结合现代地貌特征和遥感信息，能谱总道异常可以划分为两类：一类是区域性背景（趋势），另一类是局部异常。区域性背景是南高北低，北部低背景区及异常北西向分带与现代地表沙丘分布区及沙丘走向带高度一致。南侧高背景区及异常条带走向与中生代地层出露区及山岭、沟谷展布高度相关，真正具有成矿研究意义的应该是和趋势关系不甚紧密的局部异常。盆地西北、东北部局部异常强度较大，可能为区域铀矿的富集提供重要铀源。南部背景值偏高，局部高异常呈分叉状，与现代河道中出露的白垩系空间关系较为密切。

（二）区域航空放射性测量 U 含量异常特征

鄂尔多斯盆地航空放射性测量 U 含量异常整体呈现"南高北低"的异常形态，与总道能谱异常图总体形态相近，沿盐池、榆林、店塔一线分为南北两个大区：南部西峰-通镇 U 含量高异常区（Ⅰ）和北部鄂托克旗-东胜 U 含量低异常区（Ⅱ）（图1.16）。

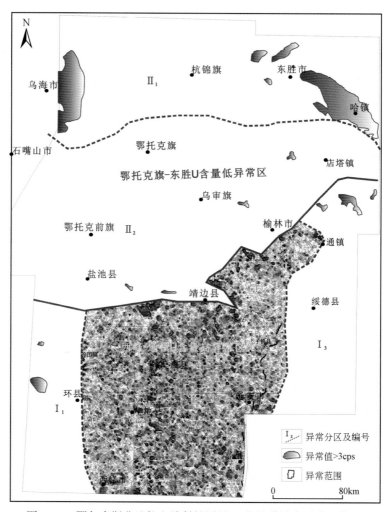

图 1.16　鄂尔多斯盆地航空放射性测量 U 含量谱异常及分区简图

1. 北部鄂托克旗-东胜 U 含量低异常区

北部低异常区同样可以沿鄂托克旗、伊金霍洛旗、哈镇和磴口县、东胜地区两条近东西向的线分为两个小区。

其中，杭锦旗-东胜地区（Ⅱ₂）铀含量值以中高异常为主，背景值在 1.8ppm（10^{-6}）

左右，异常走向多为北西向，与白垩系出露形状较一致，白垩系岩性为紫红、灰白色泥岩、砂岩、砂砾岩夹泥灰岩。由于泥、砂岩具有较强的吸附性，容易形成 U 元素富集。为该区铀矿的富集提供原始铀源。

相对于能谱总道背景特征和现代地貌、沙丘明显的对应关系，U 异常在北部低背景区分布范围、条带走向也和现代沙丘的分布与走向明显一致。在南部高背景区，分布范围和中生代砂岩出露区是相当的，但是异常走向和山岭、沟谷展布并不一致，异常的走向显得比较杂乱。说明放射性异常源中，起主导作用的是 Th 含量，U 主要溶于水中，地表砂体中的 U 大部分已经被淋滤掉了。因此 U 局部异常相对总道异常，对铀矿找矿具有更强的指示意义。

2. 南部西峰–通镇 U 含量高异常区

南部高异常区与总道能谱异常分区相似，可以分为三个区，西部分区界线同样沿徐团镇、环县、西峰分割，东部分区界线略向东偏移，沿通镇、米脂县、老君殿镇近南北向线分割，由西向东呈"两低夹一高"形态。异常走向以北西向为主，有部分北东向和南北向的异常。与地表出露的侏罗系、白垩系走向和空间位置对应关系比较密切（图 1.16）。

其中，中部吴旗县–华池县地区 U 含量背景值较高，在 2.6ppm 左右，异常下限一般在 2.8ppm 以上，在西峰区、徐团镇、安边镇、周湾镇等地峰值均在 4.1ppm 以上。本书以异常值大于 3cps 为圈定下限大致勾画异常分布范围，异常呈大面积分布，相对高值异常走向大致以北西向为主，呈串珠状，但分布形态不是很明显，总体与现代河道的分布形态相对吻合。

五、区域地球物理场综合解释

（一）鄂尔多斯盆地断裂及盆地边界的推断解释

我们根据重力资料所显示的断裂深部发育情况划定了当前的盆地边界。北部边界断层为磴口–托克托断裂带，西部为黄河大断裂、青铜峡–固原深断裂，南部为渭河盆地北界断裂，东部为离石断裂。鄂尔多斯盆地与周缘造山带之间发育一些新生代断陷盆地，北缘为河套盆地，西缘北段为银川地堑，南缘为渭河地堑，东缘为山西地堑。造山作用对盆地演化有重要的制约作用。

（二）综合地球物理异常推断局部构造

鄂尔多斯盆地中部中生界隆起带主要为北东走向，南北部隆起均为东西走向，西侧主要为南北走向，受盆地边界断裂控制（图 1.17）。根据物性资料的分析结果和沉积建造规模特征，鄂尔多斯盆地布格重力异常主要反映下古生界构造层与其上覆沉积盖层间的密度差异，而航磁异常主要反映了磁性基底、火山岩的分布特征（李明、高建荣，2010）。我们以区域地质背景为基础，依据已有的重磁资料，对区内的中生界隆起区分布进行了综合推断解释。盆地中部北东向的中生界隆起，平行排列，引起系列高重力异常条带，为区内

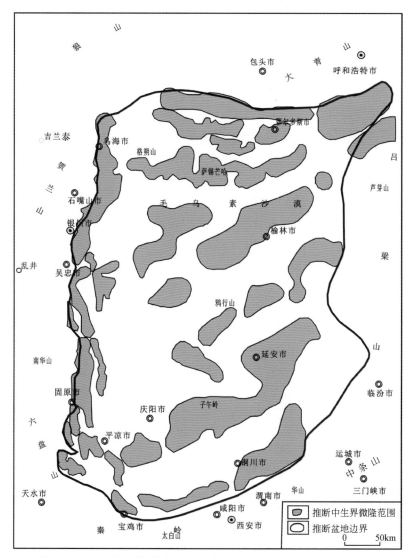

图 1.17　重磁综合推断中生界微隆分布图（资料来源同图 1.13）

铀矿的寻找提供了重要线索。

　　例如，前人利用地震资料认为东胜凸起区褶皱构造呈短轴、鼻状和穹窿状形态（滕吉文等，2008），断裂较发育，以北东向正断裂为主。如果将 5.6km/s 速度等值线粗略地看成古老结晶基底的顶面（图 1.18），鄂尔多斯地块内部基底顶面埋深基本上分布在 4 ~ 6km 深度范围内。在东胜凸起处较浅，即其南部接近于 5km、北侧边缘地带则抬升至 4km 左右。鄂尔多斯地块、阴山造山带和内蒙古褶皱带上部地壳速度结构存在着明显差异，鄂尔多斯地块北部上地壳明显受到阴山造山活动的影响，而且这种影响从地块北缘向南逐渐减弱。造山过程中的挤压作用导致了块体北部基底隆升、断裂重新活动和沉积建造的构造变形。

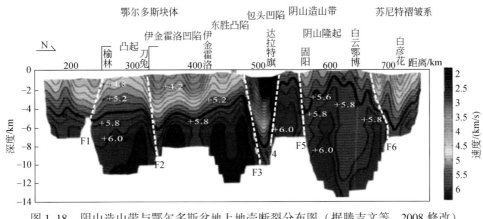

图 1.18　阴山造山带与鄂尔多斯盆地上地壳断裂分布图（据滕吉文等，2008 修改）

地震 Pg 波层析成像，粗实线为古老结晶基底起伏面

第三节　遥感地质

一、鄂尔多斯盆地及外围总体影像特征

鄂尔多斯盆地大多数地区植被不发育，遥感影像能清晰的揭示宏观地质体的展布规律。鄂尔多斯盆地具有明显的矩形块状影像，东、西、北侧三面被黄河包围，南为汾渭裂谷带。盆地内部除西北、东南角外，整体色调、纹理均一。通过精细解译发现，整个块体可分为南北两块，两块之间以一条北东向断裂为界。北部地表沙化严重，发育沙链、沙丘等沙漠纹理。水系不发育，多以长直的北西向水系为主，残留的湖泊呈北西向串状分布，北东向与北西向构造发育；南部除东南角外，地表植被不发育，但整体较北部植被要好，纹理粗糙，广泛发育有细小的枝状水系。

鄂尔多斯盆地北部地块从西至东分别与河套平原、阴山地块相邻，中间存在一条北西西向的沙带，沙带以北为黄河，从大量北东向平行分布的水系及其拐点特征，基本可以判断其北部边界至少存在两条平行的断裂构造。东北部存在两个明显的双"V"形构造块体，构造块体中轴被一条北东向断裂穿过。这两个块体的形成应该与鄂尔多斯地块向北东挤压有密切关系。其实，从更大尺度遥感影像中可以清晰的发现，由于受到来自北东向和东南向挤压应力作用，整个华北陆块有向东逃逸迹象，这一点在西拉木伦河林西段有明显的显示。

二、主要线性构造特征

鄂尔多斯盆地遥感影像线性构造十分明显，根据构造空间位置，大致分为盆地边缘断裂、盆地内断裂和环形构造三个构造体系。

（一）盆地边缘断裂构造

李建国、郑国庆等根据遥感影像图认为环鄂尔多斯盆地边缘由一系列断裂构成，根据其断裂构造的空间组合特征，环鄂尔多斯断裂主要有西部鄂尔多斯西缘断裂、北部河套断陷盆地南缘断裂、东部离石断裂带、南部渭河断陷北缘断裂和西南旋钮构造，此外北部大青山断裂、东北方向大同-朔州断裂也是鄂尔多斯盆地重要的断裂构造（图1.19）。

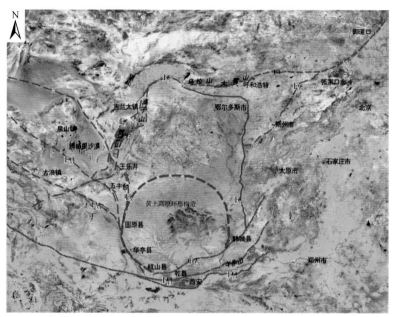

图1.19　鄂尔多斯盆地及周缘构造解译图（TM影像）

F_5. 河套断陷盆地南缘断裂；F_6. 离石断裂带；F_8. 青铜峡-罗山-蒿店断裂带；F_{12}. 渭河断陷北缘断裂；F_{13}. 天水-西安-三门峡断裂；F_{14}. 北祁连北缘断裂带（油房沟-皇台断裂）；F_{33}. 香山、米钵山北麓-桃山-石峡口东断裂带；F_{34}. 李俊-硝口-泾源（六盘山）大断裂；F_{36}. 鹅毛口断裂

1. 河套断陷盆地南缘断裂（F_5）

河套断陷盆地与鄂尔多斯盆地分界断裂，断层西起临河区，经河套镇至喇嘛湾，走向北西西，线形影像，弧形、波状，构造线两侧色调、影纹差异极大，北侧为绿色，地貌单元为河套平原，南侧为棕黄、棕红色，地貌单元为高原平地。依据解译标志，为断裂构造。根据地貌、地质、影像特征判断，断裂北倾，北侧河套平原为下降盘，正断层性质。

2. 离石断裂带（F_6）

离石断裂带位于盆地东侧，和地质图的离石断裂带一致，也是黄土高原的东界。断裂在山西保德县以南影像标志清晰，标志明显，但保德县以北，影像标志不明显。断裂总体呈南北向纵贯山西西部，断裂北起与内蒙古分界处的河曲刘家塔，向南经兴县交楼申、临县程家塔-湍水头、柳林寨东、石楼介板沟、隰县紫荆山西侧至临汾靳家川，长度大于400km。在遥感影像上，断裂的线性形迹非常明显，两侧无论从色调、影纹、地貌都有着明显的差异。断裂西侧为第四纪黄土地貌，东侧为典型的寒武纪地层形成的陡坎。

3. 渭河断陷北缘断裂带（F_{12}）

该断裂是鄂尔多斯盆地南缘与渭河断陷之间的分界断裂。分布于渭河北岸山前一带，西侧止于李俊-硝口-泾源（六盘山）大断裂，东侧进入临汾盆地，全长 570km。断层总体呈现向东南凸出的弧形，局部常为折线或弧线状线形影像。断层影像清晰，标志明显，影像标志、地貌标志、地质标志相对一致。

4. 鄂尔多斯西缘断裂带（F_9）

鄂尔多斯西缘断裂由多条断裂组成。在内蒙古境内有贺兰山西缘断裂、磴口-乌达断裂和桌子山东缘断裂，在宁夏境内划分有马家滩-甜水堡断裂、牛首山-固原断裂等。《宁夏回族自治区区域地质志》（1990 年）将这个断裂带称之为贺兰山经向构造体系。由一些近南北向和北北东向的分支断裂组成。北起内蒙古桌子山东缘，向南经银川-吴忠盆地、马家滩、青龙山、彭阳直到甘肃的平凉以南，南北长 500km，东西宽约 40～100km。构成鄂尔多斯中生代盆地与阿拉善地块的分界线，也是我国东西不同构造、地层、地貌景观的第二分界线（第一分界线为太行山东麓断裂），同时也是现代重要的地震活动带。

5. 旋钮构造

李俊-硝口-泾源（六盘山）大断裂、香山-米钵山北麓-桃山-石峡口东断裂带、青铜峡-罗山-蒿店断裂带三条北西断裂在鄂尔多斯盆地西南构成旋钮构造这一重要的构造类型。从影像宏观表现，三条断裂形成向西北方向放射状张开、东南方向收敛汇聚的一组构造，收敛后在固原、华亭一带与陕北黄土高原环形构造相切，南端止于渭河断裂（F_{12}）。通过影像判断，陕北黄土高原环形构造可能预示着鄂尔多斯地块南部存在一个更为稳定的巨型陆核。随着印度板块与欧亚板块碰撞进行，受到来自西南方向构造应力持续作用下，三条断裂只能在鄂尔多斯巨型块体西部边缘切入，紧贴着块体西部边缘逐渐收敛，形成旋钮构造。根据构造应力分析，旋钮构造具有左行走滑特征。

1）李俊-硝口-泾源（六盘山）大断裂（F_{34}）

构造方向近南北—北西向，为鄂尔多斯盆地西南边缘断裂，由宝鸡向北，经泾源县、古浪镇一线分布，南端止于 F_{13}，走向北西-北北西，倾向南西或北东，北西段为正断层中、南段为逆断层。两侧地貌、地质不同，差异巨大。断裂南西侧祁连山脉，断续分布白垩纪、中元古代、志留纪、石炭-二叠纪地层，北东侧腾格尔沙漠，多为古近纪、新近纪、第四纪地层。断层接触，地质资料具有左滑性质，第四纪时期仍在活动。线性影像，影像标志清晰，构造两侧色调、影纹差异明显，地貌形态不同。

2）香山、米钵山北麓-桃山-石峡口东断裂带（F_{33}）

断裂清晰由固原经五丰台向西北方向延伸，基本是腾格里沙漠西南边界，断层西南沙地大幅减少，绿地增多，基岩也逐渐出露。断层走向北西，线形影像，两侧色调、影纹不同，岩性差异巨大。地质资料，韦州镇一带断层西南侧出露寒武纪徐家圈组地层，岩性为灰色砾岩、角砾岩、砂岩夹板岩、微晶灰岩，北东侧为古近纪、新近纪、第四纪堆积，山前冲积扇堆积地貌。断层接触，南西倾，左行走滑性质。

3）青铜峡-罗山-蒿店断裂带（F_8）

断层走向北西—北西西，由固原向北，经王乐井向西北延伸，断开贺兰山，形成北西向缺口，穿越沙漠直至刺穿额济纳旗戈壁南部。线性影像，两侧不同地貌截然相接，将腾格尔沙漠从中一分为二，南西侧沙漠地貌明显，沙多，堆积厚度大；北东侧虽是沙漠地貌，但山脉、湖泊出露，吉兰泰镇位于湖泊洼地中。断层控制沙漠地貌及第四纪堆积，沙漠覆盖区断层迹象表明，第四纪时期断层仍在继续活动

（二）盆地内断裂构造

构造线主要方向为北西西、北北东、北东、北西四组，北部较为密集，数量较多，中部稀少，南部总体较少（图 1.20）。

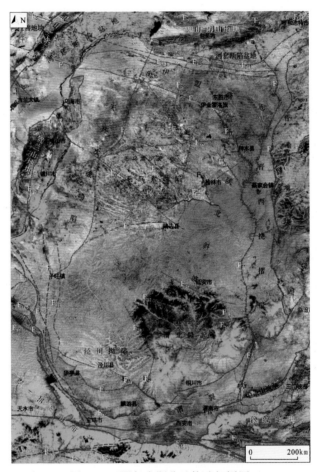

图 1.20　鄂尔多斯盆地构造解译图

F_{1-1}. 狼山断块西缘断裂；F_{1-2}. 狼山断块东缘断裂；F_2. 纳林西里断裂；F_3. 成财沟-大召沟构造；F_4. 大青山-御道口断裂；F_5. 河套断陷盆地南缘断裂；F_6. 离石断裂带；F_7. 鄂托克旗断裂；F_8. 青铜峡-罗山-蒿店断裂带；F_{9-1}. 贺兰山断块西缘深断裂；F_{9-2}. 贺兰山断块东缘深断裂；F_{10}. 尔林兔断裂；F_{11}. 罗峪口-延水关断裂；F_{12}. 渭河断陷北缘断裂；F_{13}. 天水-西安-三门峡断裂；F_{14}. 北祁连北缘断裂带（油房沟-皇台断裂）；F_{15}. 华北陆块区南缘断裂；F_{16}. 早古生代缝合带；F_{17}. 商南-商城断裂带（晚古生代缝合带）；F_{18}. 合作-宕昌-两当深断裂；F_{19}. 酒奠梁-板岩镇断裂；F_{20}. 凤镇-山阳断裂；F_{21}. 泊江海子断裂；F_{22}. 榆林断裂；F_{23}. 靖边断裂；F_{24}. 延安断裂；F_{25}. 临镇断裂；F_{26}. 宜川断裂；F_{27}. 悦乐断裂；F_{28}. 老城断裂；F_{29}. 旬邑断裂；F_{30}. 安口断裂；F_{31}. 黄壕岔断裂；F_{32}. 泾源断裂；F_{33}. 香山、米钵山北麓-桃山-石峡口东断裂带；F_{34-1}. 李俊-硝口-泾源（六盘山）大断裂；F_{34-2}. 南华山-西华山北麓断裂；F_{35}. 鱼儿红-白泉门板块结合带；F_{36}. 朔州断裂；F_{37}. 乌兰木伦河断裂；F_{38}. 什锦旗断裂；F_{39}. 乌审旗断裂；F_{40}. 红墩界断裂；F_{41}. 巴拉素断裂；F_{42}. 岔河断裂；F_{43}. 高家堡断裂

北西西断裂：主要分布在靖边以北地带和中南部延安、西南麟游县一带。靖边以北地区发育一系列北西西向构造，特别是在毛乌素沙漠地带最为明显。北西西构造相互间相距不大，近似等间距分布，相隔 18～38km。走向基本与河套断陷盆地南缘断裂方向一致，显然受北部区域构造带影响。最重要、最显著的断裂是河套断陷盆地南缘断裂（F_5）、泊江海子断裂（F_{21}）和尔林兔断裂（F_{10}）。延安一带的北西西构造发育五组，最小相隔 17km，最大相隔 45km。西南麟游县一带也是北西西构造发育地带，构造受渭河北缘断裂影响，构造方向基本一致，但此处北西西构造数量不多，规模也不大。

北北东断裂：主要分布在盆地东、西两侧，北部毛乌素沙漠也有北北东向构造出现，主要断裂为鄂托克旗断裂（F_7）、罗峪口-延水关断裂（F_{11}），F_7 断裂位于盆地西侧，F_{11} 断裂位于盆地东侧。它们与控盆断裂走向一致，特征相似。

北西断裂：主要分布在盆地中部毛乌素凹陷及南部渭北隆起边缘。毛乌素凹陷北西向断裂具等间距排列特点，与北北东、北西西断裂相互交切，构成格子状构造格局，形成大小不同的断块构造。北西断裂在南部通常为断块的边缘断裂，控制渭北隆起的分布。

北东断裂：总体不甚发育，主要分布在榆林、延安及麟游县一带，较为重要的构造有榆林断裂（F_{22}）、靖边断裂（F_{23}）。

（三）环形构造

全区解译环形构造四处 65 个（图 1.21），按环形构造成因，初步划分为侵入岩环形构造、色异常环形构造、隐伏构造环形构造三类，其中以隐伏构造环形构造最多，约 62 个，其次为色异常环形构造，有两个，最少的侵入岩环形构造，仅一个。环形构造在形态上多为椭圆-圆形，以圆形为主。组合方式为单环、多重环、复合环等多种形式，或者单独存在，或者相交、相切等，不一而足。规模大小不一，直径几公里至百余公里不等，区域遥感影像可辨认的最小的环形构造直径仅 2km，最大的环形构造直径 380km，一般环形构造规模多为中、大型。

环形构造主要环绕鄂尔多斯盆地边缘分布，环形构造的方向性非常强，在鄂尔多斯盆地有三条环形构造带和两个巨型环形构造，盆地以外发育两个环形构造带和一个环形构造群。

盆地内环形构造发育有鄂托克旗环形构造带、离石环形构造带、东胜环形构造带、铜川环形构造带和陕北黄土高原巨型环形构造。鄂尔多斯盆地外缘发育吉兰泰环形构造带、华山杂岩体环形构造带和天水杂岩体环形构造群。

由于砂岩型铀矿主要产于盆地内，因此，简要介绍主要的盆内环形构造特征。

1. 鄂托克旗环形构造带

分布在鄂尔多斯盆地西侧乌海-予旺镇一带，构造环境主要为天环凹陷南端越过鱼儿红-白泉门板块缝合带进入祁连山造山带边缘地带。鄂托克旗环形构造带走向北北东，主要由 H_1—H_7 七个环形构造首尾衔接构成，形成原因主要与凹陷构造有关。

2. 离石环形构造带

位于鄂尔多斯盆地东部，沿盆地东缘分布，走向北北东。离石环形构造带受离石断裂

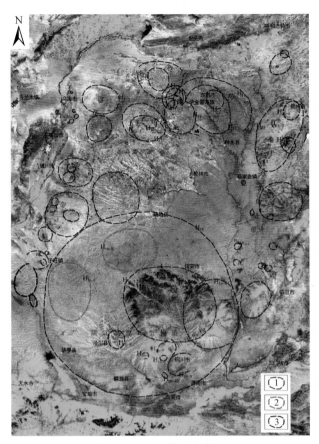

图 1.21　鄂尔多斯盆环形构造解译图（TM742）

1. 侵入岩环形构造；2. 色异常环形构造；3. 隐伏构造环形构造

控制，由北而南沿离石断裂带分布。环形构造类型为隐伏环形构造和中生代侵入岩环形构造。环形构造主体为前寒武纪变质岩，周边为古生代地层。一些环形构造与褶皱、单斜构造吻合，褶皱居多，如 H_{24} 环形构造就是一个背斜构造。环形构造发育特色的同心圆形影纹，或东西向横纹较为显眼。

3. 铜川环形构造带

位于鄂尔多斯盆地东南铜川一带，位于陕北黄土高原巨型环形构造内部的东南端，走向北东，与渭河断陷北缘断裂构造线一致，铜川环形构造带东北端与离石环形构造带南端汇接，由 H_{16}—H_{20}、H_{33} 六个隐伏构造环形构造构成。构造环境为伊陕斜坡。推断形成原因可能与构造隆起有关。

4. 东胜环形构造带

由多个环形构造依次排列，构成北西西向环形构造带。东胜环形构造带处于伊盟隆起与陕北斜坡两构造带衔接地带，构造带东南端与离石环形构造带交汇，交汇处 H_{23} 环形构造是东胜环形构造带和离石环形构造带交汇点。环形构造带被 F_{21} 等多条北西西向断裂切割。受伊盟隆起、陕北斜坡和晋西挠褶带控制。

东胜环形构造带是铀矿成矿的重要构造，其中的伊金霍洛旗环形构造（H_{13}）和准格尔环形构造（H_{14}）与铀矿有关。

1）伊金霍洛旗环形构造

伊金霍洛旗环形构造（H_{13}）为同心圆状水系构成，指纹状纹理，影像标志清晰，如图1.22所示，环形构造椭圆，轴向北北东，轴长约50km，环形构造被北西西断裂切割，东南端不完整；但环形构造形态表现无疑。

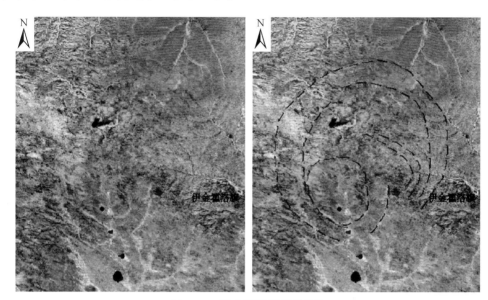

图1.22　伊金霍洛旗环形构造

2）新街镇环形构造

新街镇环形构造位于伊盟隆起与陕北斜坡带衔接部位，是由色调构成环形构造，灰粉、褐黄绿色、灰粉色构成环心，地势低洼，水系发育，褐黄绿色构成环外缘，如图1.23所示。根据影像判断，环形构造是环内低洼、环缘隆起，形似浅碟状环形构造，具有盆地地貌特征。

5. 陕北黄土高原巨型环形构造

陕北黄土高原巨型环形构造（H_{79}）在TM卫星影像图上，能够看到鄂尔多斯盆地南部非常明显的巨型环形构造，影像清晰。环形构造边缘由弧形山脊、弧形水系、弧形断裂显示的环形影像，近圆形，直径380km。环形构造北、西、南、东部边界清晰，东北部边界模糊。环形构造环缘北、西边界具有完美的弧形影像，北界正好处于毛乌素沙漠与黄土高原的交界处，界线呈向北凸出的弧形。环内则呈粉灰、褐灰色，局部为绿色，色调不均匀，显示块体具有不均一性特征。

陕北黄土高原环形构造主体为黄土高原地貌，水系发育。水系类型主要为树枝状。基岩出露在谷底，主要为三叠纪、侏罗纪、白垩纪等中生代沉积地层。东南端有一凸出的绿色斑块，梯形，推测为构造隆起，称之渭北隆起。西南为浅绿色洼地，推测为凹陷构造（图1.24），谓之泾川拗陷。

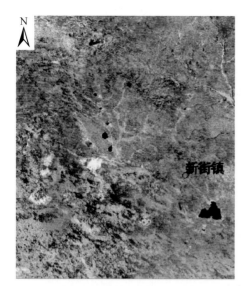
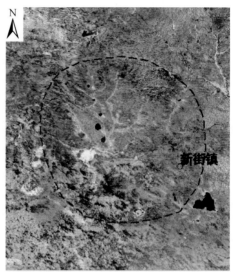

图 1.23　新街镇环形构造

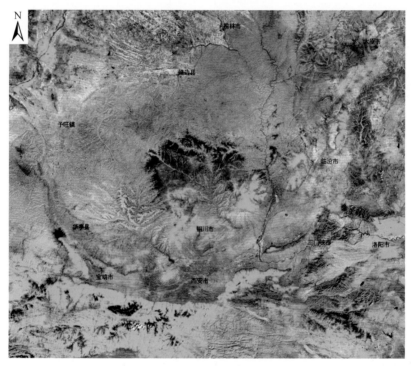

图 1.24　陕北黄土高原巨型环形构造（TM742）

　　陕北黄土高原环形构造在地学界早有发现，并冠以不同的名称。中国地质科学院
（1981 年）根据遥感影像的形态特征，提出了陕甘宁大圆环，朱照宇等（1994）称其为黄
土高原中央环状构造，李建华、申旭辉（2001）称之为南鄂尔多斯环形构造，并论述了其
西侧弧形断裂带的运动特征及环形构造的形态。大地热流值在环形构造内部华池、城壕、

柳湾分别为 82～91MW/m² （张必敖等，1987）。马杏垣（1986）认为该环形构造对应上地幔隆起。通过解译和物探对比研究，我们认为，该环形构造既是一个隆起构造，是区域东北向挤压应力的结果，同时也可能反映出鄂尔多斯南部深部存在一个巨型块体。

三、典型矿床遥感地质特征

选取在鄂尔多斯盆地北部伊盟隆起已发现的皂火壕铀矿、大营铀矿、西部宁东铀矿、东南黄陵铀矿为研究对象，研究典型矿床遥感特征，分析和构建遥感找矿标志。

（一）皂火壕铀矿

位于东胜区南，矿床产于伊盟隆起南缘与陕北斜坡衔接处，两构造单元的分界断裂在矿床南侧通过，为典型的环线交汇控矿。

通过 TM 影像分析，矿床处于紫色色斑构成的环形构造内。影像存在明显的色调差异。内环由多个带绿色的色块环绕矿点形成，外环色调为紫灰色，色调偏深，构成深色调外环，如图 1.25 所示。环形构造近圆形，直径 150km。

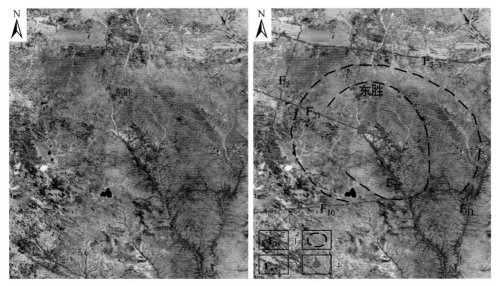

图 1.25　皂火壕铀矿床遥感影像（左）及线环构造特征（右）
1. 主要解译正断层及编号；2. 主要解译性质不明断层及编号；3. 环形构造；4. 矿点

矿区断裂发育，主要构造方向北西西、北北东。北西西断裂影像标志为长直的线形影像，具有压性结构面特征。环形构造被罗峪口-延水关断裂（F_{11}）、河套断陷盆地南缘断裂（F_5）、尔林兔断裂（F_{10}）、F_2 控制。罗峪口-延水关断裂（F_{11}）控制环形构造的东部空间；河套断陷盆地南缘断裂（F_5）控制环形构造的北部空间；尔林兔断裂（F_{10}）控制环形构造的南部空间。泊江海子断裂（F_{21}）横切穿环形构造中部，与乌兰木伦河断裂（F_{37}）相交。铀矿床产于 F_{37}、F_{21} 交汇处，与环形构造及断裂构造具有密切的关系。另外，除线、环构造外，矿体的产出与古河道似乎也有着密切的关系。

（二）大营铀矿

大营矿床位于鄂尔多斯地块伊盟隆起之上。通过 TM 影像进行解译（图 1.26），发现矿区存在一个三角圆形环形构造，环形构造由内外两个环构成，内外环具有明显的色调差异，外环为弧形水系构成，内环浅紫灰色，纹理紊乱、粗糙，矿区已知的两个矿点就存在于色调内环中。根据影像可以判断出，除了环形构造外，断裂构造亦是矿区存在的主要构造类型。矿区断裂构造发育，构造方向北西西、北北东及北北西的主要断裂为河套断陷盆地南缘断裂（F_5）、鄂托克旗断裂（F_7）、泊江海子断裂（F_{21}）和 F_2 断裂。河套断陷盆地南缘断裂（F_5）是河套断陷盆地与鄂尔多斯地块的分界断裂，控制环形构造北部空间；鄂托克旗断裂（F_7）为鄂尔多斯地块伊盟隆起与天环凹陷的分界断裂，控制环形构造的西部空间；泊江海子断裂（F_{21}）则为伊盟隆起与陕北斜坡的分界断裂，F_2 断裂是东界。根据影像判断，断裂切断内环南部边缘，据此推断，泊江海子断裂（F_{21}）控制环形构造南部空间。矿床的产出同样与线、环具有密切关系。

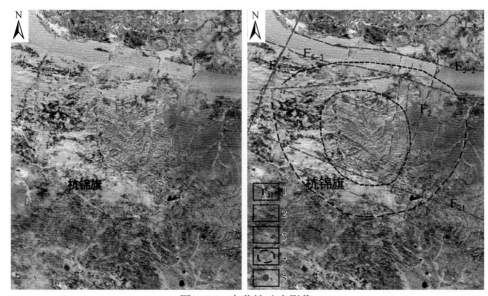

图 1.26　大营铀矿床影像

1. 主要解译正断层及编号；2. 解译正断层及编号；3. 解译性质不明断层；4. 环形构造；5. 矿点

与成矿有关的内环，色调明显较浅，是否是油气作用造成的"褪色蚀变"还有待其他地质工作的进一步验证。与东胜铀矿床相似，除受线、环构造控制外，矿体的产出似乎还受到了古河道的控制。矿体主要产在辫状河的砂体里，从矿体的平面投影上看，与现代河道的分布具有密切的关系（图 1.27）。在弱的构造背景下，现代河道与直罗期河道可能存在明显的继承关系。

（三）宁东铀矿

宁东铀矿位于宁夏灵武县马家滩镇，构造单元为华北陆块区鄂尔多斯地块天环次级凹陷。

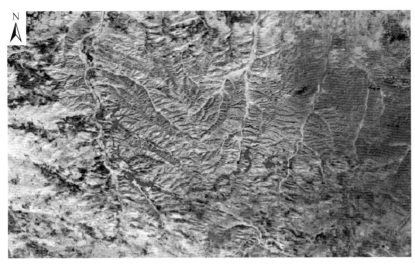

图 1.27　鄂尔多斯盆地东北缘铀矿床与第四纪河道

　　宁东铀矿构造形态复杂，由北而南分布四个由线性构造或断层切割的不同大小的块体。这些块体形态呈椭圆状，具明显的环形构造特征。

　　宁东铀矿处于最南部块体形成的环形构造内（图 1.28），该环形构造挟持在北北东、北北西断裂之间。环形构造近圆形，直径 8.5km，属中型复合型环形构造。环内发育三个次级椭圆形环形构造，轴向不一，分别为南北、北东东、北西西，规模大小相差不多。

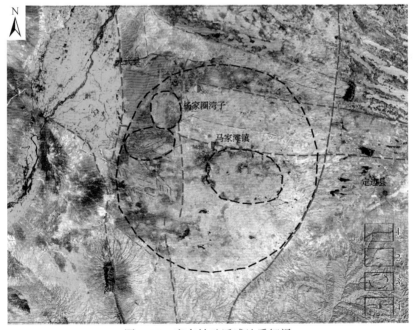

图 1.28　宁东铀矿遥感地质解译

1. 主要解译正断层；2. 一般性质不明断层；3. 环形构造；4. 矿点

宁东铀矿与北西西向构造关系密切，并受其控制，两个矿点分别坐落在北西西向断裂带上。控矿断裂影像清晰，走向北西西，影像上呈现褐色线形影像，较宽，延伸稳定，并与环形构造相截。

（四）黄陵铀矿

黄陵铀矿位于陕西省黄陵县店头镇，构造单元为华北陆块区鄂尔多斯地块渭北隆起。

黄陵铀矿产在陕北黄土高原环形构造内环渭北环形构造中部，构造为渭北隆起，渭北隆起周边也为断裂所控制。渭北隆起内断裂发育，构造方向分为北西、北北西、北东三组。陕北黄土高原环形构造主体为黄土高原地貌，基岩出露在谷底，主要为三叠纪、侏罗纪、白垩纪等中生代沉积地层。

矿区影像呈现绿色，环形影像，四周被断层围限，形似蝌蚪，头部宽大，黄陵铀矿正处于蝌蚪的头部位置，断层的交汇部位（图1.29）。

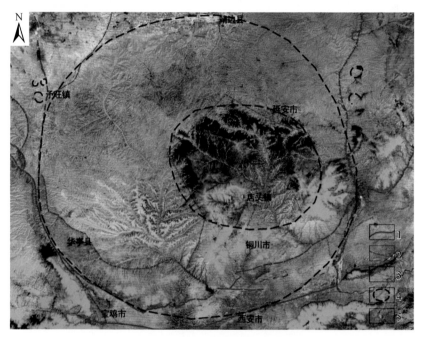

图1.29　黄陵铀矿遥感地质解译
1. 大型断层；2. 中型断层；3. 小型断层；4. 环形构造；5. 矿点

第四节　盆地周缘地球化学特征

到目前为止，鄂尔多斯盆地内部尚未系统开展过地球化学调查工作，属于地球化学调查相对空白区。我们主要收集了盆地周缘地区的1∶20万水系沉积物测量数据和部分1∶25万土壤介质的多目标区域地球化学调查数据，在此基础上开展了鄂尔多斯盆地周缘地球化学元素分布特征研究。

一、元素的区域分布

根据研究区地球化学测量数据的计算结果，区内元素区域地球化学分布参数见表1.8。在计算浓集克拉克值时，以任天祥1996年中国干旱荒漠区水系沉积物丰度资料为参考标准。从元素区域分布的地球化学参数分析，元素分布相对于中国干旱荒漠区的元素分布来说，除CaO、K_2O、Sr、Na_2O相对贫化以外，其他元素均表现为不同程度的富集，主要为高温和低温成矿元素，如Hg、Sb、Cd、Au、As、Bi、W、Sn等含量普遍偏高，稀土、稀散元素，如B、Li、Nb、Zr、Th、La、Be、U、Y、Ba等相对富集。元素富集分散的程度以浓集克拉克值（K_1）表示。

表1.8　鄂尔多斯区域元素地球化学分布参数表

元素（化合物）	平均值（常量/%、微量/10^{-6}）	标准差	变异系数	浓集克拉克值（K_1）	中国干旱荒漠区水系沉积物丰度（任天祥，1996）
Hg	50.84×10^{-9}	669.15	13.16	3.72	13.670
Sb	1.34	14.30	10.70	2.73	0.490
B	50.05	29.71	0.59	1.98	25.290
Cd	197.04	602.29	3.06	1.86	106.000
Li	33.58	17.04	0.51	1.81	18.600
Au	2.12×10^{-9}	14.16	6.68	1.72	1.230
Pb	24.29	47.55	1.96	1.69	14.380
Ni	28.48	23.67	0.83	1.68	16.970
W	1.87	14.03	7.51	1.64	1.140
Cr	64.45	209.22	3.25	1.63	39.620
Nb	15.43	8.31	0.54	1.59	9.680
Bi	0.34	0.74	2.15	1.57	0.220
As	11.32	14.73	1.30	1.55	7.290
Zr	230.25	92.39	0.40	1.51	152.800
Th	11.67	6.11	0.52	1.48	7.860
Sn	2.68	1.85	0.69	1.42	1.890
La	36.26	26.12	0.72	1.41	25.740
F	546.87	439.02	0.80	1.39	394.660
Ag	78.42	178.60	2.28	1.35	58.000
Ti	3948.24	1717.84	0.44	1.35	2931.460
Zn	69.49	75.94	1.09	1.34	51.780
Co	11.93	5.42	0.45	1.33	9.000
V	83.59	46.87	0.56	1.30	64.110
Be	2.07	0.85	0.41	1.29	1.610
U	2.33	16.89	7.26	1.26	1.850
Mo	1.08	5.62	5.18	1.20	0.900

元素 （化合物）	平均值（常量/%、 微量/10⁻⁶）	标准差	变异系数	浓集克拉克值 （K_1）	中国干旱荒漠 区水系沉积物丰度 （任天祥，1996）
Cu	24.48	27.07	1.11	1.18	20.670
Fe_2O_3	4.32	1.58	0.37	1.16	3.730
Y	24.36	6.90	0.28	1.14	21.350
Al_2O_3	12.39	2.55	0.21	1.11	11.160
P	639.81	443.71	0.69	1.08	594.710
MgO	1.81	1.10	0.61	1.07	1.690
Ba	596.03	506.92	0.85	1.05	568.580
Mn	655.97	353.53	0.54	1.05	627.060
SiO_2	63.71	10.63	0.17	1.03	61.920
CaO	3.99	3.59	0.90	0.89	4.490
K_2O	2.43	0.82	0.34	0.83	2.940
Sr	185.45	139.84	0.75	0.69	270.110
Na_2O	1.61	0.89	0.55	0.62	2.570

资料来源：根据全国矿产资源潜力评价资料，地球化学数据率编制。

因此，区内 Hg 元素的富集程度最高，是中国干旱荒漠区水系沉积物丰度值的 3.72 倍。最贫化的为 CaO、K_2O、Sr 和 Na_2O，大约是中国干旱荒漠区水系沉积物丰度值的 70% 左右。此组元素受南北气候条件的差异影响，在鄂尔多斯盆地南缘表现为较强的贫化，但在盆地北缘则呈高背景值分布。从全区数据分布情况统计，与中国干旱荒漠区丰度值对比元素表现为贫化状态。与中国干旱荒漠区丰度值接近的为 P、MgO、Ba、Mn、SiO_2。元素分布特征主要与区内岩石建造类型及其分布面积有关，如 Hg、Sb、Au、Pb、As、Co、Cr、Ni、Ag、Cd 等主要富集在古生代、侏罗纪、白垩纪地层分布区，以及二叠纪、三叠纪的酸性、中酸性岩体中。

二、元素的空间变异特征

元素区域分布的不均匀特征，主要表现在元素在时间和空间上分布的差异性，也反映了不同元素在区域分布结构上的复杂性。元素区域分布的非均匀性特征与分异程度在一定意义上是成矿元素或潜在成矿元素的指示标志。

反映元素分布均匀性的参数变异系数（C_v）是判断区域成矿潜力的重要指数之一。变异系数小，说明元素在区域内或不同地质单元的分配趋于均一，区域性分布的分异性很弱；变异系数大，说明元素在区域内或不同地质单元的分布不均匀，在局部地区可出现富集现象，形成局部性的异常区，强烈富集至一定程度即可形成矿床。因此，元素区域分布的分异特性对了解成矿元素或潜在成矿元素有重要意义。

根据各元素区域地球化学图和元素分布的变异系数的统计结果，对研究区元素区域分布的分异特征规律归纳为表1.9。

表 1.9　变异系数 C_v 与元素分异特征

C_v 值	$C_v<0.25$	$0.25 \leqslant C_v < 0.45$	$0.45 \leqslant C_v < 0.75$	$0.75 \leqslant C_v < 1.0$	$1.0 \leqslant C_v < 1.5$	$C_v \geqslant 1.5$	备注
	均匀	基本均匀	不均匀	明显分异	强分异	极强分异	
元素（化合物）	SiO_2 Al_2O_3	Y、K_2O、Fe_2O_3、Zr、Be、Ti、Co	Li、Th、Nb、Mn、Na_2O、V、B、MgO、Sn、P、La、Sr	F、Ni、Ba、CaO	Zn、Cu、As	Pb、Bi、Ag、Cd、Cr、Mo、Au、U、W、Sb、Hg	Cv = 标准偏差/平均值
分布特征	区域分布的不均匀性增强 →						

呈强、极强分异的元素有 Zn、Cu、As、Pb、Bi、Ag、Cd、Cr、Mo、Au、U、W、Sb、Hg。这种类型的元素大部分为多金属成矿指示元素或成矿元素，元素地球化学图结合地质图研究发现，这些元素的高背景区主要出露于盆地南缘的秦岭地区，与该区出露的一些岩体和老地层空间分布有密切关系，局部构成高异常。与区内调查发现的多金属矿床有明显的对应关系。

明显分异的有 F、Ni、Ba、CaO 四种。该组元素的高背景区与区内岩石建造的分布有关，如盆地南缘西南部 CaO 的高背景区与石灰岩空间分布密切相关。

不均匀分布的主要有 Li、Th、Nb、Mn、Na_2O、V、B、MgO、Sn、P、La、Sr，这些元素主要是一些造岩元素和稀有、稀土元素。Sr 和 Na_2O 的高背景区主要分布在鄂尔多斯盆地北缘。

均匀、基本均匀分布的元素主要是一些造岩元素和部分铁族元素，有 SiO_2、Al_2O_3、Y、K_2O、Fe_2O_3、Zr、Be、Ti、Co。

三、元素的共生组合特征

对原始地球化学元素数据进行标准化处理，计算 39 个元素变量间的相关系数矩阵 **R**。在对称矩阵 **R** 的基础上利用因子分析模型，采用主成分分析法求主因子解。对主因子解经方差极大正交旋转，计算各因子的特征组合（表 1.10）。

表 1.10　方差极大正交旋转因子解

变量	F1	F2	F3	F4	F5	F6	F7	F8	F9	F10	F11	F12	F13
Na_2O	−0.108	0.188	0.788	0.003	−0.026	0.031	−0.11	−0.009	−0.027	−0.008	−0.003	−0.011	0.002
Nb	0.316	−0.031	0.002	−0.007	0.362	−0.026	−0.064	−0.011	−0.078	0.006	0.04	−0.001	−0.073
Cu	0.316	−0.069	−0.055	0.011	0.01	0.031	0.085	0.001	−0.138	0.008	0.005	0.001	−0.026
Ti	0.759	−0.028	−0.018	−0.002	0.046	0.017	0.037	−0.007	−0.035	0.005	0	−0.002	0.019
Ba	0.03	0.068	0.109	0.05	0.062	−0.132	−0.119	0.004	−0.024	0.011	0	−0.001	0.006
Al_2O_3	0.582	0.161	0.464	0.015	0.059	0.027	−0.324	0.014	−0.042	0.011	0.002	−0.003	−0.116
CaO	−0.088	−0.938	−0.007	−0.009	0.013	−0.034	0.147	0.007	0.008	0	0	0	0.032
SiO_2	−0.448	0.809	−0.093	−0.013	−0.078	0.037	0.054	−0.019	0.018	−0.017	−0.005	−0.006	0.037

变量	F1	F2	F3	F4	F5	F6	F7	F8	F9	F10	F11	F12	F13
V	0.704	−0.048	−0.046	0.038	0.057	−0.276	0.114	−0.007	−0.012	0.016	0.004	−0.001	−0.006
Ni	0.301	−0.035	−0.039	0.009	0.029	−0.101	0.014	0.226	−0.007	0.006	0.006	0.001	−0.001
Mo	0.038	−0.001	−0.011	0.015	0.021	−0.077	−0.002	0.001	−0.008	0.005	0.002	0.005	0
Hg	0.01	−0.005	−0.004	0.005	0.002	−0.011	0.002	0	−0.002	0.052	0.01	0.002	0
Pb	0.042	0.003	0.003	0.171	0.026	−0.042	−0.032	0.001	−0.041	0.004	0	0.011	−0.045
Cr	0.057	−0.015	−0.008	0	0.003	0.003	0.014	0.979	0.001	0	0	0	0.001
Cd	0.107	−0.041	−0.059	0.032	0.004	−0.926	0.042	−0.002	−0.021	0.01	0.006	0.009	−0.005
U	0.009	−0.002	0	0.003	0.004	−0.006	0.001	0	−0.001	0.999	0.002	−0.005
Au	0.018	0.002	−0.005	0.044	0.006	−0.011	0.003	0	−0.01	0	0.01	−0.006
MgO	0.387	−0.549	−0.053	0.015	0.041	0.034	0.101	−0.008	−0.018	0.006	0	0.004	0.019
Sb	0.017	−0.011	−0.017	0.008	0.004	−0.013	0.01	−0.011	0.994	0	0.004	−0.003
Sr	−0.02	−0.269	0.793	−0.025	0.01	0.04	0.069	−0.005	0.039	−0.02	0.003	−0.003	0.019
W	0.021	−0.003	−0.01	0.007	0.009	−0.013	−0.001	0	−0.023	0.004	0.001	0.998	−0.005
As	0.09	−0.05	−0.052	0.019	0.024	−0.044	0.008	−0.002	−0.006	0.083	0.002	0.012	−0.01
Y	0.545	−0.044	−0.162	0.021	0.17	−0.078	−0.154	0.033	−0.06	0.012	0	0.005	−0.118
P	0.454	−0.144	0.139	0.026	0.122	−0.062	−0.044	0.016	−0.003	0.014	0.002	0.006	−0.025
K$_2$O	−0.149	0.127	0.045	−0.01	0.008	0.032	−0.932	−0.014	0.004	−0.012	−0.001	0.003	−0.062
Mn	0.802	−0.08	−0.09	0.022	0.13	−0.087	0.08	0.05	−0.023	0.003	0.006	0.016	−0.01
Li	0.322	−0.07	−0.075	0.019	0.099	−0.049	−0.063	0.022	−0.051	0.027	0.014	0.011	−0.09
Ag	0.049	−0.002	−0.015	0.972	0.008	−0.051	0.01	0.001	−0.073	0.007	0	0.008	−0.018
F	0.136	−0.074	0.004	0.009	0.87	−0.016	0.007	−0.005	−0.012	0.006	0.001	0.017	−0.041
Th	0.082	0.014	−0.001	0.019	0.127	−0.004	−0.067	−0.002	−0.034	0.001	0.004	0.006	−0.962
Fe$_2$O$_3$	0.85	−0.086	0.047	0.007	0.067	0.026	0.048	−0.001	0.02	0.001	0.002	0.01	−0.04
Co	0.798	−0.075	−0.034	0.004	0.052	0.007	0.055	0.035	0.027	0.003	0.001	0.009	−0.029
La	0.135	0.009	−0.008	0.002	0.886	−0.002	−0.013	0.008	−0.005	−0.002	0	−0.005	−0.08
B	0.132	−0.023	−0.233	0.003	0.053	−0.038	0.026	−0.009	−0.017	0.004	0	0.026	0.013
Zn	0.363	−0.019	0.007	0.125	0.094	−0.454	−0.075	0.005	0.06	0.017	0.004	0.036	−0.005
Be	0.174	0.085	0.012	0.013	0.074	−0.02	−0.072	−0.002	−0.017	0.001	0.004	0.022	−0.113
Zr	0.289	0.065	0.028	0.003	0.018	0.023	0.079	0.006	0.05	−0.006	−0.002	0.011	−0.109
Bi	0.02	−0.007	−0.005	0.073	0.021	−0.011	0.002	0	−0.958	0.011	0.001	0.025	−0.034
Sn	0.119	0	−0.039	0.041	0.133	−0.019	−0.035	0.003	−0.222	0.011	0.005	0.017	−0.054
方差贡献	19.71	6.82	5.62	4.75	4.36	3.65	3.34	3.19	3.00	2.84	2.61	2.54	2.51
累计百分比	19.71	26.53	32.15	36.90	41.26	44.91	48.25	51.45	54.44	57.29	59.89	62.43	64.95

资料来源：同表1.8。

F1 因子具有高载荷的变量为 Fe$_2$O$_3$、Mn、Co、Ti、V、Al$_2$O$_3$、Y、P、SiO$_2$、MgO、Zn、Li、Cu、Nb、Ni、K$_2$O、Na$_2$O，该组合是研究区内造岩元素和基性、超基性岩体的有关元素组合。

F2 因子具有高载荷的变量为 CaO、SiO$_2$、MgO、Sr、Na$_2$O、Al$_2$O$_3$、P，该组合为一组

与石灰岩或碱性岩相关的元素组合。

F4 因子具有高载荷的变量为 Ag、Pb、Zn，该组元素是比较典型中低温热液型多金属矿的成矿和指示元素。

F5 因子具有高载荷的变量为 La、F、Nb、Y、Sn、Mn、Th、P，该组元素为与稀有、稀土元素成矿有关的元素组合。

F11 因子具有高载荷的变量为 U 元素，表明从区域上来说，U 元素与其他元素的相关性较弱。

在因子分析的基础上，对原始地球化学数据进行正则化变换，采用相关系数法对研究区的变量进行了 R 型聚类分析，聚类谱系如图 1.30 所示。从图 1.30 中可以看出，聚类分析中元素的地球化学共生组合特征与因子分析的结果完全吻合，两种多元地球化学统计分析方法相互验证，进一步证实了元素间共生组合关系的可靠性。

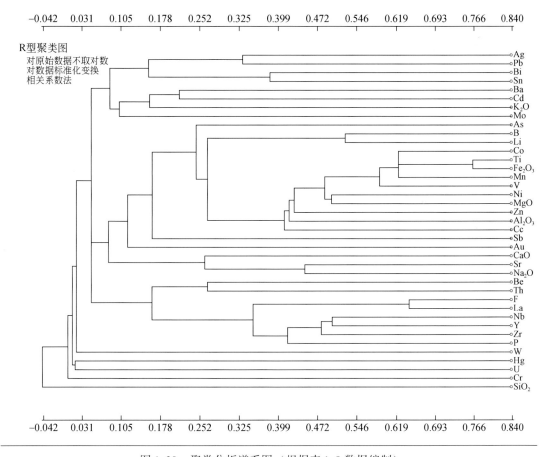

图 1.30　聚类分析谱系图（根据表 1.8 数据编制）

四、盆地基底和盖层的富集贫化特征

鄂尔多斯盆地基底由变质结晶基底和中—新元古界、古生界组成。为讨论元素在各地质单元中的富集贫化特征，引入富集系数 C_1 （水系沉积物中元素在各地质单元的平均值与鄂尔多斯盆地区背景值的比值）来讨论元素在各地质单元中的分布差异及富集贫化特征，它们与地质体的对应关系，从而研究元素成矿规律及找矿潜力。

为说明元素富集和分异程度，将 C_1 分为五级，$C_1 > 1.2$ 为明显富集，$1.0 < C_1 \leqslant 1.2$ 为富集，$0.8 < C_1 \leqslant 1.0$ 富集贫化不明显，$0.6 < C_1 \leqslant 0.8$ 为贫化，$C_1 \leqslant 0.6$ 为明显贫化。

基底地层富集贫化特征见表 1.11。从表 1.11 可以看出，石炭系中 U、La、Li、Zr、Th、Be、Y 等稀有、稀土元素空间变异性强，富集程度明显，与 U 成矿关系密切，石炭纪地层可作为寻找 U 矿矿源层的重要指示层。

表 1.11　鄂尔多斯盆地周缘基底元素（化合物）富集贫化特征表

地质单元		明显富集 ($C_1 > 1.2$)	富集 ($1.0 < C_1 \leqslant 1.2$)	贫化 ($0.6 < C_1 \leqslant 0.8$)	明显贫化 ($C_1 \leqslant 0.6$)
上古生界	二叠系	La	Ba、Cd、Zr、Al_2O_3、CaO	Au、Cu、Hg、Li、Mo、P、U、W、Zn、MgO	As、Bi、Sb、Sn、Na_2O
	石炭系	B、Hg、La、Li、Mo、U、Zr	As、Be、Cd、Co、Cr、F、Nb、Ni、Sn、Th、Ti、V、W、Y、Al_2O_3、Fe_2O_3、CaO	Au、Ba、Sr、MgO	Na_2O
下古生界	奥陶系	B、CaO、MgO	Cr、F、Li、Nb、Ni、Ti、V、W、Zr	Au、Ba、Bi、Sr、Na_2O	
	寒武系	B、Zr、MgO	Cr、F、La、Li、Mn、Nb、Ni、P、Sn、Th、Ti、V、W、Y、CaO	Au、Ba、Bi、Hg、Mo、Sr、Na_2O	
中元古界	什那干群	Ba、Sr、Na_2O、MgO	Ag、Co、Mn、SiO_2、K_2O	Au、F、Li、Mo、Ni、P、Sn、Th、Ti、Y、Zn、Zr	As、B、Bi、Cd、Hg、Sb、U、W
古元古界	二道凹群	Ag、Au、Ba、Co、Cr、Cu、Mn、Ti、V、Fe_2O_3、Na_2O、MgO	Be、La、Nb、Ni、P、Sr、Y、Al_2O_3、CaO	Cd、Hg、Li、Mo、Pb、Sn、U	As、B、Sb
	色尔腾山群	Ba、Co、Cr、Sr、Na_2O	Ag、Cu、Mn、Nb、Ni、V、SiO_2、Al_2O_3、Fe_2O_3、MgO	Pb、Sn、Th、Y、CaO	As、B、Bi、Cd、Hg、Li、Sb、U、W
太古宇	集宁群	Ba、Fe_2O_3、K_2O	Co、Cr、La、Th、Ti、V、Y、Zr、SiO_2、Al_2O_3	Au、Cd、Li、Mo、Pb、Sn、U、CaO	As、B、Bi、Cd、Hg、Li、Sb、U、W

注：表中未标明的元素为贫化不明显的元素，即 $0.8 < C_1 \leqslant 1.0$。资料来源：同表 1.8。

盆地北部盖层元素的富集贫化特征见表 1.12，富县组和延安组 U 元素均表现为明显富集，且富县组和延安组也是鄂尔多斯盆地北缘砂岩型铀矿的赋矿地层。

表 1.12 鄂尔多斯盆地北部盖层元素（化合物）富集贫化特征表

界	系	统	群组	明显富集 ($C_1>1.2$)	富集 ($1.0<C_1≤1.2$)	贫化 ($0.6<C_1≤0.8$)	明显贫化 ($C_1≤0.6$)
新生界	第四系			CaO	As、B、Bi、Cd、Cu、F、Hg、Li、Ni、Sb、Sn、Th、U、W、MgO		
	新近系	上新统		As、B、Co、Li、Mn、Nb、U、V、W、Zr	Be、Bi、Cr、Mo、Ni、Sb、Sn、Th、Ti、Y、Zn、SiO₂、Al₂O₃、Fe₂O₃	Au、Cd、Hg、P、Pb、Sr	Na₂O
	古近系	渐新统		Ag、B、Ba、Cd、Co、Cr、Mn、Mo、Nb、P、Pb、Ti、W、Y、Zn、Fe₂O₃、CaO、MgO	Be、Cu、F、La、Ni、U、V、Zr、K₂O	Au、Hg、Sr	Na₂O
中生界	白垩系	下统	志丹群 泾川组	As、CaO	Bi、F、Li、P、Pb、Sb、Sr、W、MgO	Au、Mo	Cd、Hg
			志丹群 罗汉洞组		Sb、Sr、Zr、SiO₂、CaO	Cd、Co、Cu、F、Li、Mn、Nb、Ni、V、Zn	Au、Hg、
			志丹群 华池-环河组	Bi、Sb、CaO	As、B、Cu、F、La、Li、Mn、Nb、Ni、P、Pb、Th、Ti、U、V、W、Zn、Zr、MgO	Au、Ba、Cd	Hg、Mo
			志丹群 洛河组	B、Bi、Cu、P、Pb、V、Zn、CaO	Ag、As、Be、Co、F、La、Li、Mn、Nb、Ni、Sb、Sn、Th、Ti、U、W、Zr、Fe₂O₃、MgO	Au、Ba、Hg	Cd、Mo
	侏罗系	中统	安定组		SiO₂	Ag、As、B、Be、Bi、Co、Cr、La、Li、Mn、Mo、Ni、Pb、Sn、Sr、Th、Ti、U、V、Y、Zn、Al₂O₃、Na₂O、CaO、MgO	Au、Cu、F、Hg、Nb、P、Sb、W

续表

界	系	统	群组	明显富集 ($C_1>1.2$)	富集 ($1.0<C_1\leqslant1.2$)	贫化 ($0.6<C_1\leqslant0.8$)	明显贫化 ($C_1\leqslant0.6$)
中生界	侏罗系	中统	直罗组		Ba、Mo、SiO_2、K_2O	Cd、Co、Cr、Cu、F、Hg、Li、Nb、Ni、P、Sn、Sr、Th、Ti、V、W、Y、Zn、Zr、Fe_2O_3、Na_2O、CaO	As、Au、B、Bi、Mn、Sb、MgO
		中统	延安组	Cd、Co、Mo、U、Fe_2O_3、CaO	Ba、Be、Hg、La、Mn、V、Y、Zn、Al_2O_3	As、B、Bi、Sb、Sr、W、Zr、MgO	Au、Na_2O
		下统	富县组	Be、Co、La、Ni、Ti、U、V、Zn、Al_2O_3、Fe_2O_3	Ba、Cr、Cu、Hg、Li、Pb、Th、Y、	Bi、Sr、W、CaO、MgO	As、Au、B、Sb、Na_2O
	三叠系	上统	延长组		As、B、Co、Cr、Cu、La、Li、Mn、Ni、P、Sb、Ti、U、V、Y、Zn、Zr、Al_2O_3、Fe_2O_3、CaO、MgO	Hg、Mo	
		中统	二马营组		Ba、La、Zr、CaO	Bi、Mo	Hg
		下统	和尚沟组	Zr、CaO	B、Cr、La、Nb、Ni、Ti、V、W、MgO	Bi、Mo、Na_2O	Hg
		下统	刘家沟组		Ag、B、La、Nb、Ti、Y、Zr、CaO	Au、Bi、Mo、Sr、Na_2O	Hg

注：表中未标明的元素为富集贫化不明显元素，即 $0.8<C_1\leqslant1.0$。资料来源：同表 1.8。

五、盆地周缘主要岩体的元素分布特征

　　鄂尔多斯盆地内部出露岩体较少，周缘的主要岩体时代由老至新主要有太古宙岩体、元古宙岩体、奥陶纪岩体、志留纪岩体、石炭纪岩体、二叠纪岩体、三叠纪岩体、侏罗纪岩体和白垩纪岩体。各时代岩体元素富集、贫化特征见表 1.13。从上述岩体残积物中元素的富集贫化程度可以看出，U 元素富集的岩体残积物主要是侏罗纪和白垩纪的岩体，在三叠纪岩体残积物中呈略富集状态，侏罗纪岩体和白垩纪岩体出露的地区可作为寻找硬岩型铀矿的目标层位，或为砂岩型铀矿的矿源层。

表1.13　盆地周缘主要岩体元素富集贫化特征表

地质单元	明显富集 （$C_1 > 1.2$）	富集 （$1.0 < C_1 \leqslant 1.2$）	贫化 （$0.6 < C_1 \leqslant 0.8$）	明显贫化 （$C_1 \leqslant 0.6$）
白垩纪岩体	W、Th、U、Nb、Bi、Be、Mo、Zr、Zn、Pb、La、Sn、P、F、Y、Ti、Fe_2O_3、Na_2O、Mn、Li、Co、V、Al_2O_3	Cd、Au、Sr、Hg、Ag、Cu、K_2O	Sb、B、As	CaO
侏罗纪岩体	Bi、Mo、U、Nb、Na_2O、W、Be、P、Mn、Pb、Th、Ag、Sr、V	Ti、Y、F、Zn、K_2O、Ba、Al_2O_3、Co、Fe_2O_3、Li、La、Zr、Sn、Ni、Cu、Sb	Hg、B	CaO
三叠纪岩体	Nb、Bi、Be、Th、W、Na_2O、Pb、Zn、Mn、P	K_2O、Y、Li、Ti、F、La、Al_2O_3、Zr、Fe_2O_3、Ag、Co、U、Sn、V、SiO_2、Ba、Cu、Cr、Sr	Fe_2O_3	CaO
二叠纪岩体	Na_2O、Sr、Ba、K_2O	Al_2O_3、SiO_2	Pb、Mo、Sn、La、Th、Y、Fe_2O_3、Bi、Mn、P、Co、F、CaO、Nb、Cr、Cu	V、Zn、Cd、Zr、Au、As、Ti、Li、W、U、MgO、Ni、B、Hg、Sb
石炭纪岩体	Na_2O、Bi、K_2O、Be、Th	Pb、Sn、SiO_2、Al_2O_3、Sr、Ba	F、Nb、U、Zn、V、Mn、P、Fe_2O_3、Co、W、Ti、MgO、Cu、B、Zr、Au、Cr、As、Mo、Cd、Ni、CaO	Sb、Hg
志留纪岩体	Nb、F、Sb、P、Zn、Th、Pb、W、Y、Zr、Mn、La、V、Ni、Na_2O、Be、Cu、Ti、Co、Bi	Li、U、Al_2O_3、Fe_2O_3、Cr、MgO、K_2O、Sn、Ag、Sr、Mo	B、Hg、CaO	
奥陶纪岩体	Na_2O、Sr、Cu、P、Nb、Mn、Be、Co、V、Al_2O_3	MgO、Ti、Bi、Fe_2O_3、Ba、Zn、SiO_2	Sn、CaO、W、Sb、As、Cd、Hg	B、Au
元古宙岩体	Na_2O、Sr、Mo、Ba、Cr	Be、Co、Al_2O_3、K_2O、Nb、Fe_2O_3、P、SiO_2、Mn、La、V	Li、Bi、CaO、Cd、W、U、As	Hg、Sb
太古宙岩体	Hg、Na_2O、Sr、Pb、Cr、Ag、Au、Ba、Co	Fe_2O_3、Ti、Al_2O_3、V、Cu、K_2O、Zr、Ni、Mn、Y、SiO_2、Zn、La	Bi、Li、CaO、U、Sb	B、As

注：表中未标明的元素为富集贫化不明显元素，即 $0.8 < C_1 < 1.0$。

六、盆地周缘地区铀成矿的地球化学背景分析

东西走向的秦岭横亘在中国中部，它就像一堵挡风墙阻止冬季冷空气南下，拦截夏季东南季风的北上。秦岭是亚洲东部暖温带与亚热带之间的分界线。分界线南北地区在气候、水文特征及其垂直自然带谱等方面存在明显差异。北方中纬度地区气候特点是日温差大、降雨少、植被欠发育；地质背景上酸性岩浆岩建造等典型的富铀岩石分布广泛。由于北方大部分景观条件下日温差大，岩石的热胀冷缩剧烈，造成地表岩石风化崩解强烈，长期的表生地质作用可产生较厚的风化氧化带。

铀的化学性质活泼，铀离子的+3 价态、+4 价态的标准电极电位低于氢标准电极电位，都能与水强烈反应，将 H^+ 还原而本身氧化成 U^{+4} 或 U^{+6}。铀还极易被溶解于水中的氧气氧化，在自然界表生环境条件下是一种易氧化溶于富氧水的元素。同时北方的干热气候极易产生蒸发作用，可以产生多种次生铀矿物，如板菱铀矿、铀酰的钒酸盐和硅酸盐矿物。

铀的地球化学性质和南北气候的差异使铀元素在表生地球化学过程中产生明显的空间差异性，以南北分界线为界，秦岭以北的鄂尔多斯盆地及周缘为铀元素的低值异常区，相对而言秦岭以南地区为铀元素高背景区（图 1.31）。

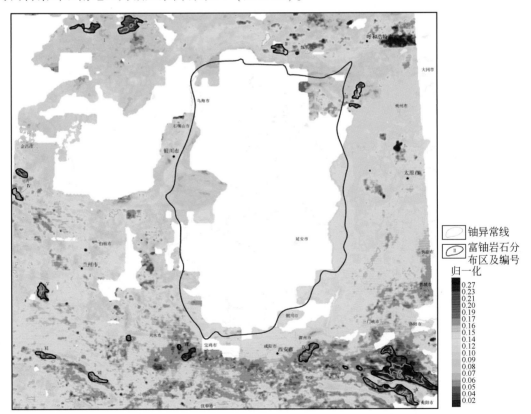

图 1.31　鄂尔多斯盆地周缘稀有稀土与铀元素高背景区分布图（资料来源同表 1.8）

七、盆地周缘地区的铀源岩石圈定

影响砂岩型铀矿床矿化富集的因素很多，其中铀源条件是成矿必备的重要条件之一。铀源主要取决于铀源岩石的岩性、铀含量物理化学性质等，而铀源岩石所必备的一般条件是铀含量丰富且易析出。铀在岩石中以铀矿物、分散吸附状态及类质同象置换形式存在，赋铀原岩中的铀元素通过风化淋滤作用、构造热液活动等地质作用而活化迁移进入盆地，在含氧地表水及地下水的溶解及搬运作用下，蚀源区的活性铀可源源不断地被运移到成矿区，为成矿提供铀源。

鄂尔多斯盆地周缘地区的水系沉积物地球化学元素因子分析发现，La、Nb、Y、Th、Mn 等稀有稀土元素相关性较强，这些元素的特征是与铀元素的离子半径和电负性相近，可与铀元素进行类质同象置换，进入这些元素的矿物晶格，如钛石、独居石、褐帘石等含铀较多的矿物。另外岩石中铀的含量一般与 K_2O 的含量成正相关关系。对 La、Nb、Y、Th、Mn 和 K_2O 元素数据进行离差标准化的线性变换，使结果值映射到 [0~1]，消除指标之间的量纲影响，对归一化后的数据进行累加处理，研究盆地周缘地区 La、Nb、Y、Th、Mn 和 K_2O 元素地球化学场的空间分布特征，与铀元素的高背景区进行叠加分析，结合地质背景共圈定盆地周缘的稀有稀土与铀元素的高背景分布区 10 处。

Ⅰ区位于盆地周缘的西北部，高背景区与白垩系苏红图组（K_1s）空间吻合度高，苏红图组的岩性主要为玄武岩、玄武粗安岩、安山玄武岩、砂岩和粉砂质泥岩。Ⅱ区位于包头市的西部，高背景区分布多条北东向展布的元古宙闪长岩和花岗岩岩脉。Ⅲ区位于盆地周缘的东北部，高背景区的地层主要为石炭系太原组（C_2t），岩性为砂岩、粉砂岩、页岩、铝土岩夹石灰岩及煤层。Ⅳ区位于盆地西缘的西昌市南部，高背景区出露奥陶纪斜长花岗岩、英云闪长岩、二长花岗岩岩体和志留纪二长花岗岩、正长花岗岩岩体。Ⅴ区位于兰州市的西南部，区内出露奥陶纪二长花岗岩、石英闪长岩、闪长岩和侏罗纪二长花岗岩。Ⅵ区和Ⅶ区均位于盆地的西南缘，Ⅵ区出露的地层主要为震旦系水晶组（Z_2sh）和相龙卡组（Zx）、寒武系太阳顶组（$\in t$）和志留系白龙江群（Sbl）。其中震旦系水晶组（Z_2sh）岩性为白云岩、硅质白云岩和大理岩，相龙卡组（Zx）的岩性为砾岩、砂岩、杂砂岩及粉砂质板岩，寒武系太阳顶组（$\in t$）的岩性为灰黑色硅质岩、硅质板岩夹石煤，志留系白龙江群（Sbl）的岩性为石英砂岩、板岩、硅质岩夹结晶灰岩。Ⅶ区出露的地层有志留系迭部组（S_1d）、舟曲组（S_2z）、卓乌阔组（S_3zw）和泥盆系普通沟组（D_1p）。志留系迭部组（S_1d）岩性以含碳硅质板岩、硅质岩、变砂岩、千枚岩为主；舟曲组（S_2z）上部为含碳板岩、粉砂质千枚岩，下部为同色变砂岩夹千枚岩、板岩。泥盆系普通沟组（D_1p）上部岩性为板岩、变粉砂岩夹石灰岩，中下部为灰、深灰色板岩、石灰岩。Ⅷ区位于盆地的南缘，地理位置位于宝鸡市的西南部，出露岩石为三叠纪二长花岗岩和正长花岗岩。Ⅸ区位于渭南市的东南部，出露岩石主要为侏罗纪花岗闪长岩和花岗岩。Ⅹ区位于南阳市以北地区，高背景区面积较大，稀有稀土元素和铀元素的含量均较高，与铀元素成矿相关的岩石主要为白垩纪、石炭纪花岗岩和古元古代混合花岗岩。

综上铀高背景区的岩石分布可以得出，理论上它们均可以对鄂尔多斯盆地中生代沉积提供铀源，但是部分高含量区似乎和现在的铀矿分布有些不协调。这也非常正常，一方面因为现在地质单元的空间分布不代表当时的地质体的空间分布；另一方面，因为铀的搬运迁移是非常复杂的，既有机械、物理搬运，又有化学迁移，这和风化剥蚀过程中的物理、化学变化有关，不能机械、僵化地看待这个问题。

第五节　盆地水文地质特征

一、水文地质单元

鄂尔多斯盆地处于我国三大地形阶梯的第二阶梯之上。盆地周边为山地，其间为黄河环绕，盆地主体由北部的沙漠高原和南部黄土高原地貌构成。以盆地中部的白于山为界，将盆地分为南北两个相对独立的区域水文地质区（图 1.32），其水文地质条件存在明显的差异，即南部黄土高原水文地质区（Ⅰ）和北部鄂尔多斯高原水文地质区（Ⅱ）。北部水文地质区又以中部的东胜梁–四十里梁–盐池分水岭为界，分为鄂尔多斯高原西部水文地质亚区（Ⅱ$_2$）与鄂尔多斯高原东部水文地质亚区（Ⅱ$_1$）。南部地区以纵贯陕甘两省边界的子午岭为界，分为陇东黄土高原水文地质亚区（Ⅰ$_2$）与陕北黄土高原水文地质亚区（Ⅰ$_1$）。在不同的水文地质区，地形、地貌对区域内地下水的空间分布、储存和循环具有重要的控制作用。

二、地下水类型及分布

鄂尔多斯盆地是以中侏罗统和下白垩统含水岩组为主体的大型自流水盆地，其地下水的形成、分布和运动受地质构造、岩性及地层结构等因素的控制。根据盆地北部地下水的赋存条件及含水岩类结构，结合盆地沉积特点将三叠纪之前各类岩系均视为基岩。因此，将盆地地下水可划分为三种主要类型：基岩裂隙水、碎屑岩类裂隙孔隙水及松散岩类孔隙水。下面就三种类型地下水的分布及特征进行描述。

（一）基岩裂隙水

该类地下水主要分布于盆地周边构造隆起地带上的基岩出露区，含水岩性主要为片岩、片麻岩、页岩、硅质灰岩、砂岩等。裂隙发育不均一，富水性及埋藏条件亦不尽相同。因气候干旱，大气降水补给量有限，水量贫乏，季节性变化大，一般潜水位埋深小于 50m，单泉流量一般小于 $10m^3/d$，最大可达 $860m^3/d$。岩溶水分布于盆地西北部的桌子山地区、东部黄河东侧，南部的乾县、永寿、耀州区，喀斯特溶洞较为发育，侵蚀基准面以下的岩溶水水量丰富，泉水流量一般小于 $960m^3/d$，泉群流量可达 $10236m^3/d$；裂隙、孔隙水分布于桌子山、贺兰山及准格尔旗东–府谷一带，含水岩性为灰白色砂岩、黄白色含砾砂岩，赋存潜水及承压水。含水层受地形切割，地下水沿沟谷两侧泄出成泉，流量一般较小，单井最大涌水量小于 $24m^3/d$。

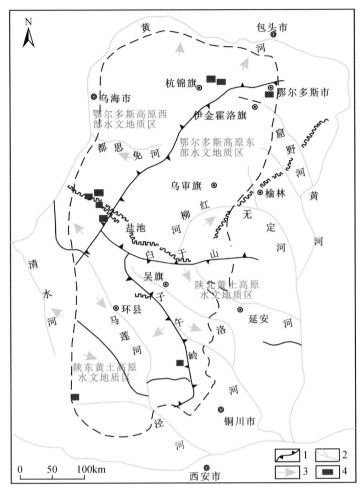

图 1.32　鄂尔多斯盆地水文地质分区略图

据"陕甘宁内蒙古白垩系自流水盆地地下水资源评价报告"。

1. 分水岭；2. 河流；3. 地表水流向；4. 铀矿床

（二）碎屑岩类裂隙孔隙水

包括中侏罗系裂隙孔隙水、下白垩统裂隙孔隙水及新近系裂隙孔隙水。

中侏罗统裂隙孔隙水含水层可划分为延安组、直罗组、安定组三个含水亚组，延安组为一套河湖沉积的含煤岩系，可划分出四个含水层，含水层由中细砂岩组成，水量一般较贫，单井涌水量一般小于 $100m^3/d$。直罗组以河流相沉积为主，含水层主要由灰绿、黄、灰白色中、粗砂岩组成，厚度 16.30～198m，赋存承压自流水。据钻孔资料，该区自流量为 20～36m^3/d，相对较小。安定组在盆地内为一套洪泛平原沉积，岩性主要为紫红、紫色夹灰绿色粉砂质泥岩，粉砂岩夹薄层紫红色细砂岩，含水层厚度小，单井涌水量 38.71m^3/d，富水性差。

下白垩统裂隙孔隙水含水岩组可划分为洛河组、华池-环河组、罗汉洞-泾川组三个含水亚组，其中洛河组、华池-环河组两个含水岩组分布广泛，含水层厚度大，含水岩性为紫红色砾岩、砂质砾岩、含砾粗中砂岩，该含水岩组一般涌水量为 $150m^3/d$，最大涌水量为 $3068.9m^3/d$，富水性好。

新近系裂隙孔隙水分布于西部边缘地带，含水层岩性为灰白、灰绿色细砂岩，单井最大可采量一般小于 $120m^3/d$，水量较小。

（三）松散岩类孔隙水

第四系松散岩类孔隙水分布在盆地北部，主要有沙漠孔隙潜水、冲湖积层孔隙潜水及各沟谷中冲洪积层孔隙潜水，地下水水量不稳定，涌水量差异较大，单井最大涌水量大于 $2400m^3/d$。

三、地下水补-径-排条件

鄂尔多斯盆地现代地下水的补给来源以大气降水为主，通过地表渗入补给地下潜水或承压水。盆地腹地地形多为波状高原，宽阔平缓，广大地区为沙漠覆盖，沟谷不发育，大气降水垂向渗入补给作用强，补给量大。在边缘地区因地形切割剧烈，大气降水往往在沟谷中形成地表径流，在径流过程中渗入补给地下水。

鄂尔多斯盆地地下水的径流比较复杂，并受地形地貌和地层产状的综合影响（图1.33）。盆地浅部（区域侵蚀基准面以上）地下水由盆地中部分水岭向盆地四周分散径流，向盆地周边排泄，补给地表水流；在区域侵蚀基准面以下的地下水主要受地层产状的控制，地下水顺层沿倾向向宽缓向斜的轴部径流，即向斜东翼地下水向西径流，西翼地下水向东径流。

地下水的排泄方式与其存在的形式有关，其中潜水以补给下伏含水层、补给地表水或蒸发排泄为主，而深部承压水则以越流"顶托"排泄于上部含水层。区域侵蚀基准面以上的含水层，在地形切割强烈、含水层出露好的地段，地下水以泉水的形式排泄于地表，在盆地周边形成许多地表常年水流，最终汇入黄河。

1）直罗组补-径-排条件

东北缘地区的中侏罗统直罗组含水层地下水主要接受盆地东部该含水岩组出露区大气降水的垂直渗入补给及同一含水层的地下径流补给。在盆地北东部，地下水流向受地层产状、岩性、埋藏深度等因素控制，在工作区东北部皂火壕铀矿区一带整体自北东向南西径流，至纳岭沟、大营地区整体自北向南径流。在盆地东北部蚀源区，由于中侏罗统含水层埋深较浅，地形切割强烈，含水层出露地表接受大气降水补给，同时通过蒸发及泉水溢出等方式进行排泄。向工作区西部、南部，含水层埋深逐渐增大，地下水主要接受上游含水层的侧向径流补给。

2）延安组补-径-排条件

鄂尔多斯东北缘东部地区的延安组出露区、浅埋区，其地下水径流受区域地表分水岭控制；西部区域含水层埋深较大，地下水径流主要受地层产状、岩性、含水层埋藏深度等因素控制。区域地下水流向大致以东胜-四十里梁区域地表分水岭为界，分水岭以北地下

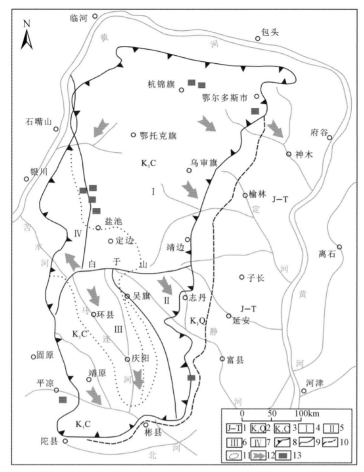

图 1.33　鄂尔多斯盆地中生界水文地质略图

据"陕甘宁内蒙古白垩系自流水盆地地下水资源评价报告"修改。1. 侏罗–三叠系裂隙孔隙水；2. 下白
垩统层状裂隙孔隙水；3. 下白垩统层状裂隙孔隙承压水；4. 陕、蒙承压水区；5. 陕北承压水区；6. 陇
东承压水区；7. 宁东承压水界线；8. 下白垩统自流盆地边界；9. 盆地承压水界线；10. 地下水类型界
线；11. 中、高矿化度承压水界线；12. 上部承压水及潜水流向；13. 铀矿床

水大致自南向北径流，分水岭以南地下水大致自西北向东南径流。大气降水是延安组地下
水的主要补给来源，因地层直接裸露于地表，受到强烈的风化作用从而增大了表层岩层的
孔隙度和孔隙连通性，因此可以直接接受大气降水补给。浅埋区主要接受上覆岩层及上游
含水层的补给，深埋区则主要接受上游含水层的侧向径流补给。蒸发排泄是出露区地下水
的主要排泄方式，其次为向下游径流排泄，同时还存在少量人工开采。其余地区则主要表
现为向下游含水层的侧向径流排泄。

四、地下水水化学特征

水化学成分的变化受地层岩性、结构、埋藏条件、气候等多种因素的影响，盆地地下
水一般水化学特征见表 1.14。

表 1.14　鄂尔多斯盆地地下水水化学类型一般特征表

地下水类型	水化学类型	矿化度
下白垩统碎屑岩类裂隙孔隙水	HCO_3-Na、HCO_3 · Cl-Na、Cl · HCO_3-Na、SO_4 · Cl-Na、Cl · SO_4-Na、SO_4-Na 和 Cl-Na 型	盆地东部小于 1g/L 向西增高大于 10g/L
中侏罗系碎屑岩类裂隙孔隙水	HCO_3-Na、Cl · SO_4-Na、Cl-Na、SO_4-Na、Cl-Na · Ca	一般小于 1g/L 中西部深层可达 8g/L

1. 侏罗系碎屑岩

侏罗系碎屑岩裂隙孔隙水在盆地内由东向西埋藏深度加大，水化学类型从东向西依次从 HCO_3-Na、SO_4-Na、HCO_3 · Cl-Na、Cl-Na 向 Cl-Na · Ca 型过渡，矿化度也逐渐增高。

1）延安组

盆地东北缘地区延安组地下水水化学类型相对简单，因径流条件相对较好，HCO_3 型水在东北部区大面积分布，HCO_3 · SO_4 型水仅分布于该区东侧中段，HCO_3 · Cl 型水主要分布于东北部的西南及东南局部的下游地段，HCO_3 · SO_4 · Cl 型水则集中分布于东胜–四十里梁区域分水岭及其附近。

阳离子中，Ca 型水在东南局部分布，主要因为这里位于延安组出露区或浅埋区，水交替积极所至。Ca · Mg 型水主要分布于东胜–四十里梁区域分水岭及其附近，自分水岭向两侧，随着径流途径加大，逐渐变化为 Na · Ca、Na · Ca · Mg 型水，地下水的西南及东南下游地段，则变化为较大范围的 Na 型水。矿化度普遍较低，大范围区域为小于 1g/L 的淡水区，仅在地下水径流的相对下游地段，即东部中段的黄添绵图–神山沟一带、西南泊江海子附近达到 1.01 ~ 1.73g/L。

2）直罗组下段

东北缘地区中侏罗统直罗组下段含矿含水层，地下水埋深大、补给条件差、水交替缓慢，矿化度相对较高，水中 Cl^- 含量偏高，最高可达 388.18mg/L，水质相对较差。据纳岭沟铀矿床水文地质孔抽水取样和定深取样分析结果可以看出，含矿含水层地下水水化学类型为 Cl · SO_4-Na、Cl · HCO_3-Na 和 Cl-Na 型水，矿化度在 1.08 ~ 1.51g/L，pH 为 7.2 ~ 7.48，为弱碱性，水温 14℃。水中铀含量 $0.23×10^{-6}$ ~ $6.42×10^{-6}$ g/L。根据水化学特征分析，该铀矿床水文地球化学环境处于半开启的氧化还原过渡环境。

2. 下白垩统碎屑岩

盆内碎屑岩裂隙孔隙水水化学特征在水平方向上也表现出一定的分带规律，东部和中部地下水的矿化度一般小于 1g/L，水化学类型以 HCO_3-Na 型为主，向西逐渐过渡为 HCO_3 · Cl-Na 型或 Cl · HCO_3-Na 型水，盆地的西侧则大面积分布 SO_4 · Cl-Na 型或 Cl · SO_4-Na 型水，矿化度增高，另外在区内还零星分布着一些 SO_4-Na 型水和 Cl-Na 型水。

五、中侏罗统直罗组碎屑岩类裂隙孔隙含水层特征

中侏罗统直罗组碎屑岩含水岩组为盆地内的主要含水层之一，在整个盆地均有发育。含

水层岩组主要岩性以河流相沉积的灰绿、灰色粗砂岩、中砂岩为主，根据沉积韵律及隔水层发育可进一步划分出 2~3 个含水层。该含水层在盆地东部呈南北向狭长条带裸露地表，潜水含水层厚度一般 40~60m，水位埋深一般小于 20m，其富水性较贫乏，地下水矿化度较低，一般均小于 1g/L，水化学类型为 HCO_3-Na 型。侏罗系直罗组承压水遍布整个盆地，水位埋深因地而异，低洼处埋藏较浅，部分地区形成自流水，地势较高处则埋藏较深。

　　同时，由于直罗组粗中粒砂岩以泥质胶结为主，也有较普遍的不连续、不均匀钙质胶结，使得其含水层富水性极不均匀，多数地区单位涌水量小于 $10m^3/(d \cdot m)$，单井涌水量 20~400m^3/d 不等，局部富水段如延安、南泥湾等地可达 1100~1400m^3/d（表 1.15）。

表 1.15　不同地区铀矿含水层水文地质参数均值表

地区	钻孔号	顶板埋深/m	含水层厚度/m	涌水量/(m^3/d)（降深）	矿化度/(g/L)	备注
皂火壕	W13	90.80	34.00	28.81（19.79）	0.72	据核工业二〇八大队内部资料
纳岭沟	WN5	297.32	82.08	137.29（32.12）	1.06	
大营	SWD23	582.00	52.90	100.96（44.66）	1.53	
塔然高勒	ED01	519.05	95.32	0.0487L/(s·m)（15.49）	1.574	内蒙古塔然高勒-色连二号地区铀矿地质调查成果报告
黄陵		300~500	23.54~121.27	0.0092 L/(s·m)	0.486~1.431	陕西省黄陵地区铀矿地质调查成果报告
宁东石槽村		2.00~51.55	17.59~82.50	0.01907~0.2810 L/(s·m)	1746~9632mg/L	宁夏灵武市石槽村地区铀矿勘查示范成果报告

　　中侏罗统直罗组与上覆白垩系含水层之间存在有一层由砖红色泥岩构成的隔水顶板，泥岩顶板厚度 4~10m，连续稳定，有效地阻隔了中侏罗统与下白垩系之间的水力联系。同时，直罗组与下伏延安组之间发育一层由灰色粉砂岩、灰色泥岩或碳质泥岩组成的隔水底板，厚度在 3~8m。

中侏罗统直罗组下段铀矿含水层主要特征：

　　中侏罗统直罗组根据沉积旋回及隔水层发育可进一步划分为直罗组上段含水层与直罗组下段含水层。①直罗组上段表现出河流相向湖沼相变化的沉积环境，岩性为泥岩、砂岩互层，导致含水层富水性、透水性均较差；②直罗组下段为直罗组主要的河流相沉积含水层，其中发育有零星的泥岩透镜体，岩性以灰、灰绿色中砂岩、粗砂岩为主，是鄂尔多斯东北部地区铀矿主要的赋存层位。直罗组下段铀矿含水层埋深条件受地层产状及地形要素影响，在盆地东部、北部边缘埋深较浅或出露地表，如皂火壕铀矿区以东神山沟一带直罗组铀矿含水层出露地表，接受大气降水补给；随着地层倾向，自剥蚀区向西、向南进入盆地后，含水层埋深逐渐增大，如皂火壕铀矿床含水层埋深在 90~270m，向西至纳岭沟铀矿区，含矿含水层埋深 187~374m。

　　受河道沉积环境的影响，铀矿含水层（直罗组下段含水层）厚度由皂火壕—纳岭沟—大营，自东向西呈现逐渐增大又逐渐减小的趋势，同时随着含水层厚度的增加，含水层内泥岩透镜体及钙质结核发育较少，含水层富水性、透水性均较好。东部皂火壕铀矿区，含水层厚度普遍在 20 ~ 30m，含水层涌水量普遍小于 100m³/d；向西至纳岭沟地区，河道砂体沉积稳定，含矿含水层厚度在 80 ~ 160m，含水层涌水量普遍大于 100m³/d；自纳岭沟地区向西进入大营铀矿区，含水层厚度及涌水量相应减小。

第六节　盆地内部构造单元

　　鄂尔多斯盆地周边活动性强，盆内则较稳定，构造上总体呈现"内静外动""硬核软边"特征。构造样式以隆起、拗陷、断层、环形构造、宽缓褶皱等为主。由于盆地内部地形地貌、气候等自然条件比较复杂，高精度地震、重力、深部钻孔等资料比较匮乏，所以盆地内部构造单元的划分相对比较粗糙。前人把盆地内部划分为六个二级构造单元（图1.34），分别为北部伊盟隆起、中部伊陕斜坡、西部天环拗陷（向斜）、南部渭北隆起、西部西缘逆冲带和东部晋西挠褶带（张抗，1980）。这种内部单元划分方法，优点是比较简单明了，各单元沉积特征比较明显，具有明显的槽台构造痕迹。

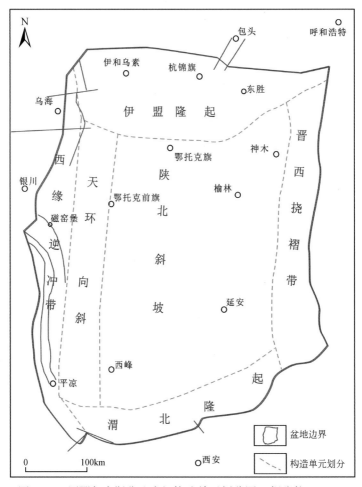

图 1.34　原鄂尔多斯盆地次级构造单元划分图（据张抗，1980）

构造单元划分是一项综合性很强的工作，其中重磁场特征对推断构造格架具有重要的意义，如莫霍面等值线图、全国重磁解译构造格架图（王世称，2003）都是以重磁信息为基础的。我们在研究鄂尔多斯盆地地质背景及前人研究成果的基础上，以区域1∶100万～1∶20万重力资料为基础，结合1∶20万航磁资料，主要目的层直罗组下段底板的空间展布特征等综合信息，把盆地内部划分为六个二级构造单元，划分方法不同于过去的方案。因为原先的二级构造单元名称已经有了特定的内涵。除基本一致的西缘冲断带外，其他五个单元采用了不同于以往的新的命名方式。如图1.35所示，各单元分别为西缘冲断带、北部隆起带、榆林隆起带、中部隆起带、东南部隆起带、中央沉降带。反映盆地以整体沉降（中央沉降带）为主，局部叠加不同性质的条带状隆起带。

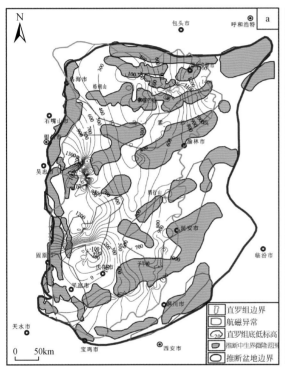 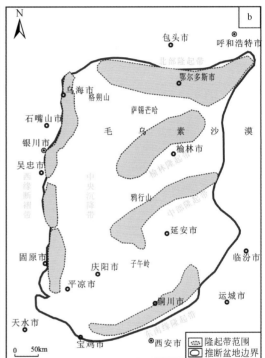

图1.35　本次划分鄂尔多斯盆构造分区

a. 中生界隆起、直罗组底板标高、航磁异常综合图；b. 综合信息反映盆地构造分区

1. 西缘冲断带

该单元位于盆地的西部边缘，和过去的西缘冲断带范围基本一致。西缘冲断带典型构造特征为走向南北，向盆地内部逆冲的冲断构造较为发育，中、新生代沉积活动都很发育。

鄂尔多斯盆地西缘受秦岭-祁连山构造带活动的长期影响，地质构造复杂，中、新生代沉积活动都很强烈，主要沉降发生在新生代的跨地块沉积盆地。中生代时期，作为鄂尔多斯盆地的西部边坡，其沉积中心主要位于该单元的东侧；新生代时作为大西缘冲断带（沉积盆地）的东侧边坡，沉降中心位于单元的西侧。因此，该构造单元在中、新生代时期，东西方向发生了构造反转（翘变）。

西缘冲断带的强烈活动实际上是华北陆块西侧南北造山带复活，复合、联合作用的结果。从宏观看，北侧的阴山造山带在该地区的主要构造线走向为北东向，南侧的秦岭造山带主要构造线走向为北西。南北复合、联合的结果是西缘冲断带高角度冲断层非常发育，北段以北东、南北走向为主，南段以北西、南北走向为主。

西缘冲断带对区内铀矿富集提供了重要的铀源。从鄂尔多斯盆地西缘构造演化分析，多期构造挤压有利于盆地基底富铀岩石抬升出露，为盆地提供铀源。其中，晚三叠世到晚侏罗世的强烈挤压使盆地西北侧阿拉善地区隆升为物源区，基底富铀岩石被剥出地表、风化侵蚀搬运，为盆地提供了丰富的碎屑物质和铀源。延安组沉积时期构造挤压导致基底抬升，不但造成了直罗组和延安组的平行不整合，也使基底富铀岩石进一步裸露、剥蚀。晚侏罗世的强烈挤压使盆地西缘阿拉善地区进一步隆升，银川古隆起抬升剥蚀，富铀岩石被大面积剥出地表，为盆地提供了更多的铀源。

重磁综合分析表明，该构造单元南北向构造分带表现明显，可以将其进一步分为北区、南区两个分区。剩余重力反演中生界图上整体表现为一条南北向相对连续展布的高重力异常带，布格异常图上显示出明显的南北分段，和构造形迹的南北分段相一致。本区整体处于相对低负磁异常区，北段受北部隆起带古元古代磁性地层隆升的东西向延伸影响，存在两处等轴状高磁异常。南段为相对高磁异常区，区段之间构造特征差异显著。目前发现的天然气多集中分布在北区横山堡段的逆冲断块和背斜中，石油多分布于南区马家滩段及其邻近的逆冲推覆构造中。铀矿则主要分布于北区南段和南区南段逆冲带中。

遥感影像上，西缘冲断带影像粉灰、黄、黄褐色，色调较杂，总体影纹平滑，局部显粗糙，水系不发育，植被稀少。由于受断裂控制，块体形态不规则，块体的位置大致与前人地质认识位置基本吻合。

2. 北部隆起带

位于盆地的北部（边缘），走向东西，与过去的伊盟隆起相比，范围要小。对中生代沉积作用和铀成矿作用有直接的影响。目前该地区已发现皂火壕、纳岭沟、大营等多处铀矿床，它们均位于北部隆起带南部斜坡。

北部隆起带北为河套盆地，北界为托克托县—磴口县一线。自古生代以来，该区长期处于相对较高的隆起状态。印支运动造成侏罗系与三叠系之间沉积间断，东部表现为角度不整合，其他部分为平行不整合。

隆起带在剩余重力异常图上表现为正负相间东西向近平行展布的四条重力异常条带，东部向北东方向收敛。从重力图上可以看出隆起带内还存在多处一定规模的相对凸起区和相对凹陷区。北部隆起带进一步可以划分为中部的东胜凸起和东西两个边坡带。区内铀矿产地主要分布于东胜凸起的西南缘。

从航磁异常图上看，本区存在一条规模较大的东西向高磁异常带，初步推断为古元古界强磁性地层所致。总体来说，北部隆起带重磁异常展布与周围环境存在明显重磁分区界线。

根据遥感影像判断，隆起带内颜色较为均匀，灰紫、紫灰、浅紫灰、灰绿色，色调不均匀，由西部的浅紫灰，向东过渡为紫灰、灰紫色，直到东部绿灰色。纹理粗糙，树枝状水系，植被西部稀少，东部好于西部。

北部隆起带典型特征是重力、航磁、地层走向、主要断层走向均以东西方向为主。比较强的航磁正异常。

3. 榆林隆起带

走向北东，为盆地内大规模沉降带中的一个相对隆起带，周围为中央沉降带所环绕。榆林隆起带既是典型的北东向区域负航磁异常带，也是北东向重力负异常带。断层构造出露比较少。综合直罗组底板标高等值线图分析，榆林隆起带分布三个走向近东西的平行雁列背斜组成。这种区域（总体）北东向、局部近东西向鼻状构造的二元构造格局，为铀矿的富集提供有利构造部位。

榆林隆起带典型特征为：北东向航磁负异常，北东向重力负异常，区域构造北东向，局部构造东西向的二元格局。

4. 中部隆起带

基本上对应于区域上大规模航磁正异常的盆地内部分。同时也是北东向的重力局部异常带。该单元位于过去二级单元伊陕斜坡的中部。北东向的航磁异常规模远远超过盆地范围，推测为强磁性的基底隆起所引起。该单元地表断层构造不多见，从盆地岩相古地理地层发育情况看，地层条带以南北向展布为主，这是显著区别于榆林隆起带的地方。同样是二元构造格局，同样是北东向区域构造，该带局部构造以南北向为主。

中部隆起带的主要特征为：北东向区域航磁正异常，重力北东向局部异常条带状分布，区域构造线北东向，局部构造线南北向。

5. 东南部隆起带

位于盆地南缘，总体呈近北东东向展布，与过去的渭北隆起位置相对一致。其南西侧为活动构造带——秦岭造山带。该隆起带处于中国东、西和南、北构造分区的交汇部位，构造位置非常特殊。中—新元古代到早古生代为一向南倾斜的斜坡，中生代晚期开始隆升，渭河地区断陷下沉，渭北地区进一步翘倾抬升，南北升降发生反转，形成现在的构造面貌。目前在东南缘隆起带北坡发现了黄陵铀矿产地和双龙铀矿床。

该隆起带地球物理、露头及钻井等资料证实，其发育的地层有中—新元古界、古生界、中—新生界等单元，志留系—下石炭统及上白垩统缺失。隆起带由南向北，由东到西出露地层时代依次变新。

布格重力异常等值线图显示，本区的重力场值南部高、北部低，具有明显的分区性，而且重力高、重力低之间异常值差异较大，因此推测研究区基底起伏较大，凸起与凹陷高差较大。航磁异常显示该区构造线为北东向展布，为规模较大的负场区。

遥感影像特征显示，这个区域的绿色斑块在地貌上为高原中低山地貌，地势高于黄土高原。

6. 中央沉降带

中央沉降带是盆地最主要部分，占据盆地面积的一半左右。包括过去二级单元天环拗陷和伊陕斜坡、晋西挠褶带的主要部分。总体西部深、东部浅，地层西侧陡、东部缓。西侧为南北向深拗陷，东侧有三个北东向局部隆起带。

盆地的沉降中心在西侧，长条状，南北长约 600km，东西宽 50～60km。晚侏罗世开始拗陷。到早白垩世时，随着西缘冲断带持续的背驮式向东推进，该带成为前陆盆地的前渊拗陷，构造样式为东翼缓西翼陡的不对称向斜。下白垩统沉积巨厚。

第七节　小　　结

（1）通过鄂尔多斯盆地重力、航磁、直罗组底板标高等资料综合解译了六个构造分区，即盆缘-东北缘隆起带、西缘宁东断隆带、东南缘隆起带、盆内榆林隆起带、中部隆起带、中央沉降带。以往认为鄂尔多斯盆地的铀矿富集主要受盆缘斜坡带构造控制，主要强调盆缘氧化还原过渡带成矿，很少注意盆内隆缘式构造对铀矿的控制作用，本次通过综合资料解译新发现盆地内部分布两条北东向隆起构造。

同时在盆内油田测井资料筛选和钻探验证的基础上，通过对鄂尔多斯盆地中生界低幅度构造空间分布及其与铀富集的关系进行了深入分析，认为低幅度构造对区内中生界油气成藏有一定影响，局部隆起构造及非构造圈闭是油气聚集成藏的有利部位，同时也为铀富集提供了还原障。

（2）航磁、重力资料综合分析解译认为鄂尔多斯盆地四周均被断裂所围限，盆地内部同样存在大量规模不等的隐伏断裂。盆地北部地区主要以东西向断裂为主；中南部地区发育大规模的北东向及其相伴生的北西向断裂，东西两侧发育南北向断裂，控制着盆地的东西边界。北东向构造受北西向构造的控制、影响，使得局部发生偏移和错位，表现为北东成带、北西成块的特点。北西向断裂明显晚于东西向断裂，在磁场上表现为切割了东西向断裂，并且明显阻挡了北东向断裂的连续性。盆地主要构造的发生、发展时序为东西向→北东向→北西向。

通过与现代水系空间分布对比发现，局部断裂构造与之空间位置关系密切，说明部分现代水系为下伏地层的继承性断裂所致，由于河道多与断裂构造有关，因此，现代水系的线性构造特征也从中反映了古河道的分布，为砂岩型铀矿的找矿空间定位提供了依据。

（3）鄂尔多斯盆地现代地下水的补给来源以大气降水为主，通过地表渗入补给地下潜水或承压水。盆地腹大气降水垂向渗入补给作用强，补给量大；边缘地区大气降水往往在沟谷中形成地表径流，在径流过程中渗入补给地下水。地下水的径流比较复杂，区域侵蚀基准面以上的地下水由盆地中部分水岭向盆地四周分散径流，向盆地周边排泄；区域侵蚀基准面以下的地下水顺层沿倾向向宽缓向斜的轴部径流。地下水的排泄方式与其存在的形式有关，其中潜水以补给下伏含水层、补给地表水或蒸发排泄为主，而深部承压水则以越流"顶托"排泄于上部含水层。

第二章 重点成矿远景区含铀岩系地质特征

第一节 含铀岩系划分原则

本书所指"含铀岩系"顾名思义通常是指"赋含铀异常、铀矿化和铀矿层的一套沉积地层，既包括砂岩型铀矿化和泥页岩型铀矿化沉积岩石组合，又包括沉积期铀矿化及成岩后生改造与铀矿化相关的沉积地层"。简单地说含铀岩系主要指包括铀矿层、铀矿化层、铀异常层位及有成因联系的上下岩层组合，矿区范围一般以组、段为单元，区域范围一般以群（统）、组为单元。铀矿层、铀矿化层、铀异常划分原则与确定标准有下列依据：

（1）根据《地浸砂岩型铀矿地质勘查规范》（EJ/T1157—2002）及中华人民共和国地质矿产行业标准《铀矿勘查地质规范》（DZ/T0199—2002）中确定的一定沉积地层或沉积岩石组合中铀含量大于 0.01%（$1kg/m^2$）的沉积地层为含铀岩系。

（2）在油气、煤田等矿产勘查钻孔中见到 $\gamma > 7Pa/kg$［或 $300 \sim 500API$ 或 100γ、$25.2nC/(kg \cdot h)$］与其相当的含高放射性沉积层段确定为含铀岩系。

（3）含铀岩系的确定主要是根据地层或沉积岩中放射性异常高低来确定的。

根据上述原则，盆地主要含铀岩系包括侏罗系直罗组、延安组，白垩系洛河组。

第二节 重点成矿远景区含铀岩系地质特征与对比

鄂尔多斯盆地保存了相对完整齐全的中生代地层，中生代沉积厚度达5000m，其中侏罗系是煤层和铀矿重要的赋矿层位。侏罗纪是地史上重要的成煤期，同时也是古气候变化的重要转折期。气候变化不仅控制着降水量、植被发育、沉积物类型及古水文状况，而且对煤及铀成矿也有多方面影响。煤的形成与植被的发育相关，而砂岩型铀矿的形成与沉积物类型、古水文、氧化-还原条件也密切相关。鄂尔多斯盆地延安组—直罗组是侏罗纪重要沉积地层，延安组沉积期发育河流、三角洲硅质碎屑沉积，古气候潮湿雨量充沛、有利于植被发育，是煤层形成的决定性条件；直罗组沉积期发育河流体系，后期总体呈现氧化环境，植被欠发育，形成大量红层，有利于铀从源区氧化，搬运迁移。

结合近年来石油和煤炭放射性测井、砂岩型铀矿找矿勘查实践，鄂尔多斯盆地北部、西部、东南部含铀岩系主要为侏罗系延安组、直罗组，西南部地区新发现白垩系洛河组，盆地中部新发现侏罗系安定组铀矿化层位。根据盆地中含铀岩系在不同地区的发育特征分别对鄂尔多斯盆地东北缘、南缘、西缘、中部等分述如下。

一、盆地东北缘

（一）盆地东北缘区域地质背景

东北缘地区褶皱、断裂构造不发育，地层呈单斜产出，向东南缓倾，倾角 1°~4°。区内中生代地层发育齐全，保留完整，其中三叠系和侏罗系多分布于盆地周缘（图 2.1），露头分布区主要见于东胜一带，白垩系多分布在盆地中部。

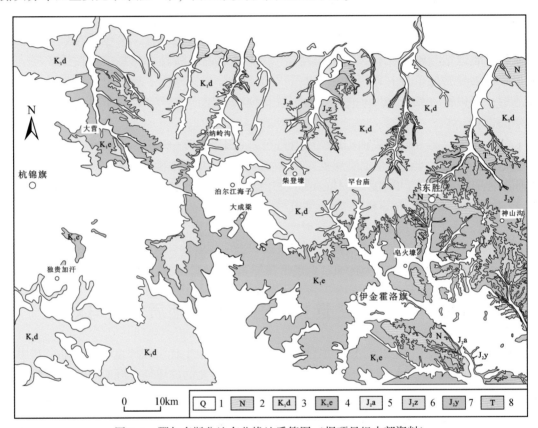

图 2.1　鄂尔多斯盆地东北缘地质简图（据项目组内部资料）

1. 第四系；2. 新近系；3. 下白垩统东胜组；4. 下白垩统伊金霍洛组；5. 中侏罗统安定组；
6. 中侏罗统直罗组；7. 中侏罗统延安组；8. 三叠系

其中，三叠系零星出露于东胜北部地区，沿现代河道分布。侏罗系在盆地北部出露较为广泛，下侏罗统富县组在东北缘地区缺失较多，仅在盆地东部的准格尔旗、府谷、神木、榆林、延安、富县等地区少量出露；延安组广泛发育，在鄂尔多斯-榆林一带呈大面积出露，是盆地主要含煤及含油层位之一，也是找矿目的层之一；侏罗系直罗组同样在盆地北部广泛发育，呈南北带状出露，与下伏的延安组为平行不整合接触，局部地段为微角度不整合关系，是盆地主要找矿目的层之一。上侏罗统安定组分布较局限，浅湖相沉积在杭锦旗以西有少量分布，典型的半深湖-干旱湖相沉积仅分布在靖边以南、庆阳以北的盆地中东部地区，向北延伸至北部地区。

鄂尔多斯盆地中、新生代发育了一套陆相沉积体系。从下至上地层层序为：三叠系（T）、侏罗系（J）、下白垩统（K$_1$）及新生界（E、N、Q），其中中生代地层构成了鄂尔多斯盆地沉积的主体（图2.2）。侏罗纪到白垩纪发生了燕山运动五次构造幕（王双明，1996），第Ⅰ幕，发生于中侏罗世延安组和直罗组沉积之间的一次构造运动，一般认为此幕沉积间断时间不长，缺失地层不多，上下地层产状一致，为平行不整合接触关系。其中富县组沉积以填平补齐为特点，岩性岩相复杂，厚度变化大；延安组发育一套稳定的湖泊-沼泽相沉积，自下而上可以划分为10个小层（延1—延10），延8—延6段是盆地发育的稳定充填时期，是主要的成煤时期；中侏罗统直罗组底部厚层砂砾岩为沉积序列转换的关键时期，代表了中—晚侏罗世构造事件的初始阶段（李振宏等，2014）。中侏罗世末期第Ⅱ幕，仍以大范围抬升形式为主，并且发生了强烈的褶皱和断裂，造成芬芳河组与下伏安定组呈微角度不整合接触。第Ⅲ幕运动，发生于上侏罗统芬芳河组与下白垩统之间，这次构造作用对本区影响最大，不仅产生了许多褶皱和断裂，造成了下白垩统与下伏地层呈广泛不整合接触。白垩纪初，盆地下降，大部分地区接受了早白垩世沉积，形成了志丹群沉积地层。第Ⅳ幕运动，发生于上、下白垩统之间，造成本区全面隆起，使鄂尔多斯盆地消亡，结束了大型拗陷盆地的沉积历史。第Ⅴ幕主要是使全区抬升，使前新生界遭受剥蚀，并缺失古新世地层。喜马拉雅期，印度洋板块与欧亚板块碰撞，盆地内部整体抬升，周缘发育一系列新生代断陷盆地。

（二）东北缘含铀岩系地层特征

盆地东北缘侏罗系相对完整，中—下侏罗统延安组和中统直罗组发育齐全，分布广泛，为东北缘主要的含煤和含铀岩系。鄂尔多斯盆地东北缘中侏罗统延安组虽普遍发育，但其在盆内埋藏深度较大，岩石以灰、灰绿色泥岩、砂岩互层为主，可作为东北缘的次要找矿层位。直罗组分布最广，埋深适中（埋深在500m以内），且河流相砂体发育，为主要找矿目的层位（图2.2）。

1. 延安组

延安组为盆内的主要含煤地层，按岩石组合特征及沉积体系的演化和煤聚集的周期性可划分五段，各段相当于一个层序地层单元。其中延安组一段为河流体系，二段至四段由多个湖泊三角洲体系单元组成，以细碎屑沉积为主，聚煤作用强烈，发育有可采煤层。第五段发育河流相砂体，局部发育三角洲相砂体，且属于部分三角洲砂体的规模较大，再次出现河流作用强化和水体变浅的趋势。延安组底部区域上普遍发育铁质风化壳及底砾岩，与下伏地层呈微角度不整合或平行不整合接触（图2.3）。

鄂尔多斯盆地北部延安组主要为冲积体系和湖泊三角洲体系（图2.4）。区内延安组沉积除底部一段的河流沉积在盆地内广泛分布外，其他各单元（2~5段）皆呈现由盆地边缘冲积扇、河流到湖泊三角洲沉积的有序变化。其中，冲积体系主要发育在盆地的边缘地带，如东胜地区的西北部高头窑地区；盆地边缘带的地层延安组保存较完整，为研究北部物源区碎屑供给及冲积体系的沉积构成和特征提供了有利条件。

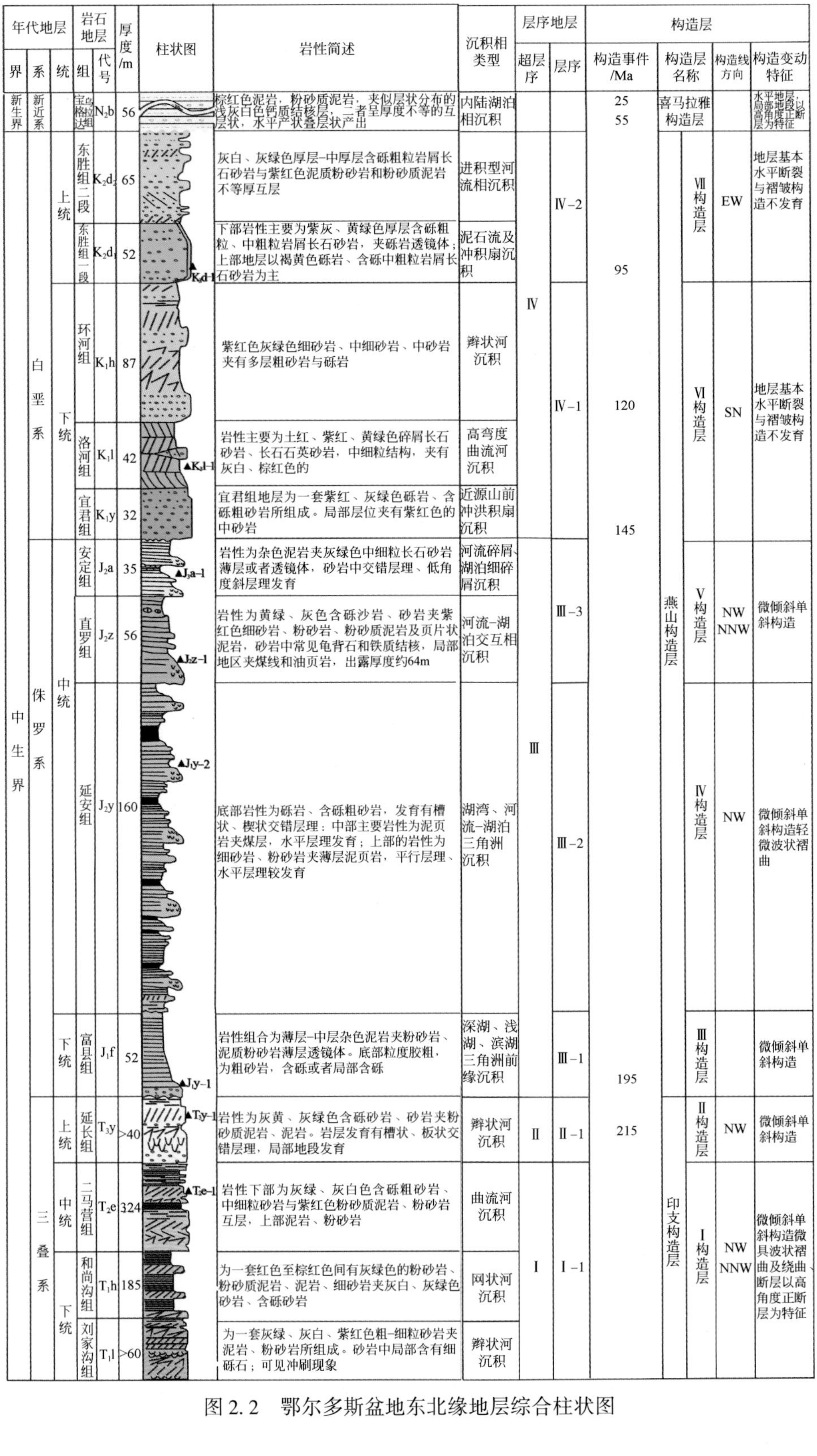
年代地层
岩石地层
厚度/m
柱状图
岩性简述
沉积相类型
层序地层
构造层
界
系
统
组
代号
超层序
层序
构造事件/Ma
构造层名称
构造线方向
构造变动特征
新生界
新近系
宝格达乌拉组
N_2b
56
棕红色泥岩，粉砂质泥岩，夹似层状分布的浅灰白色钙质结核层，二者呈厚度不等的互层状，水平产状叠层状产出
内陆湖泊相沉积
25
55
喜马拉雅构造层
水平地层，局部地段以高角度正断层为特征
中生界
白垩系
上统
东胜组二段
K_2d_2
65
灰白、灰绿色厚层–中厚层含砾粗粒岩屑长石砂岩与紫红色泥质粉砂岩和粉砂质泥岩不等厚互层
进积型河流相沉积
Ⅳ–2
Ⅶ构造层
EW
地层基本水平断裂与褶皱构造不发育
东胜组一段
K_2d_1
52
K_2d-1
下部岩性主要为紫灰、黄绿色厚层含砾粗粒、中粗粒岩屑长石砂岩，夹砾岩透镜体；上部地层以褐黄色砾岩、含砾中粗粒岩屑长石砂岩为主
泥石流及冲积扇沉积
95
Ⅳ
下统
环河组
K_1h
87
紫红色灰绿色细砂岩、中细砂岩、中砂岩夹有多层粗砂岩与砾岩
辫状河沉积
Ⅳ–1
120
Ⅵ构造层
SN
地层基本水平断裂与褶皱构造不发育
洛河组
K_1l
42
K_1l-1
岩性主要为土红、紫红、黄绿色碎屑长石砂岩、长石石英砂岩，中细粒结构，夹有灰白、棕红色的
高弯度曲流河沉积
宜君组
K_1y
32
宜君组地层为一套紫红、灰绿色砾岩、含砾粗砂岩所组成。局部层位夹有紫红色的中砂岩
近源山前冲洪积扇沉积
145
侏罗系
中统
安定组
J_2a
35
J_2a-1
岩性为杂色泥岩夹灰绿色中细粒长石砂岩薄层或者透镜体，砂岩中交错层理、低角度斜层理发育
河流碎屑、湖泊细碎屑沉积
Ⅲ–3
燕山构造层
Ⅴ构造层
NW
NNW
微倾斜单斜构造
直罗组
J_2z
56
J_2z-1
岩性为黄绿、灰色含砾沙岩、砂岩夹紫红色细砂岩、粉砂岩、粉砂质泥岩及页片状泥岩，砂岩中常见龟背石和铁质结核，局部地区夹煤线和油页岩，出露厚度约64m
河流–湖泊交互相沉积
Ⅲ
延安组
J_2y
160
J_1y-2
底部岩性为砾岩、含砾粗砂岩，发育有槽状、楔状交错层理；中部主要岩性为泥页岩夹煤层，水平层理发育；上部的岩性为细砂岩、粉砂岩夹薄层泥页岩，平行层理、水平层理较发育
湖湾、河流–湖泊三角洲沉积
Ⅲ–2
Ⅳ构造层
NW
微倾斜单斜构造轻微波状褶曲
下统
富县组
J_1f
52
J_1y-1
岩性组合为薄层–中层杂色泥岩夹粉砂岩、泥质粉砂岩薄层透镜体。底部粒度胶粗，为粗砂岩，含砾或者局部含砾
深湖、浅湖、滨湖三角洲前缘沉积
Ⅲ–1
195
Ⅲ构造层
微倾斜单斜构造
三叠系
上统
延长组
T_3y
>40
T_3y-1
岩性为灰黄、灰绿色含砾砂岩、砂岩夹粉砂质泥岩、泥岩。岩层发育有槽状、板状交错层理，局部地段发育
辫状河沉积
Ⅱ
Ⅱ–1
215
Ⅱ构造层
NW
微倾斜单斜构造
中统
二马营组
T_2e
324
T_2e-1
岩性下部为灰绿、灰白色含砾粗砂岩、中细粒砂岩与紫红色粉砂质泥岩、粉砂岩互层，上部泥岩、粉砂岩
曲流河沉积
Ⅰ
Ⅰ–1
印支构造层
Ⅰ构造层
NW
NNW
微倾斜单斜构造微具波状褶曲及绕曲、断层以高角度正断层为特征
下统
和尚沟组
T_1h
185
为一套红色至棕红色间有灰绿色的粉砂岩、粉砂质泥岩、泥岩、细砂岩夹灰白、灰绿色砂岩、含砾砂岩
网状河沉积
刘家沟组
T_1l
>60
为一套灰绿、灰白、紫红色粗–细粒砂岩夹泥岩、粉砂岩所组成。砂岩中局部含有细砾石；可见冲刷现象
辫状河沉积

图 2.2　鄂尔多斯盆地东北缘地层综合柱状图

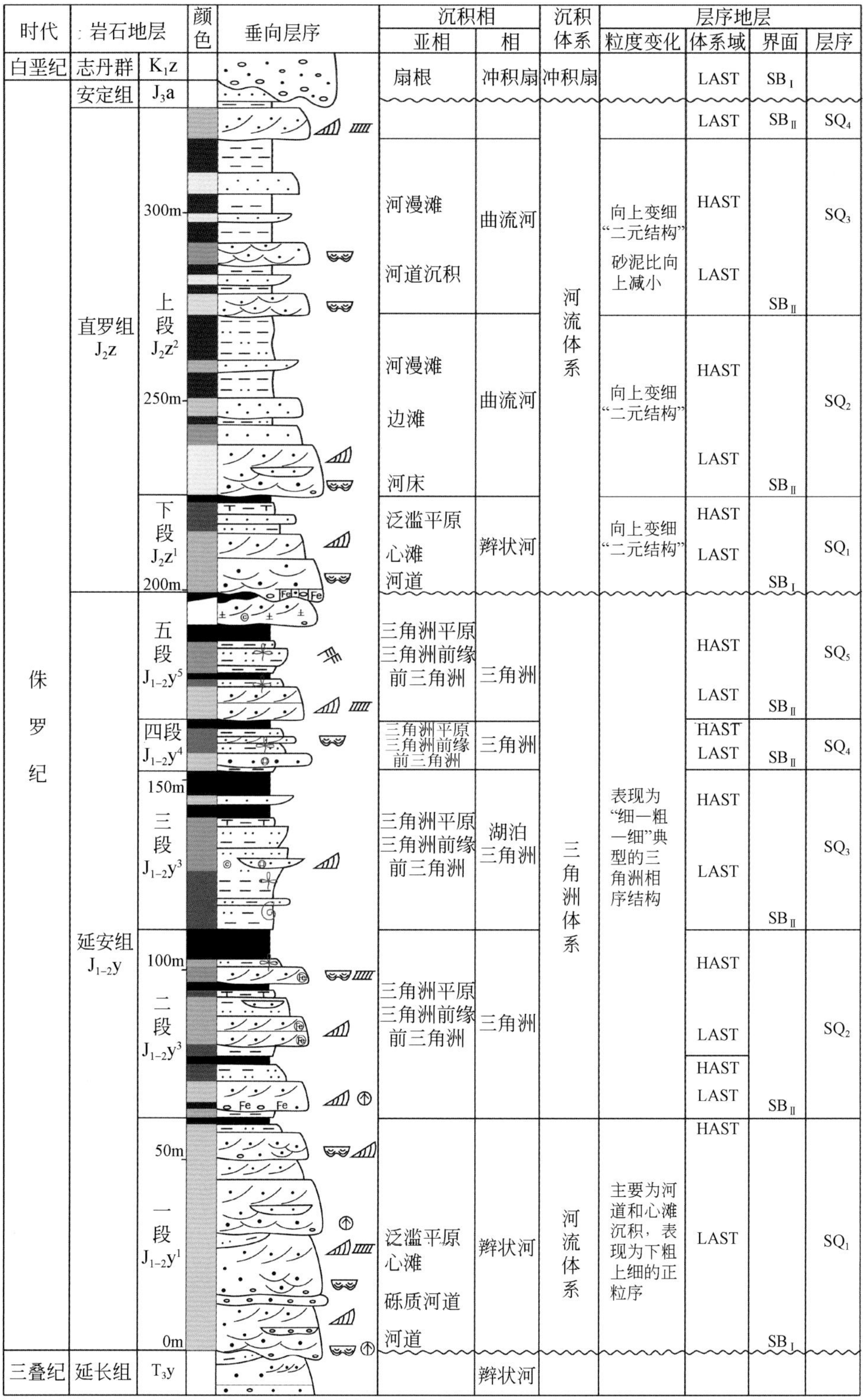

时代	岩石地层		颜色	垂向层序	沉积相		沉积体系	层序地层			
					亚相	相		粒度变化	体系域	界面	层序
白垩纪	志丹群	K_1z			扇根	冲积扇	冲积扇		LAST	SB_1	
	安定组	J_3a							LAST	SB_{II}	SQ_4
侏罗纪	直罗组 J_2z	上段 J_2z^2		300m	河漫滩 河道沉积	曲流河	河流体系	向上变细 "二元结构" 砂泥比向 上减小	HAST LAST	SB_{II}	SQ_3
				250m	河漫滩 边滩 河床	曲流河		向上变细 "二元结构"	HAST LAST	SB_{II}	SQ_2
		下段 J_2z^1		200m	泛滥平原 心滩 河道	辫状河		向上变细 "二元结构"	HAST LAST	SB_1	SQ_1
	延安组 $J_{1-2}y$	五段 $J_{1-2}y^5$			三角洲平原 三角洲前缘 前三角洲	三角洲	三角洲体系	表现为 "细—粗—细"典型的三角洲相序结构	HAST LAST	SB_{II}	SQ_5
		四段 $J_{1-2}y^4$		150m	三角洲平原 三角洲前缘 前三角洲	三角洲			HAST LAST	SB_{II}	SQ_4
		三段 $J_{1-2}y^3$		100m	三角洲平原 三角洲前缘 前三角洲	湖泊 三角洲			HAST LAST	SB_{II}	SQ_3
		二段 $J_{1-2}y^3$			三角洲平原 三角洲前缘 前三角洲	三角洲			HAST LAST HAST LAST	SB_{II}	SQ_2
		一段 $J_{1-2}y^1$		50m 0m	泛滥平原 心滩 砾质河道 河道	辫状河	河流体系	主要为河道和心滩沉积,表现为下粗上细的正粒序	HAST LAST	SB_1	SQ_1
三叠纪	延长组	T_3y				辫状河					

图2.3　鄂尔多斯盆地东北缘延安组、直罗组综合柱状图（据孙立新等，2017）

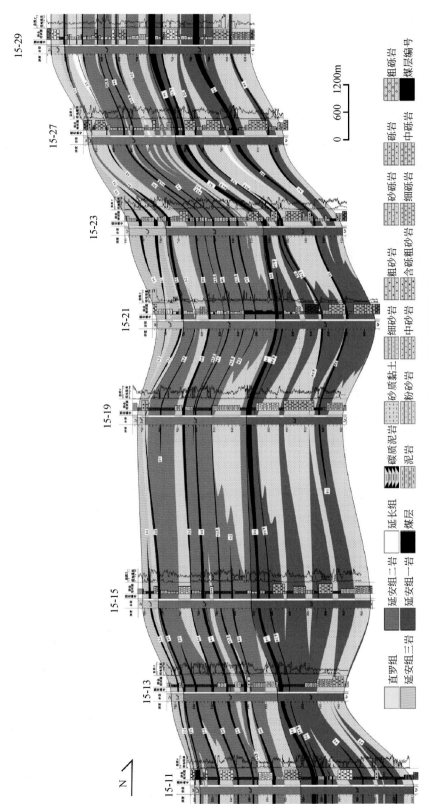

图 2.4　鄂尔多斯盆地东北缘延安组煤层对比剖面图

区域上延安组具有相对稳定的沉积层序和旋回特征，最为典型的是 2~4 段的沉积相序，以典型的湖泊三角洲沉积体系为代表。下部一段各地差异明显，盆地北缘在东胜北部伊蒙隆起带南侧发育冲积扇沉积，扇根为巨厚层、块层复成分砾岩，扇中为灰白色粗碎屑复成分砾岩与黄绿色厚层、块层含砾粗砂岩构成的多韵律沉积，扇前缘向上过渡为灰白色厚层含砾粗砂岩与灰白色中厚层-薄层具交错层理的细砂岩构成的韵律沉积。总体上为向上变细的冲积扇沉积。东胜地区东部的神山沟、神木大柳塔、考考乌素沟等地，以灰白色巨厚层含砾粗砂岩与灰色薄层透镜状产出的细砂岩、泥质粉砂岩构成辫状河沉积序列。底部与三叠系延长组灰绿色砂岩或富县组上部紫红色泥岩平行不整合接触，其间发育 10~35cm 的铁质风化壳。

2. 直罗组

根据岩石组合、沉积旋回及沉积构造等特征，将其分为上段（J_2z^2）和下段（J_2z^1）。下段为潮湿气候环境中陆相河流沉积体系下砂岩为主的粗碎屑岩建造（J_2z^1）（图 2.5）。根据直罗组下段在沉积过程中不同阶段的沉积特点及其岩性特征，又可分为上亚段（J_2z^{1-2}）和下亚段（J_2z^{1-1}）（焦养泉等，2005）。纳岭沟铀矿床矿体主要产于直罗组下段下亚段辫状河砂体中（图 2.6）。

直罗组上段（J_2z^2）为干旱古气候条件下的一套曲流河沉积体系，泛滥平原较发育、"二元结构"明显，在区内岩性以砂岩与粉砂岩、泥岩互层为主，上部"砂薄泥厚"，其中泥岩、粉砂岩呈粉红、紫红、灰紫色，冲沟露头断面常常能看到令人印象直观的直罗组上段典型的陆相红层（图 2.7）。

区域上直罗组具有可比性，在西缘灵武石沟驿、银川北部汝箕沟、古拉板；东胜高头窑、神山沟、神木考考乌素、延安杏子河等露头剖面和区域直罗组钻孔资料均可对比。

直罗组下部为灰白、灰绿、褐-棕黄色巨厚层-块层中粗粒砂岩夹中薄层灰色粉砂质泥岩，上部为灰绿色中厚层砂岩与灰紫、紫红色泥岩、红色泥岩。总体为河流相沉积-干旱湖泊沉积（图 2.4）。区内露头、钻孔岩心及其测井曲线皆显示直罗组为 2~3 个有粗变细的正向旋回组成，它们在区域上分布较为稳定。在延安、榆林、神木等地，第一旋回下部砂岩为黄绿、灰色巨厚-块层中粗粒岩屑长石石英砂岩，常称"七里镇砂岩"。盆地东缘向北至东胜一带，底部砂岩相对稳定，以灰白色块层含砾中粗粒砂岩为主。砂岩中普遍含大量"碳屑"碎块，底部常含砾石，偶夹含砾粗砂岩透镜体。上部为浅灰、灰绿、蓝灰色及少量暗紫色的杂色泥岩与粉、细砂岩互层，局部夹不稳定煤层、煤线，该旋回底部砂岩为铀矿的主要赋存层位。第二旋回下部为黄、黄绿、灰黄色块层-厚层中粗-中细粒岩屑长石石英砂岩，在延安、榆林、神木等地该套砂岩又被称为"高桥砂岩"（陈庸勋等，1981）。该套砂岩多呈透镜状、横向分布不稳定。上部岩性为紫红、蓝灰、灰白色等杂色泥岩夹灰白色中薄层细、粉砂岩。

在盆地东北缘东胜神山沟-高头窑、伊金霍洛旗考考乌素一带，直罗组下部两个旋回具有可比性，但上部旋回的上部普遍发育 10~20m 厚的砂岩段，据此有专家提出三分划分方案（焦养泉等，2005）。由于受燕山运动影响，盆地东北部普遍缺失安定组和直罗组上部沉积。但在杭锦旗-鄂托克旗一带的直罗组部普遍发育一套杂色细碎屑沉积岩系，测井

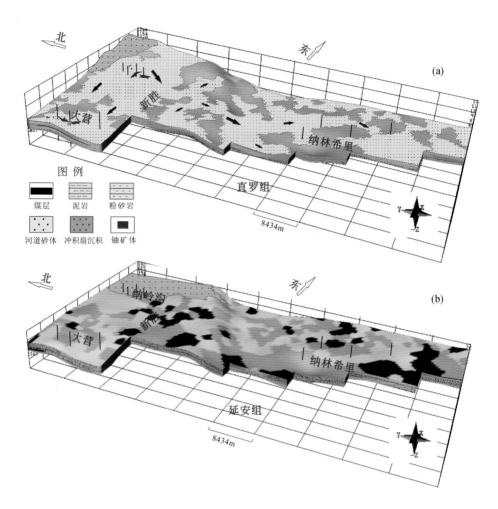

图 2.5　盆地北缘大营–纳岭沟–纳林希里地区直罗组（a）、延安组（b）岩性粒度三维空间展布规律图

黄色为砂体，灰色为泥岩，黑色为煤；北部粒度粗（含砾粗砂岩）、砂体厚度大，向南粒度逐渐变细；
北部为小型冲积扇沉积–砾质辫状河沉积–砂质辫状河沉积，向南过渡为湖泊三角洲沉积

与岩心标志明显与直罗组下部两个旋回分界清晰，地层厚度150～200m。主要为一套干旱条件的红色泥岩、粉砂岩夹灰、灰绿色泥质粉砂岩，为浅湖相沉积。东胜神山沟、灶火壕、神木考考乌素一带缺失安定组，直罗组上部有少量缺失。其上与白垩系宜君组砾岩或洛河组风成巨型交错层砂岩角度不整合接触。

（三）含铀岩系顶底板构造特征

鄂尔多斯盆地东北缘大营铀矿床、纳岭沟铀矿床、皂火壕铀矿床及外围地区的直罗组顶板、底板标高总体具有东高西低，北高南低的特征。赋矿层位直罗组下段在高头窑一带见有露头。从延安组至白垩系典型界面三维构造模型上可以直观地看出，北东方向的高头窑一带为明显的抬升隆起区，南西方向的纳林希里为明显的拗陷区，沿阿彦布鲁–新胜一

图2.6　直罗组下段岩性组合特征

a. 神山沟露头直罗组底部灰白色石英长石砂岩中发育大量炭屑；b. 纳岭沟铀矿孔直罗组下段含炭屑长石砂岩
岩心，铀矿化较强；c，d. 神山沟直罗组下段黄绿色透镜状河道砂体，见薄层煤层

图2.7　东胜区神山沟直罗组上段岩性特征

a. 上段第二套黄绿色砂体；b~d. 上段红层"二元结构"，向上表现红色泥岩层变厚，灰白色细砂岩、粉砂岩层变
薄；上段岩性主要为棕红色细碎屑岩。黄色为砂体，灰色为泥岩，北部粒度粗（含砾粗砂岩）、砂体厚度大，向南
粒度逐渐变细；北部小型冲积扇沉积-砾质辫状河沉积，向南过渡为砂质辫状河沉积

带,存在一明显的拗陷的陡坡带,其高程落差可达 200 多米(图 2.8 ~ 图 2.10)。而在标高变化相对急速部位与标高变化低缓部位之间的过渡部位,含铀含氧水的重力势能在此有利部位得以急速释放,成矿流体物化条件骤变,从而在此部位成矿物质沉淀,形成大规模成矿作用,如本区的大营铀、纳岭沟、皂火壕及柴登一带为典型代表。

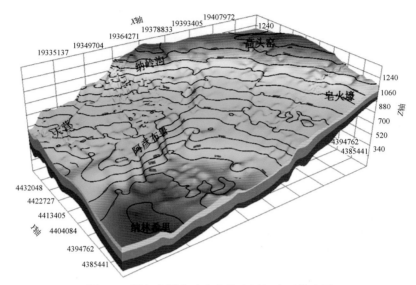

图 2.8　鄂尔多斯盆地东北缘直罗组底面构造图

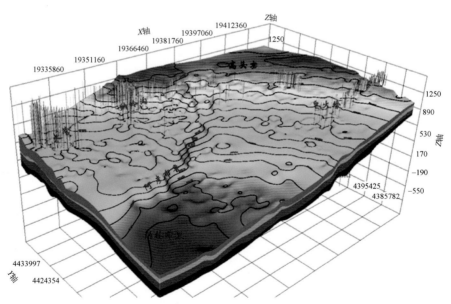

图 2.9　鄂尔多斯盆地东北缘直罗组下段顶面构造图

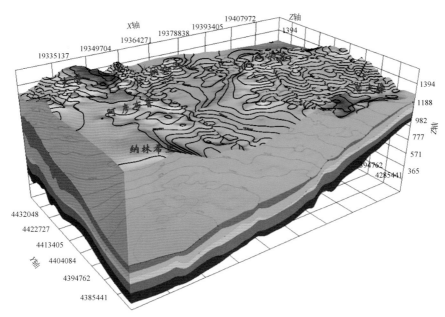

图 2.10 盆地东北缘延安组–直罗组–白垩系志丹群三维地层结构模型

(四) 含矿含水层空间展布特征

地层空间展布规律特指地层厚度分布规律、地层界面埋深与高程变化规律等。对地层空间展布规律的总结，有助于对本区砂岩型铀矿成矿规律的认识和科学合理的勘查部署。

1. 直罗组厚度特征

鄂尔多斯盆地东北缘地区直罗组地层沿着高头窑–耳子壕–塔拉壕–准格尔召–补连滩以东地区被剥蚀殆尽，整体显示盆缘沉积厚度大，盆内沉积厚度小的规律（图2.11）。

直罗组地层厚度：直罗组南北及东西地层厚度差异较大，直罗组厚度存在明显的两个厚度中心，主要位于大营和纳岭沟南部地区，地层厚度均在200m以上，局部地区达到了300m以上。其中，大营地区直罗组厚度320~450m，纳岭沟地区260~280m，而皂火壕地区处于东部隆起区，上段被白垩系砂砾充填削切侵蚀，直罗组厚度仅在100~120m。

直罗组下段地层厚度：东部地区和西部地区直罗组下段厚度差异明显，其中，大营和纳岭沟地区直罗组下段厚度一般在150~160m；而东部皂火壕地区由东向西厚度由60~80m减薄至40~60m（图2.12）。

直罗组上段地层厚度：这套含矿目的层之上的红色细碎屑岩格挡层在大营地区具有一个明显的沉积厚度中心，其厚度可达240~270m（图2.13），岩性整体以紫红色泥岩为主，夹灰色细砂岩、粉砂岩。大营东部纳岭沟地区，直罗组上段明显减薄，厚度在100~120m，而且粒度也相对较粗，岩性为砂泥岩互层；东部皂火壕地区上段明显被白垩系底部砾岩层削切，残留厚度为40~50m左右（图2.14）。

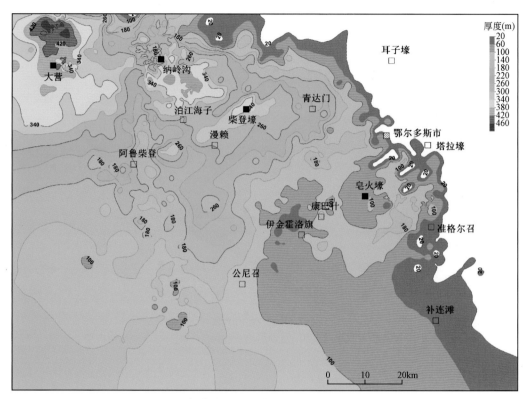

图 2.11　鄂尔多斯盆地北缘直罗组地层厚度等值线图

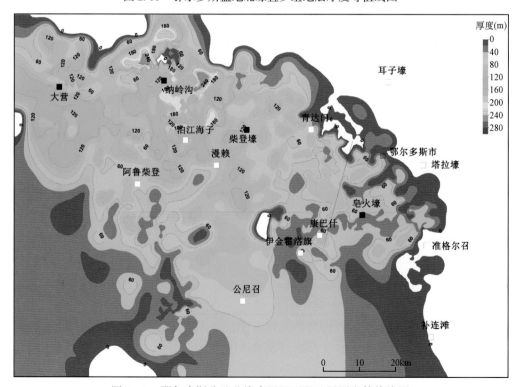

图 2.12　鄂尔多斯盆地北缘直罗组下段地层厚度等值线图

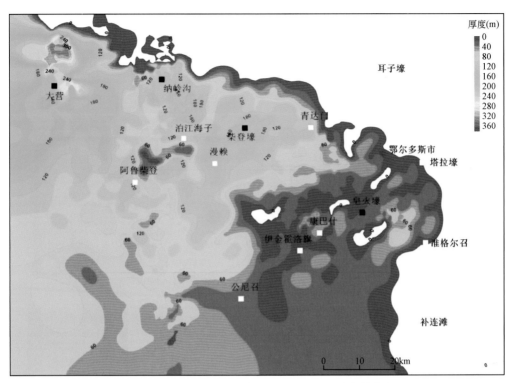

图 2.13　鄂尔多斯盆地北缘直罗组上段地层厚度等值线图

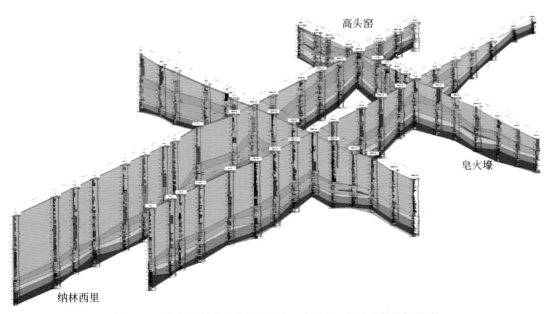

图 2.14　鄂尔多斯盆地北缘延安组–直罗组–白垩系结构栅格图

灰、灰黑色代表延安组，绿色代表直罗组下段，粉红色代表直罗组上段，土褐色代表白垩系

2. 含矿含水层顶板、底板特征

本区含矿含水目的层为直罗组下段，该层顶板为直罗组上段的杂色细碎屑岩层，底板为延安组灰色含煤岩系，两者在区域上都具有一定的厚度且连续性较好，透水性较差，构成了较好的上下隔水层（图2.15）。隔水层与铀储层形成的"泥—砂—泥"结构，很好地限制了含矿流体在铀储层中的输导过程，这种结构为铀的富集创造了有利的条件。

图2.15　直罗组顶底板隔水层岩心特征

a. 直罗组上段隔水层：紫红色泥岩、细砂岩；b. 直罗组下段上亚段粉砂岩、泥岩互层，顶板具较好隔水性；
c. 直罗组下段泛连通透的块层砂体，为含矿流体提供良好的运移通道和储存空间；d. 延安组上部含碳质
灰色泥岩，构成直罗组下段底部良好的隔水层及还原层

1) 含矿含水层顶板特征

本区直罗组下段含矿含水层顶板主要由直罗组上段泥砂岩互层构成，总厚度50 ~ 270m，平均120.5m。走向、倾向上均连续展布。其中在大营地区发育一明显的沉积厚度中心，其厚度可达240 ~ 270m（图2.16），其他地区表现出较好的区域稳定性和隔水性。

直罗组下段顶板隔水层的埋深差异是与现今地形、上覆地层厚度及直罗组上段的剥蚀程度密切相关的。该地区直罗组下段顶面埋深具有很强的规律性，总体上看，西部、南部埋深大，沿伊金霍洛旗—漫赖—纳岭沟一线以西及新胜—阿彦布鲁以南地区，埋深600m以上，纳林希里一带埋深可达上千米，而向剥蚀线方向埋深逐渐减小为0m。

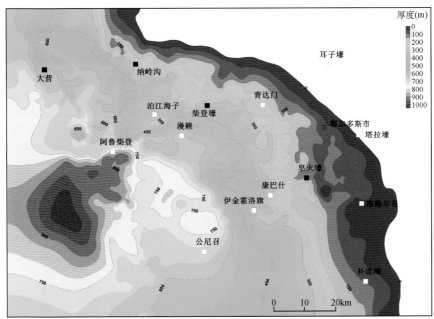

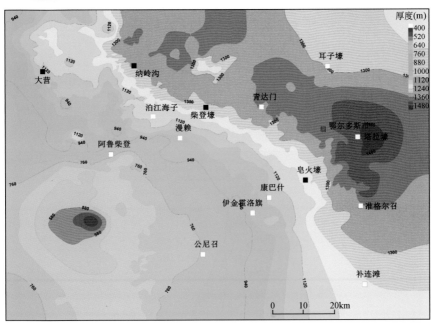

图 2.16　盆地东北缘直罗组下段顶板埋深（上）和顶板标高（下）等值线图

　　直罗组下段顶板高程与顶板埋深有很好的对应性，高程值高的地区埋深小，反之埋深大。整体上，高程等值线呈弧形呈北西－南东向展布。研究区西侧纳林希里附近，海拔高程最低，仅 350m 左右；皂火壕－青达门一带，高程值达 1000m 以上；东胜－塔拉壕地区高程值最大，可达 1300m 以上。沿阿彦布鲁－阿鲁柴登－泊江海子－漫赖存在一条明显的高程骤减带，这条带两侧高程落差高达 200 多米，这条带的西南侧埋深明显大于西北侧，推断沿阿彦布鲁－阿鲁柴登－泊江海子－漫赖存在一条北东向断层。

2) 含矿含水层底板特征

本区直罗组下段含矿含水层底板主要由含煤岩系延安组组成, 岩性主要为灰、灰黑色细碎屑岩, 为一套典型的湖泊三角洲沉积。在盆缘地区直罗组与底板延安组呈微角度不整合接触, 向盆内逐渐过渡为平行不整合。延安组在铀矿钻孔中揭露厚度有限, 在煤田钻孔中基本揭穿, 其中, 延安组三岩段构成了直罗组底板直接的隔水层, 见有 1~2 层薄煤层, 其隔水性能良好 (图 2.17)。

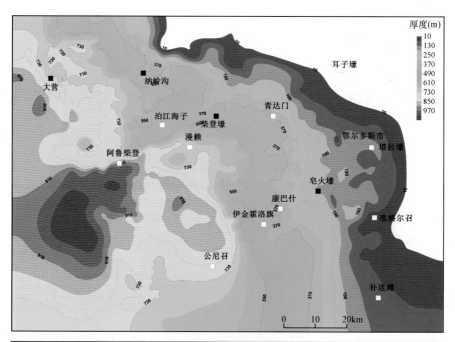

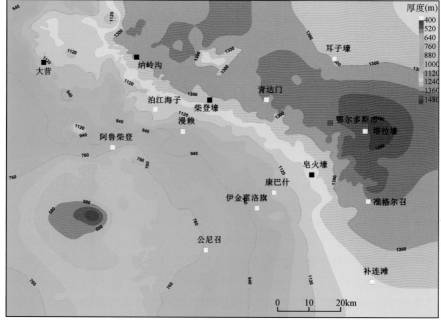

图 2.17　盆地东北缘直罗组下段底板埋深 (上) 和底板标高 (下) 等值线图

　　直罗组下段底板埋深与顶板埋深有相似的规律性，显示目的层的相对稳定性。总体上看，直罗组下段底板西南部埋深大，沿伊金霍洛旗—大营一线以西，尤其新胜、阿彦布鲁以南地区，埋深可达900m以上，纳林希里一带埋深可达上千米。

　　直罗组下段底板构造高程等值线呈弧形沿北西–南东向展布。东部地区的高头窑–塔拉壕–准格尔召一线，高程值达1200m以上，西南纳林希里为拗陷区，高程在500m以下，低洼处仅350m左右。沿阿彦布鲁–阿鲁柴登–泊江海子–漫赖存在一条明显的高程骤减带。

（五）赋矿砂体特征

　　在鄂尔多斯盆地东北部，铀矿勘查已经证实直罗组下段大型河道主干砂体既是铀成矿流体的运移通道，也是铀成矿的赋存空间。通过对直罗组下段和上段砂体厚度及含砂率详细研究发现具有以下特征：

　　（1）直罗组下段砂体厚度大，含砂率高，分布相对稳定。北部砂体相对较厚，一般80~160m，局部可达200m以上；东部砂体相对较薄，一般40~60m。从砂体厚度等值线和含砂率等值线平面图上可以看出，砂体明显具有北西–南东向展布的高值条带，它们是主干河道的具体表现。北部以规模和厚度较大的大型河道砂体为主，而东部发育规模和厚度较小的分支河道砂体（图2.18）。

　　（2）从砂体对比剖面图（图2.19）可以看出，相对直罗组上段，直罗组下段砂体规模大、横向连通性好。直罗组下段细碎屑岩沉积少，主干砂体内部基本无隔水层，上段砂泥互层，而且泥岩比例明显增大。直罗组下段底部延安组煤层区域上稳定，构成了良好的隔水层和还原层。

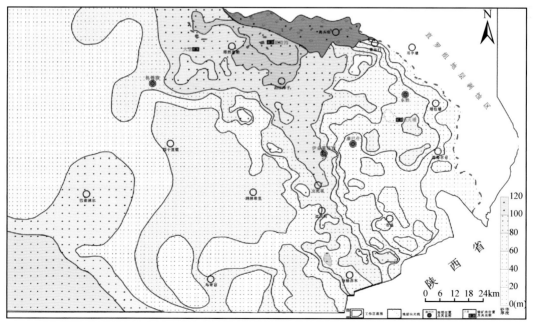

a

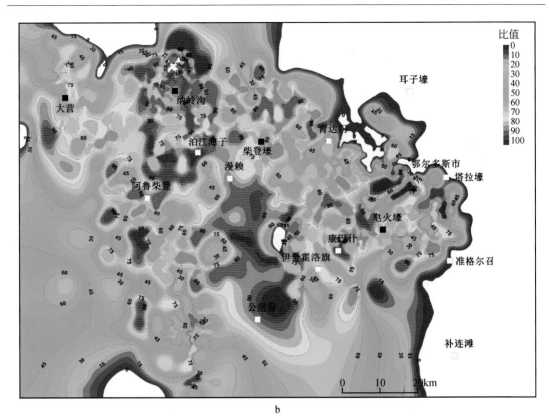

b

图2.18　盆地东北缘直罗组下段砂体厚度（a）和含砂率（b）等值线图

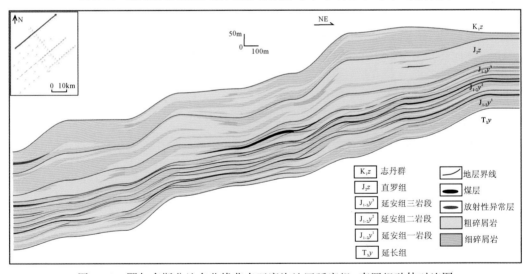

图2.19　鄂尔多斯盆地东北缘艾来五库沟地区延安组–直罗组砂体对比图

（六）含铀岩系的沉积相特征

在露头剖面沉积构造、沉积相序列、地球化学、古生物研究基础上，结合钻孔、地震资料对比分析得出，延安组主要发育河流–三角洲沉积体系，由早期辫状河相沉积向三角洲相沉积演化；直罗组为河流沉积体系，由早期辫状河相沉积向晚期曲流河相沉积演变，其沉积环境总体为陆相河流-湖泊三角洲沉积环境。安定组主要为湖泊沉积环境，洛河组为河道、风成沙漠沉积环境。

1. 辫状河相

辫状河相主要发育在延安组下部和直罗组下部，可进一步划分为河道沉积、心滩沉积和泛滥平原亚相（图2.20）。延安组早期和直罗组早期的辫状河沉积出现于延长组顶部古风化壳之上的深切沟谷发育地带，砂体沉积速度快，离物源较近，粒度较粗，砂体在横向上连续性好，延安组底部多发育辫状河道。

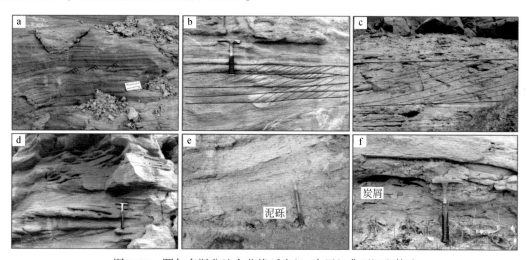

图2.20　鄂尔多斯盆地东北缘延安组-直罗组典型沉积构造

a. 平行层理及爬升沙纹层理（波状层理）；b. 小型板状交错层理；c. 大型斑状交错层理；d. 槽状交错层理；e. 河道底冲刷面及泥砾等滞留沉积；f. 直罗组下部河道底冲刷面发育大量炭屑

1）河道沉积

河道砂体是河流相的骨架砂体，底部常见侵蚀冲刷面，在横剖面上呈上平下凸的透镜状，由多层或单层中粗粒砂岩组成，反映水道迁移强烈。发育槽状交错层理、板状交错层理（图2.20b、d），楔状交错层理，有时底部为粒序层理，含泥砾、植物碎屑、炭屑等（图2.20e、f）。与延安组底部的砾质辫状河道相比，直罗组时期的砂质辫状河道的洪泛平原的范围增大，可出现泥炭沼泽沉积，形成局部可采煤层。

2）心滩沉积

主要由厚层的砂体构成。以侧向加积为主，垂向组成多个由粗到细的韵律，发育板状交错层理、槽状交错层理。

3）泛滥平原沉积

位于辫状河相沉积的顶部，以粉砂岩、泥岩为主，由于河道砂体之间的切割改造，细粒沉积多被移除，呈透镜状向两侧尖灭。在与上部曲流河相或三角洲相过渡部分，随着水动力的减弱，洪泛平原的范围增大，可出现泥炭沼泽沉积，局部形成可采煤层。

2. 曲流河相

主要发育在直罗组中上部，下部辫状河沉积之上。由于可容纳空间和沉积物补给量的变化，导致沉积物的保存程度、地层堆积样式及岩石结构发生变化，沉积相从辫状河过渡到曲流河，继而到洪泛平原泥岩沉积，砂体规模不断变小，泥岩规模不断增加。曲流河相可划分为河道沉积和河漫滩亚相，具典型的"二元结构"。

1）河道沉积

河道沉积是该体系的骨架部分，包括河床沉积和边滩沉积，其中河床沉积位于曲流河相沉积下部，为一套发育大型交错层理的粗砂岩、含砾粗砂岩，粒度向上变细，底部发育侵蚀冲刷面，含砾石等滞留沉积，在横剖面上呈上平下凸的透镜状；边滩（点砂坝、曲流砂坝）沉积主要形成于侧向加积，由倾斜的侧向加积砂岩层组成，发育低角度交错层理。

2）河漫滩沉积

形成于洪水泛滥期间河水溢出，沉积物主要为洪水带来的悬浮荷载，以粉砂岩、泥岩等细粒沉积为主，层理一般不发育，有时可见水平层理，在曲流河体系中占有较高的比例，由于此时气候干旱，普遍以暴露的紫红氧化色为主（图2.20a），植物不发育，有机质含量较低。通过露头观察，在其中可识别出决口扇砂体，稳定性较差，在泛滥平原细粒沉积物中呈席状、透镜状展布，上下界面比较平整，以细砂岩为主，发育小型斜层理、爬升层理及水平层理。

3. 三角洲相

湖泊三角洲相是河流进积到湖泊形成的陆源碎屑沉积体系，构成延安组的主体部分。发育在该组下部辫状河沉积之上，构成延安组中部和上部层位。可以自上而下可以划分为三角洲平原、三角洲前缘、前三角洲亚相，构成"细—粗—细"典型的三角洲相序结构。

1）三角洲平原

三角洲平原是三角洲的陆上部分，平面上它从河流大量分叉处到湖岸线。剖面上以分流河道砂体、天然堤和泥炭沼泽沉积为主，其中分流河道砂体粒度以中粗粒为主，发育交错层理；天然堤位于河道砂体两侧，主要为细砂岩与粉砂岩、泥岩互层，其中发育爬升沙纹层理（图2.20d）；泥炭沼泽分布于三角洲层序的上部和顶部，由泥岩、粉砂岩和煤层组成，下部发育大量垂直生长的植物根化石，即根土层，根土层之上发育煤层或煤线（图2.20f）。

2）三角洲前缘

三角洲前缘是三角洲水下的主体部分，整体上表现为向湖方向倾斜、变薄的楔状体，是三角洲最活跃的沉积中心，剖面上可识别出水下分流河道、分流河口坝、河口坝席状砂、远砂坝等沉积微相，以分流河口砂坝与水下分流河道砂体构成的互层为主体，在垂向上表现为向上变粗的序列，即由前缘的远端部分过渡到近端部分，构成一个完整的进积序列。在剖面上，三角洲前缘（分流河口坝和水下分流河道砂体）发育的规模和粒度有明显变化，可以反映出水深的变化。延安组中下部以中-细粒砂岩为主，河道砂体在横向上迁移叠置，反映水体较浅；中上部以粉砂岩-泥质粉砂岩为主，远砂坝的细粒沉积明显增多，代表水体加深；上部层位则介于两者之间，整体表现为从湖盆到湖盆萎缩的发展过程。

3）前三角洲

前三角洲位于三角洲前缘的前方，以深灰色泥岩、粉砂质泥岩为主，发育粒序层理和水平层理，与三角洲前缘下部远砂坝沉积呈过渡关系。由于水深不同，发育程度不一致，在中部SQ3层序中厚度达到最大。该层位前三角洲泥岩中发育有大量的双壳类化石

（*Ferganoconchasibirica*），其上粉砂岩中发育大量保存完好的蕨类化石（*Cladophlebis cf. asiataca* How et Yeh；*Coniopterishymenophylloides* Brongn；*Czekanowskiarigida* Heer 等），指示为浅湖–半深湖环境。

4. 湖相

浅湖、湖相沉积主要发育在安定组中部及直罗组上部、延安组中部。分布在盆地中部的延安以西、吴起、靖边、庆阳、黄陵以北广泛地区。岩性主要为底部油页岩、中下部为泥灰岩夹泥岩，上部紫红色泥岩夹泥灰岩、粉砂岩等，发育水平层理和粒序层理，盆地具有典型的湖相沉积序列，发现有安定鱼、介形虫、孢粉等化石。

5. 沙漠相

沙漠相沉积是鄂尔多斯盆地白垩系洛河组的典型沉积（谢渊等，2005），以发育特征的巨型交错层理为特征，盆地内分布面积广，沉积厚度相对稳定，常与旱谷砂砾岩构成连续沉积序列。

（七）东北缘重点地区含铀岩系放射性异常特征

东北缘塔然高勒地区通过筛选煤田钻孔测井资料，发现229个放射性异常钻孔。自然伽马强度值较高，大部分钻孔的自然伽马值大于700API，最高值可达6000余API，异常厚度大于2m的有100余个。放射性异常钻孔形态连片、成带特征明显，规模较大（图2.21）。中部异常总体呈南北向展布，东部纳岭沟地区异常形态呈北东向和东西向展布，与纳岭沟矿床的矿体形态相对吻合；由于本书未收集到纳岭沟矿床的铀矿钻孔资料，异常厚度无法真实体现纳岭沟矿床的矿体厚度特征。异常的规模可以说明该地区具有非常好的铀矿找矿前景。

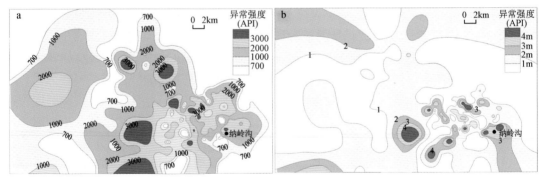

图2.21　鄂尔多斯盆地东北缘塔然高勒地区放射性异常强度图（a）和异常厚度图（b）

二、盆地东南缘

（一）盆地东南缘区域地质背景

鄂尔多斯盆地南缘构造上主要是伊陕斜坡南部与渭北隆起北缘构造斜坡带内。其中渭北隆起现今的构造地貌为一近东西向展布，略向东南呈弧形突出，并具有相对隆起的地貌特征，中生代晚期开始隆起，新生代以后渭河断陷下沉，渭北隆起进一步翘起抬升。经历多期次构造运动，遭受过强烈的剥蚀改造，中生代地层残缺不全。

南缘区中生代地层在横向和纵向上发育差异较大，黄土覆盖面广，基岩出露差，仅在主要水系及其支沟两侧出露有侏罗系（J）、白垩系（K）。地层倾向北西–北，倾角平缓，一般 3°～4°。自下往上依次为上三叠统延长组（T_3y）细碎屑岩、中侏罗统延安组含煤碎屑岩及直罗组河流相碎屑岩。下白垩统志丹群直接不整合覆盖在直罗组之上，为一套氧化环境下形成的紫红色、橘红色块状粗中粒砂岩。其中延安组是区内重要的含煤层系，直罗组是主要赋矿层位。

（二）东南缘含铀岩系地层特征

根据该组地层结构、岩性–岩相特征，侏罗系中统直罗组可划分为上段（J_2z^2）和下段（J_2z^1）。

（1）直罗组下段（J_2z^1）：为赋矿层位，俗称七里镇砂岩，全区稳定分布。为温暖潮湿古气候条件下的河流相沉积，厚约 37～94m。根据其岩性–岩相和韵律特征进一步划分为直罗组下段下亚段（J_2z^{1-1}）和直罗组下段上亚段（J_2z^{1-2}）（图 2.22）。

（2）侏罗系中统直罗组下段下亚段（J_2z^{1-1}）：下亚段与延安组冲刷接触，为沉积早期在潮湿气候环境下的砂质辫状河沉积体系，相当于Ⅰ—Ⅲ韵律层，厚度约 32～81m。该段主要岩性为灰、灰白色中粗粒砂岩，局部夹有透镜状的砾岩薄层。中粗粒结构，碎屑成分以石英、长石为主，次为岩屑、云母及副矿物等。碎屑物分选性较差，磨圆度为次棱角状。泥质胶结为主，次为硅质胶结、铁质胶结。岩石固结程度为致密。岩石透水性弱。富含碎屑状、细线状、条带状、煤块状等有炭化植物碎片。黄铁矿化发育，多呈微粒状散布于砂岩中，局部亦呈团块状与炭屑、泥砾共生。局部地段见"油砂"，砂体为大型复合河道沉积，由 1～3 个韵律层组成，具大型块状层理、槽状斜层理、板状斜层理等。

（3）侏罗系中统直罗组下段上亚段（J_2z^{1-2}）：上亚段为沉积中期在潮湿气候环境下的一套曲流河沉积体系，相当于目的层Ⅳ—Ⅵ韵律层，厚度为 11～39m。主要岩性为褐、浅黄、灰绿、绿灰色中、细粒砂岩，顶部间夹粉砂岩、泥岩。岩石分选性较好，磨圆度为次圆状，泥质胶结为主，次为钙质胶结，不含有机质。见水平层理、块状层理及小型的交错层理等。

（4）侏罗系中统直罗组上段（J_2z^2）：上段为沉积晚期的干旱湖泊及曲流河沉积体系，为干旱气候条件下的杂色沉积，厚度为 50～105m。中上部为紫红、棕红色泥岩、粉砂质泥岩及粉砂岩互层，间夹红褐色中细粒长石石英砂岩透镜体，多含薄层石膏夹层，底部可见灰、灰绿色泥岩、粉砂岩。砂岩与粉砂岩、泥岩组成多个砂岩–泥岩的二元结构，曲流河特征明显，上部泥岩厚度增加，且多为紫红色，为洪泛沉积。该组以氧化环境为主，未发现铀矿化。

（三）东南缘含铀岩系顶底板构造

南缘地区的直罗组下段地层起伏变化较大，总体表现为东南高，西北低，东南部最高

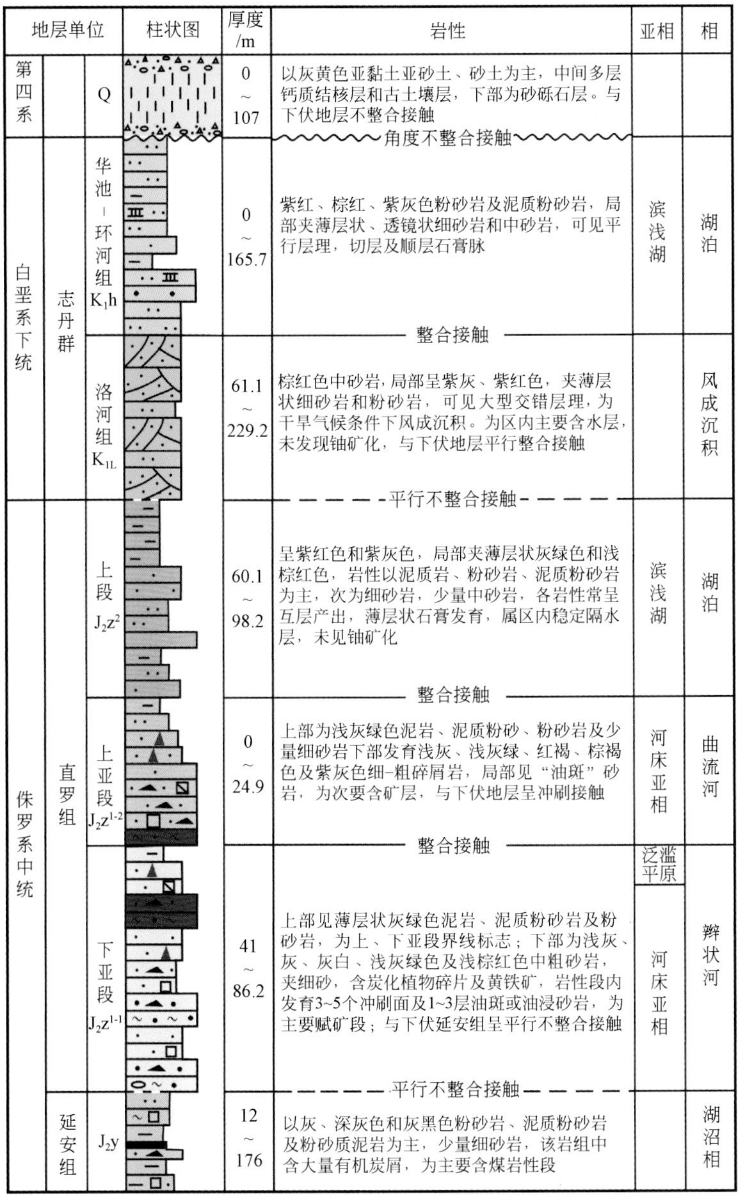

地层单位			柱状图	厚度/m	岩性	亚相	相
第四系		Q		0～107	以灰黄色亚黏土亚砂土、砂土为主，中间多层钙质结核层和古土壤层，下部为砂砾石层。与下伏地层不整合接触		
					—————角度不整合接触—————		
白垩系下统	志丹群	华池-环河组 K₁h		0～165.7	紫红、棕红、紫灰色粉砂岩及泥质粉砂岩，局部夹薄层状、透镜状细砂岩和中砂岩，可见平行层理，切层及顺层石膏脉	滨浅湖	湖泊
					—————整合接触—————		
		洛河组 K₁L		61.1～229.2	棕红色中砂岩，局部呈紫灰、紫红色，夹薄层状细砂岩和粉砂岩，可见大型交错层理，为干旱气候条件下风成沉积。为区内主要含水层，未发现铀矿化，与下伏地层平行整合接触		风成沉积
					——————平行不整合接触——————		
侏罗系中统	直罗组	上段 J₂z²		60.1～98.2	呈紫红色和紫灰色，局部夹薄层状灰绿色和浅棕红色，岩性以泥质岩、粉砂岩、泥质粉砂岩为主，其次为细砂岩，少量中砂岩，各岩性常呈互层产出，薄层状石膏发育，属区内稳定隔水层，未见铀矿化	滨浅湖	湖泊
					—————整合接触—————		
		上亚段 J₂z¹⁻²		0～24.9	上部为浅灰绿色泥岩、泥质粉砂、粉砂岩及少量细砂岩下部发育浅灰、浅灰绿、红褐、棕褐色及紫灰色细-粗碎屑岩，局部见"油斑"砂岩，为次要含矿层，与下伏地层呈冲刷接触	河床亚相	曲流河
					—————整合接触—————	泛滥平原	
		下亚段 J₂z¹⁻¹		41～86.2	上部见薄层状灰绿色泥岩、泥质粉砂岩及粉砂岩，为上、下亚段界线标志；下部为浅灰、灰、灰白、浅灰绿色及浅棕红色中粗砂岩，夹细砂，含炭化植物碎片及黄铁矿，岩性段内发育3～5个冲刷面及1～3层油斑或油浸砂岩，为主要赋矿段；与下伏延安组呈平行不整合接触	河床亚相	辫状河
					——————平行不整合接触——————		
	延安组 J₂y			12～176	以灰、深灰色和灰黑色粉砂岩、泥质粉砂岩及粉砂质泥岩为主，少量细砂岩，该岩组中含大量有机炭屑，为主要含煤岩性段		湖沼相

图2.22　盆地东南缘（黄陵地区）地层综合柱状图

1400多米，西北部最低300m左右（图2.23b、c）。含矿含水层顶板由中侏罗统直罗组下段砂-泥沉积体及直罗组上段泥砂互层联合构成，总体表现出较好的区域稳定性和隔水性；顶板标高为800～2200m，其中东部焦坪-建庄为隆起区，北部和西部低洼，隆起带轴部延伸方向为北东向；矿含水层底板为中侏罗统延安组，属含煤细碎屑岩建造河沼相沉积，底板标高为600～1400m，构造形态与顶板较为相似，东部焦坪地区的隆起范围相对减小。目前区域上已发现的铀矿床、矿点主要分布于渭北隆起带西侧，说明矿体的展布与正向构造的斜坡带空间关系密切。

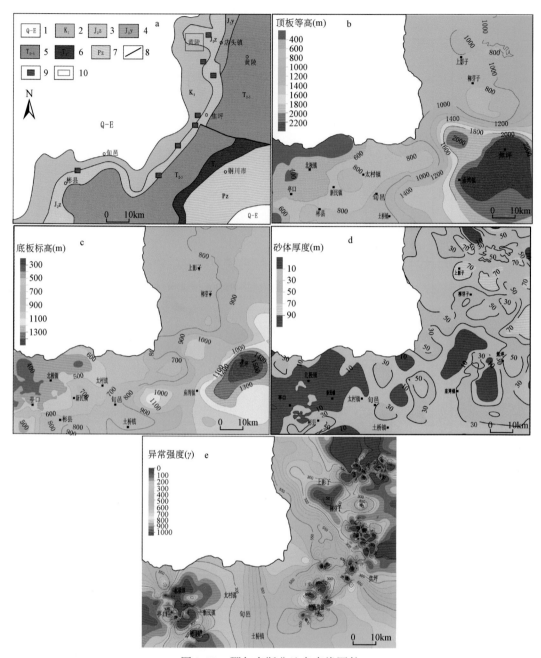

图 2.23　鄂尔多斯盆地东南缘图件

a. 盆地东南缘地质简图，1. 第四系—古近系；2. 下白垩统；3. 中侏罗统直罗组；4. 中侏罗统延安组；5. 中、上三叠统；6. 下三叠统；7. 古生界；8. 断层；9. 砂岩型铀矿（化）点；10. 黄陵研究区范围。b. 直罗组下段顶板等高线图。c. 直罗组下段底板等高线图。d. 直罗组下段砂体等厚度图。e. 直罗组下段自然伽马异常强度图

（四）东南缘含矿含水层空间展布特征

东南缘主要找矿目的层为直罗组，以河流相沉积为主，下部岩性主要为绿、灰色砂

岩、砂砾岩夹泥岩，为河流相沉积；上部为紫红色泥岩与灰绿色砂岩互层，为洪泛平原及曲流河沉积。厚10~120m，其中，直罗组下段为主要的含矿目的层，辫状河砂体沉积体系为区内重要含矿砂体，砂体形态呈层状、似层状，在研究区分布较稳定。研究区内砂体厚度一般5~90m，平均厚度约45m，总体呈现东北厚西南薄（图2.23d）。

（五）东南缘直罗组放射性异常特征

东南缘放射性异常层位主要为直罗组下段，异常的展布呈北东–南西向，与渭北隆起带的延伸方向相对一致；其中东北部黄陵–双龙地区的异常呈近东西向，异常强度大于1000γ的面积近$100km^2$，由于该地区的煤田钻孔自然伽马测井本底值较高，因此不能以100γ作为潜在铀矿化的判别指标。建庄–庙湾一带的放射性异常呈北东向，主要分布与建庄隆起的西侧；彬县–北极地区的放射性异常呈椭圆状分布，主要分布于新民镇和亭口之间（图2.23e）。

三、盆地西缘

（一）盆地西缘区域地质背景

西缘冲断带是鄂尔多斯盆地的重要构造单元之一，在中生代表现为拗陷，新生代以来表现为自西向东的逆冲，总体呈南北向展布，东西宽50~200km，南北长达600km，面积约$6000km^2$。宁东铀矿区位于西缘冲断带中段的马家滩–甜水堡地段。区内构造较为复杂，由一系列走向北北西或近南北向的宽缓褶皱群及与之相伴的断层组成，反映了该区多期次构造运动的特点。该带南北向构造特征也不相同。北部以褶皱为主，断层稀少；向南断层普遍发育，破坏了褶曲的完整性（图2.24）。

褶皱控制着含矿含水层的分布及形态特征，断裂构造影响了含矿含水层的完整性及水动力特征。褶皱、断裂构造控制着层间氧化带的形成与发育，也控制着铀矿化的富集及形态展布。

褶皱：发育由三叠系、侏罗系组成的背斜六个、向斜四个。从西往东有烟墩山向斜、沈家庄杨庄背斜、叶庄子小沙湾子向斜、积家井甜水堡背斜、海子湖贺家瑶向斜、周家沟于家梁背斜、尖儿庄子背斜、长梁山马家滩向斜和鸳鸯湖冯记沟背斜。

断层：发育主要断层有18条，其中烟墩山断层、上台子断层和马柳断层为一级逆断层，是该区的主干断裂，烟墩山断层及马柳断层中间地带为磁窑堡–大水坑断陷，该断陷为该区的主要成矿带。

盆地西缘的结晶基底，为前古元古代变质岩系，由麻粒岩相、角闪岩相的变质岩和花岗岩组成，大部分上覆盖层数千米，仅在盆地西部的贺兰山中北段与内蒙古的桌子山一带出露于地表。

盆地的新元古界和古生界基底在盆地西部有不同程度的出露，可直接为盆地盖层沉积提供丰富的沉积物源和铀源。盖层主要由三叠系、侏罗系、白垩系、古近系、新近系和第四系组成。三叠系为盆地西缘重要的油气储层，侏罗系为主要的含煤层及含铀层，白垩系含铀次之（图2.25）。

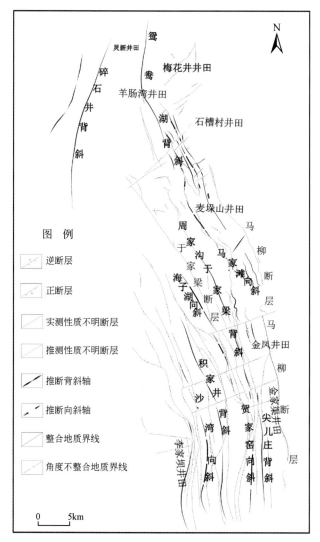

图 2.24　盆地西缘构造纲要图

（二）西缘含铀岩系地层特征

侏罗系在该区分布广泛，见有中、上统，从下到上依次为延安组、直罗组、安定组。其中延安组以含煤细碎屑岩沉积为主，是含煤主要层位，也是含铀目的层之一。直罗组位于延安组之上，埋深适中，以河流相沉积为主，是该地区主要找矿目的层（图 2.26）。

1. 中侏罗统延安组（J_2y）

为本区主要含煤岩系，也是铀矿勘查的对象之一。据钻孔揭露，最小厚度为250.23m，最大厚度为429.09m，平均厚度356.61m。与下伏三叠系上田组呈角度不整合接触。延安组为一套河流-湖泊三角洲-内陆湖泊相沉积体系。岩性主要由灰、灰白色不同粒度的长石石英砂岩，灰、灰黑色粉砂岩、泥岩、碳质泥岩和煤组成，底部为一套浅白、白色，局部黄色夹红斑的粗砂岩、含砾粗砂岩。

年代地层					厚度/m	柱状图	沉积相类型	层序地层		构造层				沉积矿产	盆地类型
界	系	统	群或组	代号				超层序	层序	构造事件/Ma	构造层名称	构造线方向	构造变动特征		
新生界	新近系	上新统	平河沟	N_2g	>223	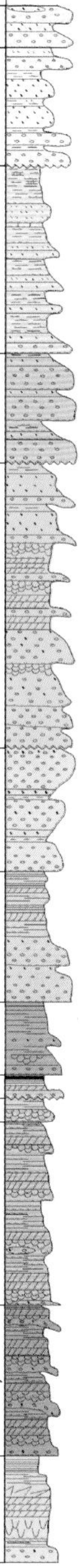	辫状河曲流河	V	V-1	4.8±0.9	燕山构造层 / VII构造层	NW、EW-NW	地堑或断陷,小型平缓开阔褶皱,晚期逆冲断裂		地堑或断陷-拗陷盆地
		中新统	红柳沟组	N_1h	>612		河流			9.1±4.4 / 18.8±4.4					
	古近系	渐新统	清水营组	E_3q	>700		扇三角洲	IV	IV-1		VI构造层	NW、EW-NW	地堑或断陷或拗陷,中小型平缓开阔柱状褶皱	石膏、芒硝等	
		始新统	寺口子组	E_2s	567		扇三角洲			54.9±8.9					
中生界	白垩系	下统	庙山湖组	K_1ms	1473		冲积扇-河湖	III	III-1		燕山构造层 / V构造层	NNE	前陆盆地或断陷,中小型平缓开阔圆柱桶状褶皱	砂岩型铜矿、石膏、芒硝、油页岩	内陆断陷-拗陷盆地
	侏罗系	上统	芬芳河组	J_3ff	>640		冲积扇	II	II-2	147.2±2.3	IV构造层		挤压褶皱、滑脱推覆		
		上统	安定组	J_3a	>675		河湖	II	II-1		III构造层	SH-NE / NNE-NE	中小型平缓开阔圆柱状褶皱	石油、油页岩、铁	内陆断陷-拗陷盆地
		中统	直罗组	J_2z	296		河湖							煤、铀矿、石油、油页岩、石膏	
		延安组		J_2y	120		冲积扇河湖							煤、石油	
		上统	上田组	T_3s	>124		辫状河							煤	
	三叠系	上统	大风沟组	T_3d	946		辫状河	I	I-2	223.6	印支期构造层 / II构造层	NNW / EW-WWN	挤压褶皱,中小型平缓闭合圆柱状褶皱	煤、石油、铀矿	克拉通内部拗陷和边缘拗陷盆地
		中统	二马营组	T_2e	>780		内陆辫状河		241~193					煤炭、石油	
古生界	二叠系	下统 上统	石千峰群	P_3-T_1S	>550		辫状河		I-1		I构造层	NNW	陆相伸展拗陷	含铜砂页岩	

图2.25 西缘地区地层综合柱状图

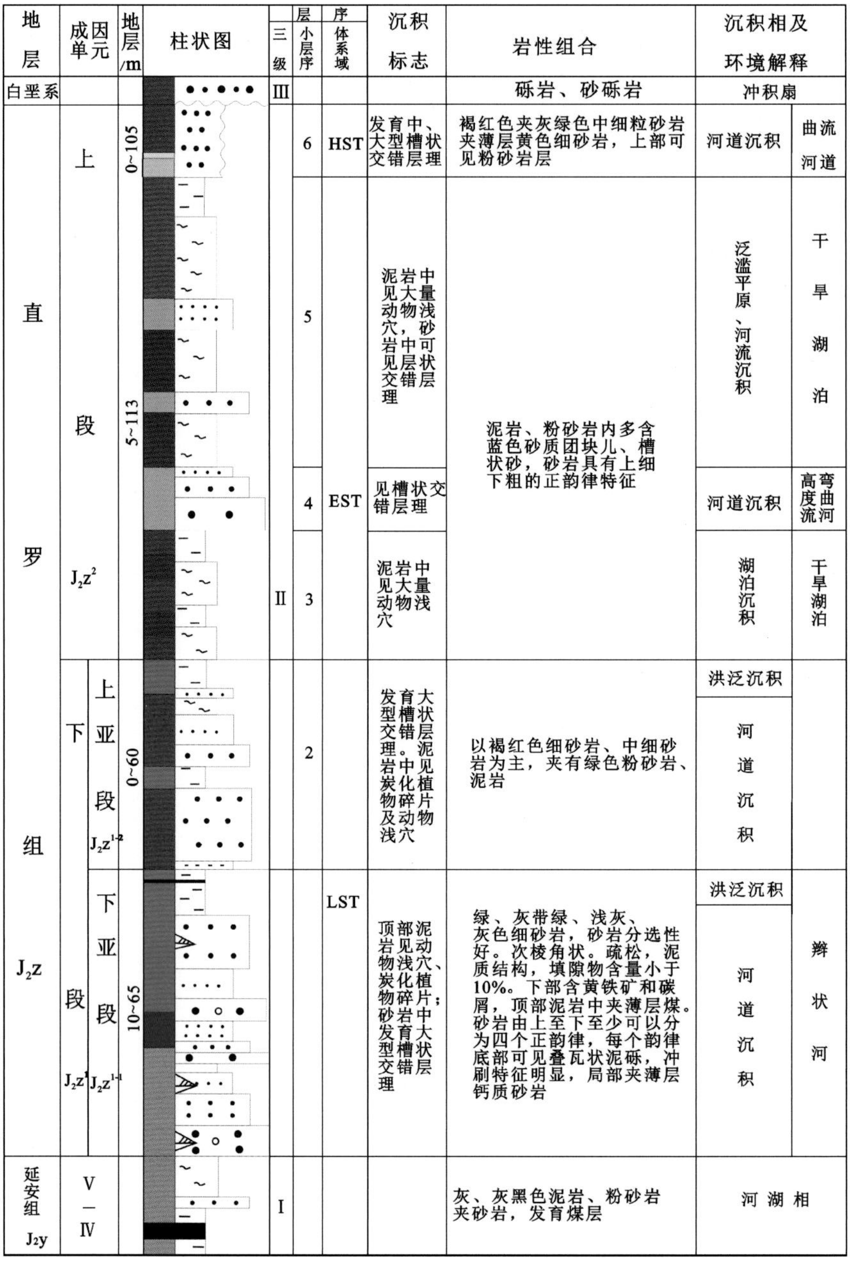

地层	成因单元		地层/m	柱状图	三级	层小层序	序体系域	沉积标志	岩性组合	沉积相及环境解释	
白垩系					III				砾岩、砂砾岩	冲积扇	
直罗组 J₂z	上段		0~105			6	HST	发育中、大型槽状交错层理	褐红色夹灰绿色中细粒砂岩夹薄层黄色细砂岩，上部可见粉砂岩层	河道沉积	曲流河道
			5~113			5		泥岩中量见动物浅穴，砂岩中见层状交理		泛滥平原、河流沉积	干旱湖泊
					II	4	EST	见槽状交错层理	泥岩、粉砂岩内多含蓝色砂质团块儿、槽状砂，砂岩具有上细下粗的正韵律特征	河道沉积	高度弯曲流河
	J₂z²					3		泥岩中见大量动物浅穴		湖泊沉积	干旱湖泊
	下段	上亚段 J₂z¹⁻²	0~60			2		发育大型槽状交错层理。泥岩中见植物炭化碎片及动物浅穴	以褐红色细砂岩、中细砂岩为主，夹有绿色粉砂岩、泥岩	洪泛沉积	
										河道沉积	
	J₂z	下亚段 J₂z¹ J₂z¹⁻¹	10~65				LST	顶部泥岩中见动物浅穴植物炭化碎片中大型槽状交错层	绿、灰带绿、浅灰、灰色细砂岩，砂岩分选性好。次棱角状。疏松，泥质填隙物含量小于10%。下部含黄铁矿和碳屑，顶部泥岩中夹薄层煤。砂岩自上至下至少可以分为四个正韵律，每个韵律底部可见叠瓦状泥砾，冲刷特征明显，局部夹薄层钙质砂岩	洪泛沉积	
										河道沉积	辫状河
延安组 J₂y	V—IV				I			泥动物浅穴植物炭化碎片砂育型槽交错	灰、灰黑色泥岩、粉砂岩夹砂岩，发育煤层	河湖相	

图 2.26　西缘冲断带含矿岩系综合柱状图

2. 中侏罗统直罗组（J₂z）

该区最小厚度 336m，最大厚度 495m，平均厚度约 431.1m。与下伏延安组呈整合接触。其沉积环境为温湿向干旱演化的过程，早期主要为河流相沉积，晚期为湖泊相沉积，岩相变化相对稳定。其中直罗组下段根据沉积过程中不同阶段的沉积特点及其岩性结构，可进一步分为上亚段（J₂z¹⁻²）和下亚段（J₂z¹⁻¹）。直罗组已发现多层铀矿化，其下段下部砂岩铀矿化最为发育，为主要找矿目的层。

直罗组上段岩性为土黄、绿、绿含紫斑、紫红含绿斑、紫红、红褐色粉砂岩、细粒砂岩为主，夹薄层长石石英中砂岩、泥岩，是在干旱、半干旱古气候环境下沉积而成，属高曲率曲流沉积体系，洪泛平原沉积发育，岩性组合为沙泥互层结构，曲流河沉积"二元结构"特征明显。砂体以厚度10m左右的细砂岩为主。

上亚段为低曲率曲流河沉积体系，相变大，分布较局限，同样具有洪泛平原沉积发育，"二元结构"明显，砂泥互层频繁出现等特点。局部有铀矿化显示，是找矿的次要目的层。以灰绿、灰绿含紫斑的粉砂岩、细砂岩为主，夹薄层中砂岩。

下亚段为潮湿环境下的砂质辫状河沉积体系，表现为砂体多出现在深切谷的位置，具有填平补齐的沉积特征，在垂向上由多个从粗砂到细砂、粉砂、泥岩的韵律层叠置而成，呈泛连通的网络状，是区内主要的铀矿化层。为浅灰、灰白、灰绿色。底部有厚度30～160m的含砾长石石英砂岩。

（三）西缘含铀岩系顶底板构造

鄂尔多斯盆地西缘宁东地区直罗组下段地层顶板、底板标高总体反映了北北西或近南北向的宽缓褶皱群构造特征，由于受中、新生代逆冲断裂带影响发生褶皱，其中北部瓷窑堡和南部尖儿庄子地区的顶底板标高为1100～1300m，中部马家滩地区的顶底板标高为900～1200m，显示中部马家滩地区直罗组下段地层顶板、底板偏低，马家滩地区表现为南北向背斜带的鞍部特征。可以看出瓷窑堡、麦垛山、马家滩、叶庄子等地区分布的铀矿床、矿点主要分布于南北向褶皱带的轴部和两翼，说明该地区褶皱控制着铀矿体的分布及形态特征（图2.27）。

（四）西缘含矿含水层空间展布特征

通过对砂体厚度、砂地比值的统计，采用优势相编图法编制了直罗组各层段及安定组的沉积相图及砂体展布图。

1. 直罗组下段下亚段沉积相及环境

直罗组下段下亚段发育辫状河沉积，有河道充填、泛滥平原、心滩等沉积微相。该期调查区内共发育三条辫状河河道。其中石沟驿–叶儿庄为主河道方向。主河道在马家滩一带发生分叉，沿张家圈方向向东继续延伸。河道宽度大、弯度低，砂地比大多大于80%，在河道中心砂地比大于90%，甚至可达100%。另外在调查区北部发育两条次河道，河道宽度较小，砂地比值大于70%，河道自西向顾家圈方向延伸。两条次河道在张家圈一带发生交汇，河道宽度加大，继续向东、东南延伸（图2.28）。

沉积相带控制砂体的发育程度。位于主河道中砂体非常发育，砂体呈连续板状。最厚处在zk13-1井附近，砂厚可达208.6m。平均砂体厚度110.7m。主河道中砂厚数值多分布在100m以上。位于北部的两条次河道中的砂体厚度略小于主河道中的砂厚，其数值大多分布在80m左右，而主河道两侧靠近高地部位属于泛滥平原相的砂体的厚度明显减少。整个砂体沉积范围约占该区的70%。

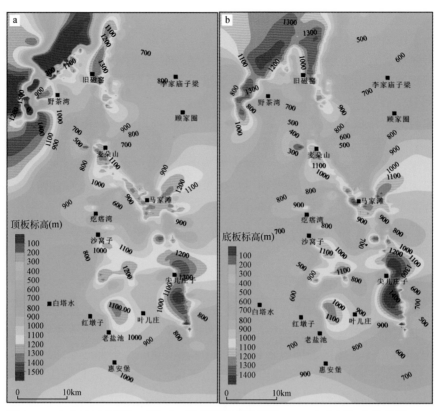

图 2.27　宁东地区直罗组下段下亚段顶板标高等值线（a）和底板标高等值线（b）

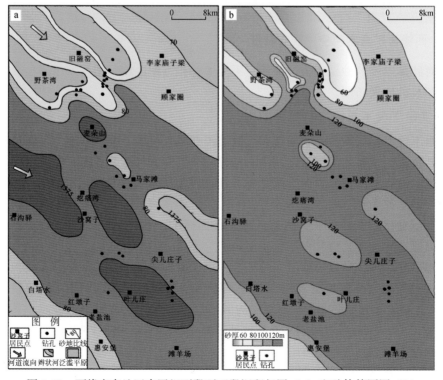

图 2.28　西缘宁东地区直罗组下段下亚段沉积相图（a）和砂体等厚图（b）

2. 直罗组下段上亚段沉积相及环境

直罗组下段上亚段发育曲流河沉积，有河道充填、河漫滩及边滩等沉积微相。该区内主要发育一条曲流河主河道。河道沿磁窑堡–麦朵山–疙瘩湾–叶儿庄–滩羊场一带向东、东南延伸。河道呈现多弯道，弯曲度较大。河道宽度最宽可达30m。河道发育处砂地比大于30%，河道中心处砂地比大于50%，砂地比最大在叶儿庄东部一带可达95%以上。在该区东北部、西南部发育河漫滩沉积（图2.29）。

直罗组下段上亚段砂体沿磁窑堡–麦朵山–疙瘩湾–叶儿庄–滩羊场一带展布。与直罗组下段下亚段相比，砂体明显减薄，砂体规模发育变小。主河道对应砂体厚度一般大于30m，河道中心位置砂厚一般大于50m，最厚可达94.8m。砂体在马家滩一带遭受了小范围的剥蚀。整个砂体沉积范围约占该区60%。

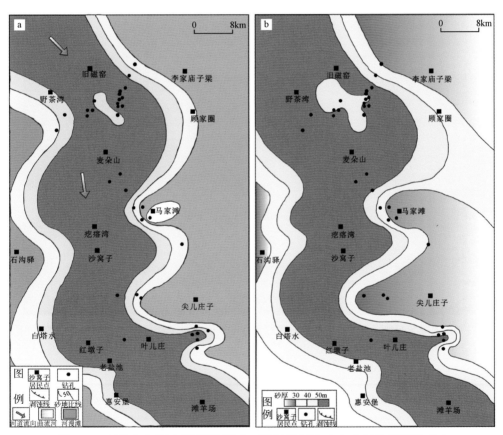

图2.29　西缘宁东地区直罗组下段上亚段沉积相图（a）和砂体等厚图（b）

（五）含铀岩系放射性异常特征

西缘宁东地区通过筛选煤田钻孔测井资料，发现该地区自然伽马强度值较高，放射性异常形态从瓷窑堡–麦垛山–马家滩–叶庄子呈近南北向展布，异常连片、成带特征明显，伽马异常强度大于14Pa/kg的面积较大（图2.30），其中北部、中部的异常强度及异常厚度相对南部地区偏大，显示北部、中部的找矿空间更大，这一认识已通过近几年的铀矿调查得到证实，而南部惠安堡地区收集的煤田钻孔较少，异常形态未能呈现前人发现的惠安堡矿床形态。总体上，宁东地区自然伽马放射性异常的分布与区域上南北向背斜带较一致，进一步说明该地区的铀矿富集与褶皱空间关系密切。

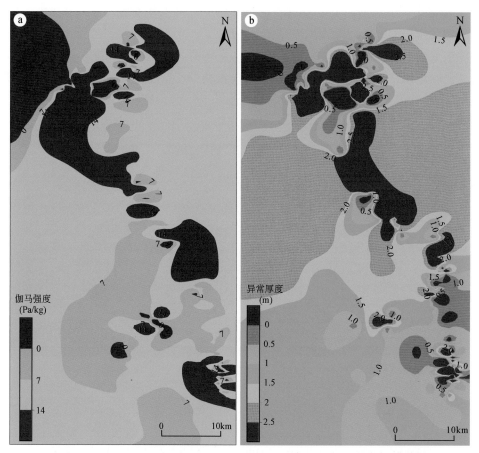

图 2.30   西缘宁东地区直罗组下段放射性异常强度等值线图（a）和异常厚度等值线图（b）

四、盆地西南缘

（一）盆地西南缘区域地质背景

范围涉及平凉市华亭县、崇信县、泾川县、灵台县及庆阳市正宁县、宁县、环县等的部分行政地区，构造区划涉及鄂尔多斯盆地渭北隆起、西缘逆冲带、天环向斜等二级构造单元（图 2.31）。

盆地西南缘陆相中、新生代沉积地层发育齐全，总厚度在 5000m 以上，以河流–湖泊相沉积为主。发育的盖层包括中生界的三叠系（T）、侏罗系（J）、下白垩统（K_1）和新生界的古近系（E）、新近系（N）及第四系（Q），各地层在横向和纵向上发育差异较大，

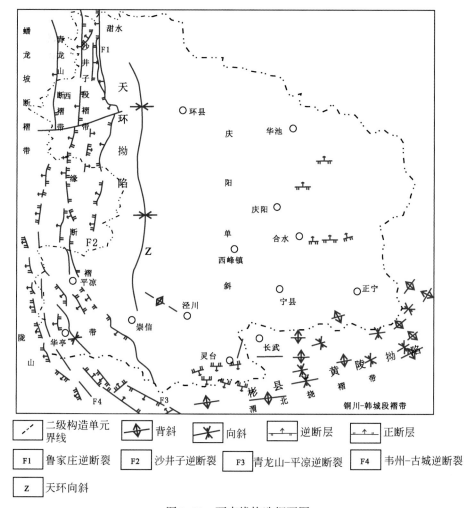

图 2.31　西南缘构造纲要图

其中三叠系、侏罗系和下白垩统是盆地沉积的主体，而侏罗系和下白垩统是该地区的主要找矿目的层。主要特征如下：

1. 三叠系

主要为一套红色碎屑岩建造，主要在调查区外南部出露。包括下三叠统刘家沟组及和尚沟组、中三叠统纸坊组及上三叠统延长组。

2. 侏罗系

主要是河流湖泊相沉积的陆源碎屑建造，包括中侏罗统延安组、直罗组及上侏罗统安定组和芬芳河组。区内下侏罗统富县组大部分地区缺失。

富县组（J_1f）：富县组为印支运功后填平补齐的产物，分布甚为零星。宁县、崇信和环县有零星分布。此次调查工作未钻遇，煤田资料环县工作区北部有揭露，与下伏三叠统瓦窑堡组为平行不整合接触。

延安组（J_2y）：分布很广，在西缘分区分布于华亭–崇信一带、环县和调查区外北

60km 的甜水堡等煤产地，在盆地内几乎全区分布。岩性主要为灰、灰黑色粉砂岩、泥岩及浅灰、灰白色砂岩，中夹碳质泥岩及煤层。底部往往武存有厚煤层或特厚煤层，局部夹油页岩，富含 *Equisetiteslateralis Phillps*（侧生似木贼）等植物化石及孢粉化石，有少量双壳类、鱼类化石。崇信一带一般厚 95～296m，环县沙井子一带厚 103～285m。延安组与下伏富县组平行不整合接触。

直罗组（J_2z）：岩性为灰绿、灰、紫红色等杂色粉砂岩、泥质粉砂岩及砂质泥岩，中夹细砂岩，底部为灰白色含砾粗砂岩，含植物及孢粉化石。西缘分区厚 150～669m，南薄北厚，在调查区内厚度较薄，平均厚度在 50m 左右。与下伏延安组为平行不整合接触。

安定组（J_2a）：与延安组相比其分布范围稍有萎缩，西缘分区岩性为灰褐、紫、紫红、灰黄色等杂色泥岩（多呈团块状，称疙瘩状泥岩）、粉砂质泥岩夹砂岩，上部夹白云质泥灰岩、泥灰岩及石灰岩，残余厚度 56～493m，南薄北厚，安定组含介形类及孢粉化石与下伏直罗组为整合接触。

芬芳河组：主要分布于盆地西缘的前陆拗陷内，主要为一套洪积、坡积的棕红、紫灰色块状砾岩、巨砾岩夹少量棕红色砂岩、泥质粉砂岩，分选、磨圆均较差。该套沉积具有西厚东薄的特征，厚 100～200m，并向东逐渐尖灭。

3. 白垩系（K）

侏罗纪末期的燕山运动使鄂尔多斯盆地周缘上升，在盆地西缘内沉积了下白垩统，主要为干旱气候条件下的冲积扇河流湖泊相沉积。在盆地内称志丹群，在六盘山地区称六盘山群，与志丹群各组相对应，该地区大部分地层归六盘山群，小部分地段下白垩统归入志丹群。

六盘山群（K_1l）：

第一组（K_1l^1）：即三桥组，与东部罗汉组相当，零星出露。下部为暗紫色砾岩夹紫色粗砂岩，上部为黄绿色砾岩夹粗砂岩和浅绿、紫色砂质泥岩。局部地层为紫色砂质泥岩、浅绿色砂岩夹灰绿色砾岩，地层平均厚度 250 余米，与上覆第二组持续沉积。

第二组（K_1l^2）：即和尚铺组，与东部罗汉组泾川组、泾川组下部相当，全区部分地区有出露。下部为绿灰色砂质泥岩、粉砂岩类夹同色粗砂岩和紫红色砂质泥岩，中部以紫红色砂质泥岩为主，夹黄绿色粗砂岩，上部为浅绿、黄绿色砂质泥岩、泥质夹同色粉砂岩，平均厚度 200m 左右，与上覆新近系和第四系呈角度不整合接触。

4. 新近系（N）

干河沟组（N_2g）：与下伏地层角度不整合接触，与上覆第四系呈不整合接触。底部为灰、灰红色厚层状砾岩，下部为灰白、灰黄色砂砾岩，上部为橘黄、橘红色砂质泥岩、泥岩，间夹细砾岩、含砾砂岩透镜体。

5. 第四系（Q）

主要为冲积、洪积、坡积和残积等沉积物。不整合于一切老地层之上。

（二）西南缘含铀岩系地层特征

盆地西南缘中、新生代陆相沉积地层发育齐全，总厚度在 5000m 以上，以河流-湖泊相沉积为主。包括三叠系（T）、侏罗系（J）、下白垩统（K_1）、古近系（E）、新近系（N）

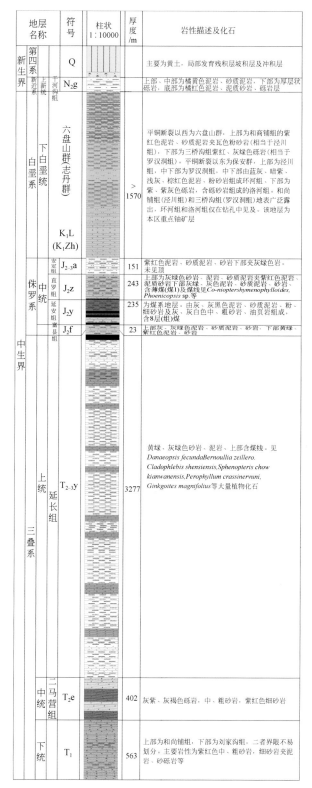

地层名称				符号	柱状 1:10000	厚度/m	岩性描述及化石
新生界	第四系			Q			主要为黄土，局部发育残积层坡积层及冲积层
	新近系	上新统	干河沟组	N₂g			上部、中部为橘黄色泥岩、砂质泥岩，下部为厚层状砾岩，底部为橘红色泥岩、泥质砂岩、砾岩层
中生界	白垩系	下白垩统	六盘山群(志丹群)	K_1L (K_1Zh)		>1570	平铜断裂以西为六盘山群，上部为和尚铺组的紫红色泥岩、砂质泥岩夹瓦灰色粉砂岩(相当于泾川组)，下部为三桥沟组紫红、灰绿色砾岩(相当于罗汉洞组)。平铜断裂以东为保安群，上部为泾川组，中下部为罗汉洞组，中下部由蓝灰、暗紫、浅灰、棕红色泥岩、粉砂岩组成环河组、下部为紫、紫灰色砾岩，含砾砂岩组成的洛河组。和尚铺组(泾川组)和三桥沟(罗汉洞组)地表广泛露出，环河组和洛河组仅在钻孔中见及。该地层为本区重点铀矿层
	侏罗系	中统	安定组	$J_{2-3}a$		151	紫红色泥岩、砂质泥岩、砂岩下部夹灰绿色岩。未见顶
			直罗组	J_2z		243	上部为灰绿色砂岩、泥岩、砂质泥岩夹紫红色泥岩、泥质砂岩下部灰绿、灰色泥岩、砂质泥岩、砂岩、含薄煤(煤1)及煤线见Co-nioptershymenophylloides, Phoenicopsis sp.等
			延安组	J_2y		235	为煤系地层。由灰、灰黑色泥岩、砂质泥岩、粉-细砂岩及灰、灰白色中、粗砂岩、油页岩组成，含8层(组)煤
			富县组	J_2f		23	下部灰、灰绿色砂岩、砂质泥岩、砂岩，下部黄绿、紫红色泥岩、砂岩
	三叠系	上统	延长组	$T_{2-3}y$		3277	黄绿、灰绿色砂岩、泥岩、上部含煤线。见 Danaeopsis fecundaBernoullia zeillero. Cladophlebis shensiensis,Sphenopteris chow kianwanensis,Perophyllum crassinervuni, Ginkgoites magnifolius等大量植物化石
		中统	二马营组	T_2e		402	灰紫、灰褐色砾岩，中、粗砂岩，紫红色细砂岩
		下统		T_1		563	上部为和尚铺组，下部为刘家沟组，二者界限不易划分。主要岩性为紫红色中、粗砂岩，细砂岩夹泥岩、砂砾岩等

图2.32　鄂尔多斯盆地西南缘地层综合柱状图

及第四系（Q）（图2.32）。各地层在横向和纵向上发育差异较大，其中三叠系、侏罗系和下白垩统是盆地的沉积主体，和盆地其他部分类似，下白垩统洛河组是本次新发现的主要含铀层位。

（三）西南缘含铀岩系沉积体系特征

本次进一步明确了洛河组下段低位体系域中的冲积扇体、辫状河道砂体（SQ$_1$）和华池–环河组湖扩展体系域中的浅湖相砂坝（SQ$_5$），分别为鄂尔多斯盆地早白垩世新发现的主要赋矿层位。

鄂尔多斯盆地西南部下白垩统存在两个区域性（二级）的沉积旋回或构造层序，其内可划分出八个三级层序组、17个三级层序和数十个准层序（组）（图2.33）。

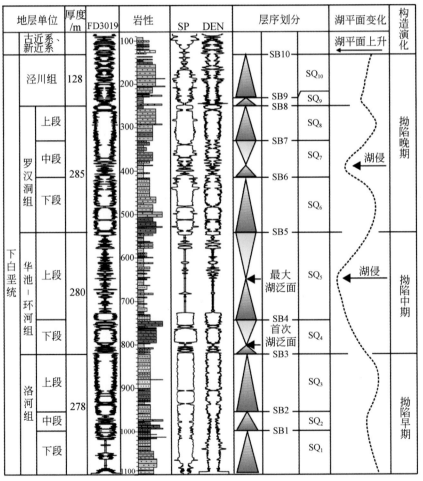

图2.33　镇原地区下白垩统层序地层划分

在所建立的层序地层格架下，可识别出冲积扇、辫状河–曲流河、干旱浅湖及沙漠沉积四套沉积体系组合（图2.34）。其中，洛河组由下部的冲积扇（边缘相）及河流相粗碎屑沉积（SQ$_1$-SQ$_2$）和上部的沙漠相风成沉积构成（SQ$_3$-SQ$_4$），晚期发育间歇性沙漠浅湖相沉积（图2.34）；华池–环河组整体为干旱浅湖相细碎屑岩沉积（SQ$_3$-SQ$_4$），早期夹有风成沉积（SQ$_5$-SQ$_6$），中期发育大量石膏夹层（SQ$_7$-SQ$_8$）；罗汉洞组具明显三分性，早期（SQ$_{11}$-SQ$_{12}$）和晚期（SQ$_{15}$）均为沙漠风成沉积，中期为干旱背景下的沙漠浅湖相沉积（SQ$_{13}$-SQ$_{14}$）；泾川组整体转变为一套高位体系域下的河流相沉积。上述层序地层结构总体上反映了天环拗陷从早期至晚期由水进（洛河组–华池–环河组）到水退（罗汉洞组–泾川组）的沉积旋回，华池–环河组沉积期，湖平面水位达到最高峰。洛河组下段低位体系域中的冲积扇体、辫状河道砂体（SQ$_1$）和华池–环河组湖扩展体系域中的浅湖相砂坝（SQ$_5$）分别为本区主要、次要赋矿层位。

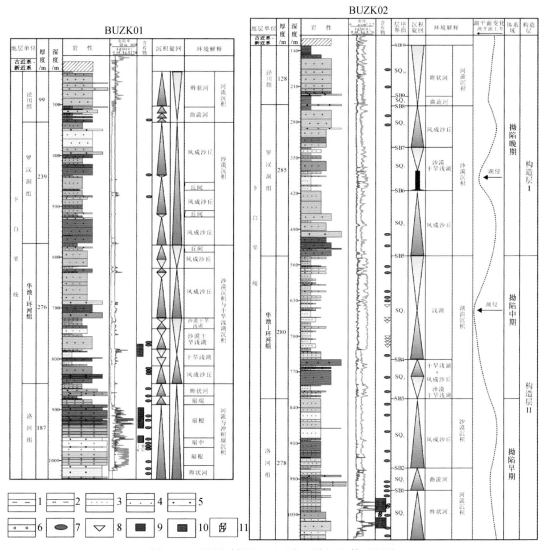

图2.34　泾川–镇原地区下白垩统沉积体系划分

1. 泥岩；2. 泥质粉砂岩；3. 细砂岩；4. 中砂岩；5. 粗砂岩；6. 砾岩；7. 油浸；
8. 石膏；9. 铀矿体；10. 铀矿化体；11. 黄铁矿

五、盆地中部

盆地中部（志丹–定边一带）位于鄂尔多斯盆地二级构造单元伊陕斜坡内，为盆地中心区域。盆地中部地区内黄土广覆，基岩出露差。区内基底起伏甚小，沉积盖层倾角平缓，新元古代晚期至早古生代早期为隆起区，发生剥蚀作用，没有接受沉积，在中—晚寒武世、早奥陶世沉积了总厚 500～1000m 的海相地层。现今构造面貌为一呈向西倾斜的平缓单斜，平均坡降为 10m/km，倾角不到 1°，部分地区发育鼻状构造。

（一）盆地中部区域地质背景

在主要水系及其支沟两侧出露有侏罗系（J）、白垩系（K）。中侏罗统是工作区主要找矿目的层，自下而上可分为延安组（J_2y）、直罗组（J_2z）、安定组（J_2a）。下白垩统主要为白垩系下统洛河组（K_1l）、华池–环河组（K_1h）（图 2.35），宜君组（K_1y）较少出露。

延安组（J_2y）区内广泛分布，在东部神木、横山一带大面积出露。为河流相沉积，见 5～7 层煤。垂向上整体具粗→细→粗的地层结构。岩层一般厚 160m 左右，最厚达 450m。该组是盆地主要含煤地层。

直罗组（J_2z）区内广泛发育，在盆地东部罕台川、大柳塔、横山一带呈弧形出露，边缘与延安组呈微角度不整合接触，向盆地内逐渐过渡为平行不整合接触。直罗组以河流相沉积为主，厚 52～300m，是铀矿研究的主要目的层。

安定组（J_2a）在区内东部相邻于直罗组西侧呈南北向条带状出露。陕北、甘肃陇东、内蒙古东胜、宁夏的钻井中多见。区域上安定组具有明显的三分，下部为黑色页岩、灰黑色油页岩及少量灰质泥云岩、黏土质白云岩；中部为黄绿、暗桃红色页岩及灰绿色泥岩、钙质粉砂岩；上部为灰色泥云岩及黄色泥灰岩和钙质页岩互层。安定组岩性稳定，厚度变化小，一般厚几十米至 100 余米，在千阳屈家湾厚度 243m。延安西部招安镇西部王窑北山出露较为完整的安定组（图 2.36）。底部灰黑色粉砂质泥岩夹灰黑色油页岩（厚 8～12m），发育水平层理；下部为灰、灰黑色厚层钙质泥灰岩夹黄色粉砂页岩、石灰岩，以水平层理为主；中部为灰、灰白色厚层泥灰岩夹泥质粉砂岩；上部为灰黑、蛋青、灰红色泥灰岩交互产出，岩层内多见燧石条带、硅质结核；顶部灰紫色泥页岩、粉砂质页岩，韵律层理发育。该组中发现大量古生物化石，有鱼类、介形虫、孢粉等化石。

安定组标志层特征：中、上部位灰紫色泥灰岩为主，夹紫灰色泥岩，底部为浅灰色砂岩，与下伏直罗组呈平行不整合接触关系。该组泥灰岩段是中生界划分的主要标志层之一，分布稳定，厚十几至几十米，测井曲线以高阻为特征，与上下相邻地层的低阻成明显对比。本次发现的伽马异常主要分布在安定组。

（二）中部含铀岩系地层特征

鄂尔多斯盆地中部志丹、定边地区的安定组厚度具有东南厚、西北薄的特征。安定组沉积后发生的构造运动，使安定组在盆地大部分地区与白垩系呈不整合接触。对于经历多

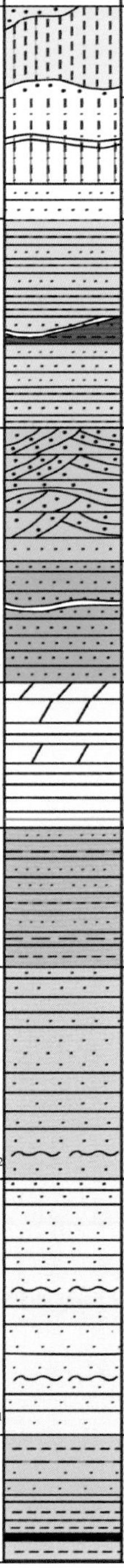

地层单位		柱状图	层厚/m	岩性特征	γ照射量率/[nC/(kg·h)]
第四系		Q	0~107	表皮为坡积物，主体为土黄、淡黄色的黄土和淡红色黏土、亚黏土等	3.5
				不整合	
新近系	三趾马组	N₂	0~61	淡红色黏土、砂质黏土，细密，夹白色钙质结核，底部见砖红、杂色砾岩夹透镜中-粗粒砂岩。砾石成分复杂，分选差，棱角状。极不稳定	
				不整合	
白垩系下统	志丹组	K₁h	60~108	上部紫红、紫灰、灰绿色泥岩，砂质泥岩夹灰色泥岩、粉砂岩。下部紫、紫红色泥岩、粉砂岩、细砂岩互层、钙质胶结。水平层理、波状层理发育，为湖相沉积	3.87~5.26
				整合	
		K₁l	5~70	砖红、棕红色中厚层块状中粒砂岩，分选好、泥质胶结，具大型交错层理，底部为砂砾岩，本层水性好，为含水层	2.78
				整合	
		K₁y	0~40	紫灰、棕红色厚层状块状粗-巨砾岩、夹砂砾岩。磨圆中等、分选差，泥砂质、钙质胶结，坚硬，为河流相-洪积相沉积	2.84~3.87
				不整合	
侏罗系中统	安定组	J₂a	0~37	暗紫色泥灰岩，白云质泥灰岩夹钙质泥岩，在泥灰岩中常见到玛瑙、玉髓及燧石团块。下部为泥岩及灰色页岩，含鱼鳞、鱼刺及介形虫化石	
				整合	
	直罗组	J₂z²	50~105	棕红、紫红、杂色粉砂岩与泥岩互层，局部夹砂岩透镜体，中上部含石膏，砂岩分选性好，泥质胶结，含水性差，相对隔水。为湖相沉积	4.8
				整合	
		J₂z^{1-2}	11~39	褐黄、灰绿、绿灰色中、粗粒长石石英砂岩。底部夹砂砾岩，有冲刷面，砂岩碎屑成分主要为石英、长石和少量岩屑，分选性好，下部为斜层理，为含水层，属河流相沉积	3.33
				整合	
		J₂z^{1-1}	26~55	灰白、灰绿色中厚层块状细粗粒长石石英砂岩、长石砂岩，富含有机质、煤屑、泥砾、黄铁矿等吸附还原介质，斜层理、冲刷面发育，泥钙质接触式、孔隙式胶结，下部以粗砂砾和含砾砂岩为主，含水性中等-良好，为含水层。是主要含矿目的层	3.55
				整合	
	延安组	J₂y	40~110	上部为灰黑色泥岩、粉砂岩，中部为灰黑色泥岩，下部夹煤层，局部夹细砂岩，为湖沼相沉积	4.30

图 2.35　鄂尔多斯盆地中部中、新生代地层综合柱状图

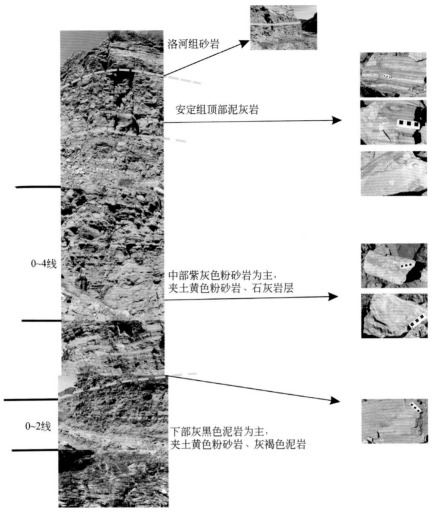

洛河组砂岩

安定组顶部泥灰岩

0~4线

中部紫灰色粉砂岩为主，
夹土黄色粉砂岩、石灰岩层

0~2线

下部灰黑色泥岩为主，
夹土黄色粉砂岩、灰褐色泥岩

图 2.36　安定组实测地质剖面

期改造和早白垩世深埋压实的安定组而言，厚度恢复方法局限且结果可靠性低。但其残留地层厚度、顶底板埋深变化规律性明显，因此探讨安定组空间展布对铀矿成矿规律研究仍有一定参考意义。

安定组厚度如图 2.37 所示，东南部厚度在 60m 左右，过渡到研究区西北部，地层厚度在 110m 左右，厚度由盆地边部向沉积中心呈现线性增加趋势，安定组沉积时期盆地内外的古地貌高差已大为缩小，起伏趋于平缓。稳定的物源供给与构造环境使安定组地层具备良好的成矿潜力。安定组地层顶板、底板埋深（图 2.38、图 2.39）同样具有相似的规律性，总体呈走向北西，中部向北有一个分支，呈反“y”字形，向北西倾伏的复背斜型，南东高、北西低，波峰高、两翼低。稳定的地层倾向很好地控制了后期流体在铀储层中的输导过程，为铀的富集创造了有利的条件。

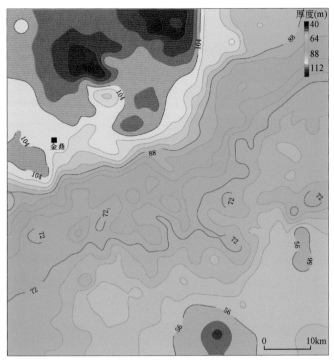

图 2.37 鄂尔多斯盆地中部志丹–定边地区安定组地层厚度图

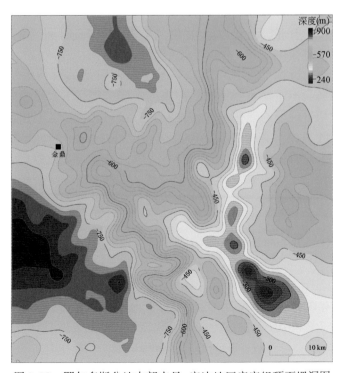

图 2.38 鄂尔多斯盆地中部志丹–定边地区安定组顶面埋深图

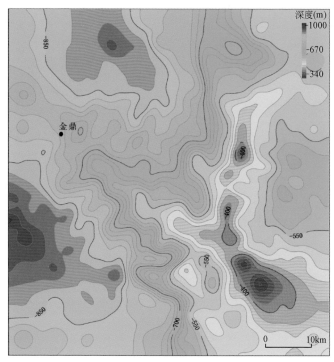

图2.39　鄂尔多斯盆地中部志丹–定边地区安定组底面埋深图

第三节　重点成矿远景区含铀岩系测井参数对比

不同测井参数曲线特征的变化可以反映地下不同时期的沉积地层和古沉积环境情况。前人在鄂尔多斯盆地主要对盆地周边出露的地质体进行了岩性、物性参数分析与测试，获取了整个沉积岩地层的磁化率和密度资料；在东北缘地区利用部分钻孔进行了地层放射性、物性参数统计（张青海，2010），而对盆地周缘不同地区的主要含铀岩系测井物探参数资料尚未进行系统的统计对比分析。本次通过对盆地四个铀矿集区近百个铀矿验证钻孔的自然伽马、电阻率、自然电位等测井资料的统计，分析不同地区含铀岩系直罗组及不同岩性的物性差异，为该盆地快速识别岩性及寻找地浸砂岩型铀矿提供指导和借鉴。

目前的常规测井"九条曲线"系列是指三岩性曲线（自然伽马、自然电位、井径）、三电阻率曲线（浅、中、深）、三孔隙度曲线（密度、声波、中子）。其中，自然伽马和自然电位测井可以反映储层的岩性、沉积环境等，但测井响应易受钻井液矿化度和放射性矿物的影响，难以有效识别（楚泽涵等，2007）；电阻率测井可以间接反映目的层的孔隙结构；密度、声波时差和中子孔隙度测井可直观显示目的层物性特征。因此，只有综合分析多项参数，才能准确划分岩性、识别地层及解译矿层。自然电位、三侧向电阻率、密度测井三条测井曲线在煤田、油气勘查中进行解释岩性、沉积相、分析渗透性得到广泛的应用；另外，定量伽马测井仪器是在核工业放射性勘查计量站进行了标定，测井数据具有一致性，能够保证不同地区、不同岩性放射性数据具有可比性（吕成奎，2010）。因此，本书选择鄂尔多斯盆地四个铀矿集区直罗组上下段、不同岩性的上述四项测井参数进行归类统计（表2.1），同时结合钻孔柱状图的测井曲线形态，对比分析不同地区的地层测井响应，总结出不同岩性的测井参数特征。

一、直罗组地层的测井响应

1. 放射性参数特征对比

从整个盆地的直罗组层位伽马测井参数统计分析，不同矿集区的直罗组伽马照射量率数值差异不大，平均值变化范围在 1.98 ~ 4.68nC/（kg·h），其中西缘地区的直罗组平均伽马照射量率相对其他地区略高，为 4.6nC/（kg·h），可能与该区直罗组泥质含量整体偏高，沉积时对铀产生一定的吸附和预富集。垂向上表现为直罗组上段相对直罗组下段伽马背景值偏低，说明直罗组下段可能提供次级铀源的能力相对较强。

2. 地层物性参数特征对比

通过对表2.1中的不同地层测井参数取平均值统计（表2.2），可以看出：

（1）东北缘地区直罗组电阻率值最低，平均为 9.4 ~ 16.6Ω·m，电阻率曲线形态为锯齿状中、低阻特征；岩石密度平均值为 2.08 ~ 2.3g/cm³；其中直罗组下段电阻率相对偏大，自然电位呈箱形为主的特征，与该段辫状河沉积体系有关；直罗组上段自然电位、自然伽马曲线呈齿状负异常，则是间歇性沉积的反映（图2.40）。测井参数和野外观察认为东北缘地区直罗组砂岩较为疏松，胶结程度较低，含水率较高。

（2）东南缘地区直罗组电阻率测井值明显整体偏高，直罗组上段平均为 66.76Ω·m，直罗组下段平均为 127.17Ω·m，远高于盆地其他地区；密度平均值为 2.56 ~ 2.73g/cm³。根据该地区录井的岩心情况，发现直罗组下段硅质胶结程度偏高、岩石较为致密，矿石岩性主要为灰色中粗粒长石石英砂岩，主要化学成分 SiO₂ 质量分数介于 60.42% ~ 86.65%，平均77.53%（21件样品）；而东北缘大营、纳岭沟矿床直罗组下段原生砂岩的 SiO₂ 质量分数介于 66.5% ~ 73.87%，平均70.44%（易超等，2015），南缘地区直罗组砂岩的 SiO₂ 含量总体大于北缘地区。

（3）西缘和西南缘地区电阻率值较为接近，平均为 21.75 ~ 30.46Ω·m，直罗组下段电阻率值相对上段偏大；而西南缘地区密度值为 2.59 ~ 2.73g/cm³，相对较高。

因此，盆地内直罗组下段相对直罗组上段的电阻率值偏大，与该段辫状河沉积体系有关，河道发育，砂泥比值相对偏大；而直罗组上段和下段相同岩性的密度参数变化不大，说明压实效应不明显，密度大小只与岩石组分有关；区域上电阻率值和密度变化趋势总体呈现出"南高北低"的特点，说明北缘直罗组比南缘的胶结程度低、渗透性好。

表2.1　鄂尔多斯盆地不同地区直罗组地层参数统计

地区	地层	岩性	定量伽马/[nC/(kg·h)]		密度/(g/cm³)		电阻率/(Ω·m)		自然电位/V	
			变化范围	平均值	变化范围	平均值	变化范围	平均值	变化范围	平均值
东北缘	直罗组上段	粗砂岩	1.5~4	2.64	1.9~2.41	2.18	7~140	15.16	-311~493	107.27
		中砂岩	0.6~6	3.31	1.96~2.43	2.21	7~114	12.92	-310~495	107.03
		细砂岩	1.3~5.6	3.23	1.68~2.49	2.22	7~50	11.86	-316~493	103.10
		粉砂岩	2.4~5	3.57	2.06~2.63	2.31	7~36	11.03	-310~490	101.43
		泥岩	2.1~6.3	3.51	2.04~2.52	2.30	6~35	9.40	-310~494	101.80
	直罗组下段	粗砂岩	1.7~5.2	3.32	1.89~2.32	2.08	8~55	16.69	-310~490	90.45
		中砂岩	1.2~5.3	3.06	1.87~2.45	2.14	8~37	13.19	-310~490	89.62
		细砂岩	1.5~5	3.00	2~2.46	2.23	8~76	12.29	-310~488	95.12
		粉砂岩	1.5~4.2	2.71	2.13~2.48	2.31	7~16	11.88	-386~494	28.50
		泥岩	1.6~7.7	3.16	1.47~2.51	2.25	7~23	10.93	-315~490	99.82
西缘	直罗组上段	粗砂岩	0.10~7.78	2.54	1.47~2.71	2.36	4.97~67.6	18.83	-255~395	-94.13
		中砂岩	0.52~6.28	2.97	1.48~2.67	2.29	5.78~73.57	22.56	-255.38~374.83	-90.21
		细砂岩	0.34~7.37	3.27	1.11~2.69	2.25	3.05~102.37	23.51	-256.85~393.05	-79.10
		粉砂岩	0.43~8.11	3.58	1.49~2.69	2.24	3.87~65.6	21.25	-254.77~392.86	-80.06
		泥岩	0.31~7.98	3.76	1.24~2.77	2.16	4.04~95.01	22.59	-246.80~392.79	-83.29
	直罗组下段	粗砂岩	0.32~10.85	4.68	1.37~2.72	2.26	4.61~92.31	30.97	-244.42~402.28	-86.68
		中砂岩	0.50~12.42	3.76	1.39~2.70	2.37	6.75~106	30.41	-249.68~395.41	-85.66
		细砂岩	0.31~10.38	3.62	1.68~2.70	2.37	6.02~114	34.93	-256.85~398.27	-85.09
		粉砂岩	0.52~8.64	3.86	1.06~2.93	2.27	4.21~100	31.56	-258.41~398.52	-83.90
		泥岩	0.54~8.69	3.98	1.2~2.68	2.29	5.37~77.3	24.42	-252.15~398.09	-84.50

续表

地区	地层	岩性	定量伽马/[nC/(kg·h)]		密度/(g/cm³)		电阻率/(Ω·m)		自然电位/V	
			变化范围	平均值	变化范围	平均值	变化范围	平均值	变化范围	平均值
西南缘	直罗组上段	粗砂岩	2.76~4.55	3.66	2.36~2.75	2.56	13~37	25.00	-8.68~-21.55	-15.12
		中砂岩	2.76~4.75	3.77	2.26~2.85	2.57	11~29	20.40	-8.28~-29.54	-15.19
		细砂岩	/	/	/	/	/	/	/	/
		粉砂岩	1.18~3.26	1.98	2.24~2.96	2.57	14~35	23.50	-24.29~-34.87	-27.15
		泥岩	1.14~6.84	2.81	2.34~2.94	2.73	11~32	21.80	-19.19~-41.27	-36.46
	直罗组下段	粗砂岩	1.49~1.72	1.61	2.51~2.94	2.73	19~39	29.00	-9.1~-25.67	-17.39
		中砂岩	1.29~1.92	1.61	2.21~2.94	2.63	16~38	27.13	-9.5~-25.80	-18.17
		细砂岩	1.59~5.22	2.62	2.21~2.94	2.59	15~34	24.00	-9.3~-25.80	-19.72
		粉砂岩	1.89~2.92	2.33	2.59~2.99	2.79	14~29	21.00	-7.69~-30.85	-19.02
		泥岩	1.34~6.84	3.83	2.29~2.89	2.56	12~44	22.25	-8.69~-32.85	-20.77
东南缘	直罗组上段	粗砂岩	1.23~3.18	2.21	/	/	106.45~201.45	153.95	265.14~278.25	271.70
		中砂岩	1.79~3.86	2.50	2.48~2.95	2.73	55.69~82.45	69.52	-85.15~-310	23.29
		细砂岩	2.08~4.04	3.03	2.35~2.93	2.68	38.46~85.35	58.08	-865.45~-450	-125.52
		粉砂岩	2.16~4.26	3.17	2.15~2.87	2.48	27.45~45.45	34.60	-340.45~-227.43	-81.35
		泥岩	2.18~5.97	4.32	2.39~3.05	2.70	11.56~27.45	17.68	-356.14~-354.45	-60.31
东南缘	直罗组下段	粗砂岩	1.45~4.91	2.82	2.22~2.98	2.67	86.56~945.21	273.07	-665.45~-376.42	-171.37
		中砂岩	1.87~4.56	2.96	2.28~2.90	2.59	69.62~265.45	140.41	-612.31~-367.44	-214.18
		细砂岩	2.07~4.87	3.00	2.11~2.95	2.62	51.25~100.72	73.56	-523.45~375.47	-157.71
		粉砂岩	/	/	/	/	/	/	/	/
		泥岩	3.845.29	4.40	2.21~3.02	2.73	14.45~29.55	21.64	-356.14~-372.25	-59.09

注：伽马范围为正常值的变化范围，不包括矿层段的定量伽马测井值；/表示样品数量较少，不参与统计。

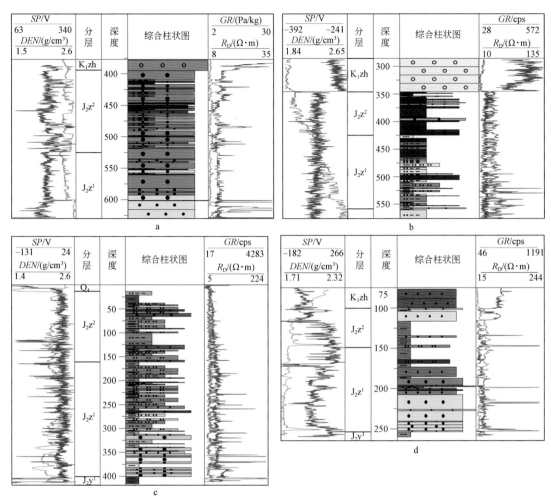

图 2.40　鄂尔多斯盆地不同矿集区直罗组地层测井曲线与岩性对比

a. 东北缘地区；b. 西南缘地区；c. 西缘地区；d. 东南缘地区。SP. 自然电位；

DEN. 密度；GR. 自然伽马；R_D. 电阻率

表 2.2　不同地区直罗组地层上下段参数平均值统计

地区	地层	定量伽马/[nC/(kg·h)]	密度/(g/cm³)	电阻率/(Ω·m)	自然电位/mV
东北缘	J_2z^2	3.252	2.244	12.074	104.126
	J_2z^1	3.05	2.202	12.996	80.702
西缘	J_2z^2	3.224	2.26	21.748	-85.358
	J_2z^1	3.98	2.312	30.458	-85.166
西南缘	J_2z^2	3.055	2.6075	22.675	-23.48
	J_2z^1	2.4	2.66	24.676	-19.014
东南缘	J_2z^2	3.046	2.6475	66.766	5.562
	J_2z^1	3.295	2.6525	127.17	-150.588

3. 不同岩性的测井参数

根据国家标准 GB/T 17412.2—1998《沉积岩岩石分类和命名方案》及鄂尔多斯盆地直罗组的岩石学特征（漆富成等，2007），主要进行了五级岩性的划分，即粗砂岩、中砂岩、细砂岩、粉砂岩、泥岩。而砾岩主要分布于下白垩统中，少数分布于直罗组底部砂砾岩薄层，其测井曲线对其反映不明显，所以本次对砾岩未进行参数统计。通过总结不同地区的五个粒级岩性的参数，从中发现岩性与测井参数的对应关系。根据不同粒度的岩石测井结果显示（图2.41）：

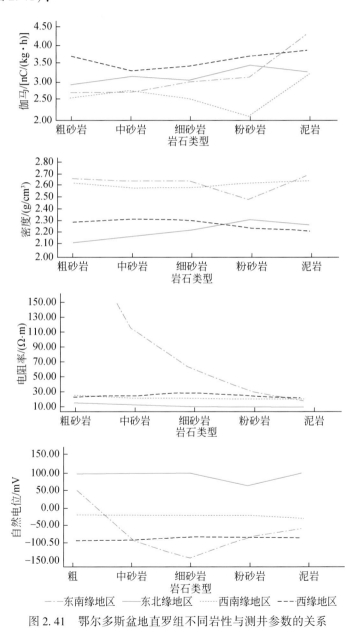

图 2.41　鄂尔多斯盆地直罗组不同岩性与测井参数的关系

粗砂岩主要分布于直罗组下段辫状河中，伽马曲线上呈低值响应，伽马照射量率平均值大致范围为 $2.5 \sim 4nC/(kg \cdot h)$，相对中砂岩略高，比其他岩性偏低。由于直罗组下段底部河道的下切致使砂体中含有炭屑、煤线、黄铁矿等还原介质，对铀元素的还原吸附形成铀的富集，使局部地段伽马值偏高；电阻率和密度值比其他小粒级的岩性略微偏大。

中砂岩和细砂岩的测井参数特征较为相近，二者各项参数值主要介于粗砂岩和泥岩之间。中细砂岩伽马测井呈低值响应，伽马照射量率变化范围为 $2.6 \sim 3.2nC/(kg \cdot h)$；密度曲线中，密度的变化范围为 $2.2 \sim 2.50g/cm^3$；三侧向电阻率曲线上呈高阻响应，电阻率变化范围为 $15 \sim 58\Omega \cdot m$。

泥岩伽马照射量率相对其他岩性偏高，变化范围为 $3.1 \sim 4.32nC/(kg \cdot h)$。可以看出粒度越细，伽马背景值越高，说明地层中铀的高背景值可能与细粒级岩石吸附作用关系密切。密度值变化范围为 $2.16 \sim 2.70g/cm^3$，由于密度与岩石组分关系密切，在研究区与岩石粒度成负相关关系的现象不明显。泥岩的电阻率最低，电阻率变化范围为 $9.4 \sim 24.4\Omega \cdot m$。随着泥质含量的增多，岩石颗粒粒径的减少，视电阻率值也相应减小。

因此，从粗砂岩到泥岩的不同岩性测井参数特征反映了一定的变化趋势，随着岩石颗粒的变细，泥质含量增多，岩石对铀的吸附作用逐渐增强，伽马背景值逐渐增高；随着比表面积的变大，岩石颗粒表面的束缚水含量增加，电阻率和自然电位异常幅度由大变小。

二、直罗组不同岩性测井识别

由于不同岩性的沉积环境、岩石粒度、杂基含量及孔隙结构等存在差异，其对应的测井参数也有所不同，单一的测井参数进行岩性识别具有一定局限性。

因此，通过不同岩性的测井参数特征可以建立岩性识别模式，当前对岩性测井的识别方法有四类（赵显令等，2015），本书主要利用交会图法对直罗组不同岩性进行有效识别。由于鄂尔多斯盆地北缘施工的钻孔较多，统计的测井参数数据代表性更好，且不同地区的不同岩性难以在一张交会图上建立识别模型，因此本次优选东北缘地区的钻孔测井参数进行岩性的识别。

通过对比分析东北缘地区不同测井参数的识别效果可以看出，电阻率与密度交会图版识别效果相对较好（图 2.42），从泥岩到粗砂岩，随着岩石粒级逐渐变大，密度值逐渐减小，电阻率逐渐增大。因此，电阻率与密度交会图版能更好地识别直罗组泥岩、中-细砂岩、粗砂岩，而图版中泥岩和粉砂岩出现部分重叠，可能该地区粉砂岩为泥质胶结，泥质含量较大，二者在测井参数难以有效识别。

综上所述可得出以下结论：

（1）盆地四个铀矿集区直罗组测井参数特征各异，其中伽马照射量率数值差异不大，东南缘地区电阻率值明显高于其他地区，密度值呈现"南高北低"特征；垂向上直罗组上段相对直罗组下段伽马背景值偏低、电阻率偏低，密度值较为一致，压实效应不明显；区域上直罗组中从粗砂岩到泥岩的五个岩石级别伽马背景值逐渐增高；密度值相对增加，电阻率和自然电位异常幅度由大变小。

（2）优选东北缘地区钻孔建立电阻率与密度交会图版的岩性识别模型，但识别精度有

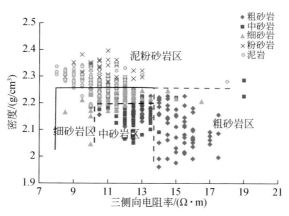

图 2.42　东北缘地区不同测井参数交会图版

待其他解译方法进一步对比提升。

第四节　盆地含铀岩系沉积环境

一、含铀岩系颜色分带对古沉积环境的制约

沉积岩的颜色是鉴别岩石、划分和对比地层、分析判断古气候和古环境的重要宏观特征依据之一，颜色指标也常被用来进行古气候环境的重建或探讨第四纪以前的气候转型事件（宋春晖等，2005；严永耀等，2017），从某种意义上颜色代表着岩石形成时的物质来源（黄昌杰等，2016）。

砂岩型铀矿是以砂岩为赋矿载体经表生流体作用形成的矿床，铀矿的形成受铀源、古气候、后生流体改造等多因素制约，其中古气候、古沉积环境是砂岩型铀矿成矿的重要条件之一（陈戴生，1994）。前人针对砂岩型铀矿的地层颜色分带曾开展过大量的研究工作，这些研究大部分集中于对典型矿床的解剖尺度，研究基础主要是引用苏联和美国学者的层间渗透成矿理论（Finch，1967），前人也建立了理想的成矿流体渗入模式（图 2.43）和鄂尔多斯盆地的铀矿成矿模式（图 2.44）；层间砂体按水平方向划分为氧化带（棕红色）、次氧化带（棕黄色）和原生带（灰色）三个分带（Adams and Smith，1981），国内学者进一步划分了四个分带（蔡根庆等，2006），针对鄂尔多斯盆地部分学者提出了三个分带（杨晓勇等，2009）；认为鄂尔多斯盆地东北缘含矿砂体自北向南发育了横向氧化带（褐黄、浅灰绿色）—氧化还原过渡带（浅灰色）—还原带（灰色）的分带特征（杨晓勇等，2009）。

本书利用近五年来鄂尔多斯盆地内砂岩型铀矿钻孔大数据资料分析后，经勘查验证取得的成果进行总结。通过统计鄂尔多斯盆地近 2 万个煤田、油田勘查钻孔岩石颜色等资料，建立了钻孔数据库，并分别以矿集区和盆地为单元对其进行大数据分析和编图；发现无论在矿集区尺度还是盆地尺度，岩石的颜色都是表现垂直分带特征，不同颜色层的地球化学数据也表现出明显的垂向变化特征，而横向变化差异较小。本书利用大数据发现的控制沉积的砂岩型铀矿形成的基本特征、规律与前人有截然不同的认识。因此，客观地认识含铀岩系岩石的颜色产出规律，对指导鄂尔多斯盆地砂岩型铀矿的找矿勘查和研究陆相盆地砂岩型铀矿成矿理论都具有十分重要的意义。

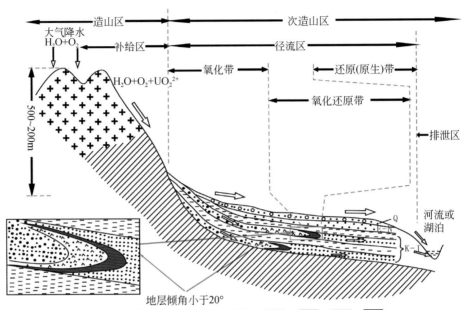

图 2.43　层间氧化带砂岩型铀矿形成模式图（据郭召杰，2006 修改）

1. 强氧化带砂岩；2. 弱氧化带砂岩；3. 氧化还原带砂岩型铀矿体；4. 原生带砂岩；5. 泥质岩；6. 粉砂岩；
7. 砾岩；8. 含铀地质体（以花岗岩为代表）；9. 含铀基底岩石；10. 地下水运动方向

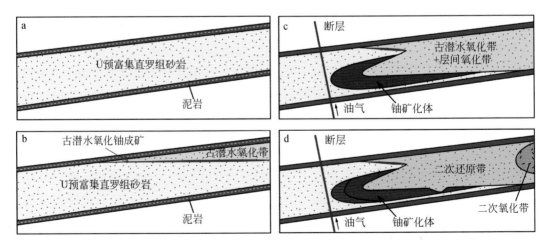

图 2.44　鄂尔多斯盆地东北部砂岩型铀矿叠合成矿模式（据李子颖等，2009）

a. 预富集阶段；b. 古潜水氧化作用阶段；c. 古层间氧化作用阶段；d. 油气还原加热改造作用

（一）盆地含铀岩系的垂向颜色分带

1. 矿集区典型铀矿床含铀岩系颜色分带特征

本次以矿集区为单元，研究成矿作用，目的是研究成矿作用所带来的岩石变化特征。通过解剖典型矿床和研究矿床矿化的时空演化特征等来研究成矿作用。

鄂尔多斯盆地已知典型铀矿床、矿点、矿化点主要分布于盆地边缘（图2.45），盆地内部部分油田区也发现铀矿化体。盆地共分布四处铀矿集区，按照其所处的不同控矿构造单元，分别为东胜隆起矿集区、宁东断褶矿集区、泾川断隆矿集区、渭北隆起矿集区。

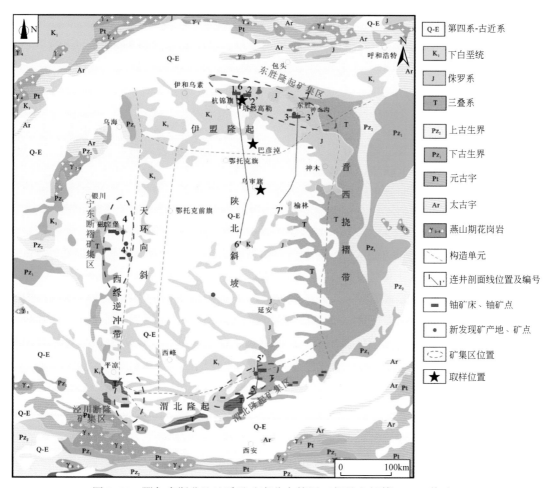

图2.45　鄂尔多斯盆地地质及矿床分布简图（据孙立新等，2017修改）

1）东胜隆起矿集区

东胜隆起矿集区位于盆地东北缘，是鄂尔多斯盆地的重要矿集区，如大营、纳岭沟、皂火壕等特大型、大型铀矿床，柴登壕、农胜新中型铀矿床及其近期新提交的塔然高勒、乌兰西里等新发现矿产地，平面上呈半环状分布于东胜隆起带的西侧，与地层露头线延伸方向相近。

（1）大营铀矿床。

大营铀矿床直罗组含铀岩系垂向颜色分带较为明显。红色层主要位于直罗组上段中上部，剖面上红层底部埋深由北东向南西逐渐减小，变化范围为450～550m（图2.46a）。岩性表现为紫红、红褐色砂泥岩夹杂绿色中粗粒砂岩的杂色沉积，二元结构特征显著。

绿色层主要位于直罗组上段底部和直罗组下段顶部的界线部位，厚度为50～90m，相对稳定，岩性以灰绿、浅绿色中细粒砂岩夹粉砂质泥岩为主，砂体连通相对较差，多以透镜状分布。

灰色层：分布于直罗组下段中下部，剖面上的厚度变化为30～100m，岩性为灰色中粗粒砂岩，砂岩底部常见滞留砾石和泥砾、煤屑，且常有钙质砂岩夹层。垂向上由多个粗—细的正韵律层叠置而成，是该区的主要赋矿层位。

大营铀矿体平面上呈北东-南西-南东方向展布，呈向北东开口的U型，长约20km，宽400m～2km不等。剖面上矿体呈板状分布于直罗组下段下部和中部。

（2）纳岭沟铀矿床。

纳岭沟铀矿床直罗组红色层包括中侏罗统直罗组上段上部和少量直罗组下段顶部，自北西向南东沉积埋深280～320m；厚度变化为40～100m（图2.46b）。直罗组上段上部的岩性以中细砂岩与粉砂岩、泥岩互层为主，泥质胶结；其中泥岩、粉砂岩呈粉红、紫红、灰紫色，内含蓝、蓝绿色砂质团块或巢状砂；砂岩呈紫、灰绿、灰白色等杂色。纳岭沟、大营地区的直罗组上段部分粗碎屑岩普遍遭受剥蚀，大多数钻孔中下白垩系底部的砾岩层直接覆盖在直罗组顶部的一套杂色的泥岩沉积之上。

绿色层：在该地区广泛发育。主要分布于直罗组下段中上部和上段底部，厚度相对稳定，由北向南变化为100～140m，以灰绿色中粗粒砂岩为主；其中上段底部出现灰绿色粉砂岩、泥质粉砂岩等河漫滩沉积物。

灰色层：为该矿区的含矿母岩，主要分布于直罗组下段下部，厚度为20～80m，由北向南厚度相对增大。岩性为深灰、浅灰色岩屑长石砂岩，岩石成岩程度不高，结构疏松。由多个向上变细的正旋回组成；泥质岩层较薄或很少发育，反映了河道不稳定、具有多期次河道砂体沉积的特点。

纳岭沟矿床矿体在平面上呈北东-南西向展布，剖面上铀矿体主要呈板状、似层状产出于紧邻绿色层下的灰色层砂体中。

（3）皂火壕铀矿床。

皂火壕铀矿床直罗组红色层主要分布于上段中上部，沉积厚度自东向西变化为10～80m，厚度变化较大（图2.46c）。岩性以紫红、红褐、杂色泥岩、泥质粉砂岩互层为主，夹绿色砂岩混杂，泥质胶结；底部埋深由西向东逐渐减小。上部白垩系保存较少。其中东部地段受到构造抬升作用，直罗组上段氧化作用相对较强，颜色较复杂，中下部的绿色层部分遭受后期氧化。

绿色层主要由直罗组上段和直罗组下段上部组成，厚度30～50m，厚度相对稳定；岩性以灰绿色中细粒砂岩夹粉砂质泥岩为主，一般可见2～3层砂体，具相对明显的二元结构。直罗组下段上部，以灰绿色中粗粒砂岩为主，在矿区中西部地区较为发育。

灰色层：主要分布于直罗组下段中下部，厚度为10～30m。岩性为深灰、浅灰色岩屑长石砂岩，岩石结构疏松。由多个向上变细的正旋回组成，泥质岩层较薄或很少发育，底部含有丰富的炭化植物碎屑和有机质。

皂火壕铀矿体平面上呈近东西向断续带状分布，剖面上主要呈板状、似层状，矿体主要分布于富含有机质或泥质条带的灰色及与绿色层的接触界面处。

2）宁东断褶矿集区

宁东断褶矿集区位于盆地西缘，包括瓷窑堡、惠安堡中小型铀矿床及新发现的宁东地区石槽村、金家渠、麦垛山、羊肠湾等新大中型规模矿产地，矿体空间赋存部位受南北向断褶断带控制，具有多期次、多层位、翼部成矿等特点。

宁东铀矿区除了发育红色层、绿色层和灰色层外，绿色层和灰色层中局部夹杂黄色透镜状砂层（图2.46d）。该地区南北向逆冲推覆构造发育，上部地层剥蚀严重，白垩系基本没有保存。红色层主要位于直罗组上段上部，红层底部自北向南埋深为280m至70m，沉积厚度变化为50～120m，地层构造较为复杂。岩性以土黄、绿色、紫红、红褐色等杂色粉砂岩、细粒砂岩为主，夹薄层长石石英中粒砂岩及泥岩，砂泥互层组合结构明显。

绿色层：在区内发育广泛，主要分布于直罗组上段、直罗组下段中上部。岩性以灰绿色粉砂岩、细粒砂岩为主，夹薄层灰色中粒砂岩。厚度变化较大，为130～350m，其中石槽村地区的SCZK5-1钻孔绿色层累积厚度达到350m，其中分布两套黄色透镜状砂层，厚度为3～5m；分别位于直罗组上段底部和直罗组中部。

灰色层：主要位于直罗组下段中下部，厚度为50～180m。岩性以灰、灰白色中粗砂岩为主，为主要含矿层位，在矿体的上部接触面，能见到一层黄色夹红色砂体，厚度2～5m，在石槽村地区发育比较稳定，可作为该地区的找矿标志层。

宁东铀矿体受南北向逆冲断褶带构造控制，总体呈南北向展布。矿体主要赋存于中侏罗统直罗组下段砂体及延安组中。矿体走向与背斜轴向一致；垂向上，矿体呈多层，主要赋存于直罗组底部灰白色粗砂岩中，形态呈似层状、板状为主，少数为透镜状。

3）渭北隆起铀矿集区

渭北隆起矿集区位于盆地东南缘，区内包括双龙、店头中小型铀矿床，焦坪、庙湾等矿化点及新发现的黄陵矿产地等，平面上分布于渭北隆起北部、铜川隆起构造斜坡带。

黄陵铀矿区直罗组以红色和灰色层为主，绿色层相对较薄，但较为稳定（图2.46e），埋深由北东向南西逐渐变浅。红色层主要分布于直罗组上段和部分直罗组下段顶部，沉积厚度变化为80～100m，厚度较为稳定。直罗组上段的岩性以紫红色泥岩、泥质粉砂岩为主，夹薄层灰绿、红褐色等杂色砂岩，薄层状石膏发育。其中R66钻孔靠近渭北隆起区，直罗组下段地层大部分已遭受氧化。

绿色层：主要分布于直罗组下段上部，以灰绿色泥岩、泥质粉砂岩夹杂紫红色砂岩，厚度较小，为10～30m，但相对稳定。该层常作为该地区直罗组下段上亚段和下亚段的标志层。

灰色层：分布于直罗组下段中下部，厚度为30～50m。岩性以浅灰、灰白色中细砂岩为主，硅质胶结程度较高，富含有机质纹层，局部砂岩中可见油斑、油迹，与下伏地层呈冲刷接触。

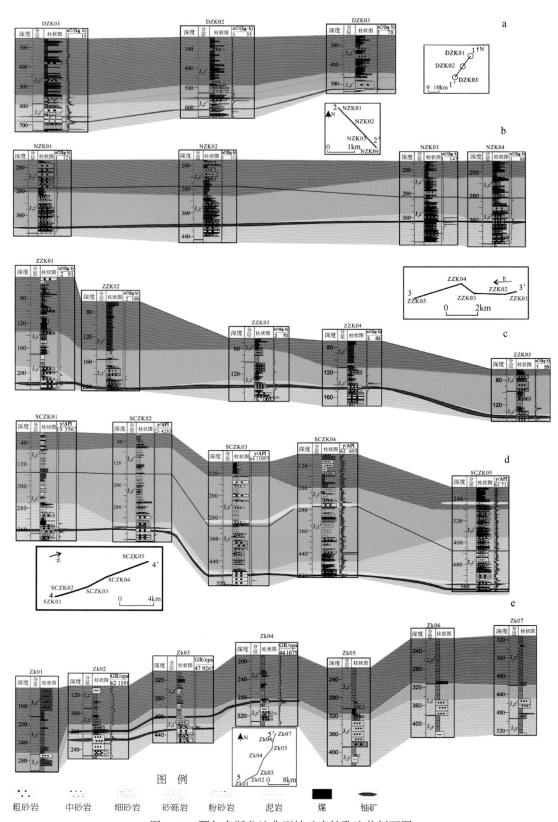

图 2.46 鄂尔多斯盆地典型铀矿床钻孔连井剖面图

a. 大营铀矿床 1-1′钻孔连井剖面图;b. 纳岭沟铀矿床 2-2′钻孔连井剖面图;c. 皂火壕铀矿床 3-3′钻孔
连井剖面图;d. 宁东铀矿区 4-4′钻孔连井剖面图;e. 黄陵铀矿区 5-5′钻孔连井剖面图

黄陵铀矿体平面上呈北东–南西向不断续带状分布，剖面上主要呈板状、似层状，少数呈透镜状，矿化层主要有两层。第一层铀矿体（矿化体）位于直罗组下段中部绿色层中；下部矿体位于灰色层河道砂体中。

2. 盆地内岩石颜色变化特征

以盆地为单元研究沉积环境的目的就是要对比研究成矿的沉积环境与非成矿区的沉积环境究竟存在那些相同性和差异性，从而区分成矿背景和成矿作用所留下的遗迹。

本次选择资料较全、代表性好、切穿矿集区的东北缘两条南北向大剖面（6-6′、7-7′）（图 2.47），其中6-6′剖面北部始于伊盟隆起带的大营铀矿北部，南部终于靠近盆地中部伊陕斜坡带的乌审旗煤田勘查区，南北延伸长度 280km（图 2.45）；7-7′剖面北部始于皂火壕北部高家梁，南部终于榆林巴拉素煤田勘查区，南北延伸长度近 200km（图 2.45）。结合野外岩心宏观特征，从盆地尺度剖面进行综合精细解剖，分析盆地内含铀岩系岩石颜色的变化特征。

1）6-6′剖面垂向颜色变化特征

剖面上由北向南，红色层主要分布于直罗组上段，颜色以杂色为主；厚度逐渐减小，变化范围为 300m 至 50m，岩性逐渐由中细粒砂岩过渡为细砂岩、泥质粉砂岩。绿色层：北部主要位于直罗组上段下部和下段上部，厚度为 50~90m，岩性以中细粒砂岩为主，局部夹杂紫红色泥岩，由于河道侧向沉积而使较细粒的沉积依次叠覆在较粗的沉积之上，形成多旋回的粗–细二元结构沉积序列；往南则主要分布于直罗组下段中下部，厚度变化为 150~300m，厚度逐渐增大。灰色层位于直罗组下段下部，厚度变化较大，北部大营地区厚度为 20~100m，中粗粒砂岩（含砾）发育，下段砂岩层数与厚度呈明显的正相关关系，地层厚度较小，砂岩层数较少，含砂率较高，辫状河沉积体系发育明显；南部乌审旗地区相对远离物源区，直罗组下段灰色层岩性以中细砂岩为主，局部为粉砂岩。

2）7-7′剖面垂向颜色变化特征

红色层：主要位于直罗组上段，由北部皂火壕向南部察哈素地区直罗组红色层的厚度逐渐减少。北部高家梁和皂火壕矿区地层结构与大营地区相似，由于该地区受构造抬升，白垩系地层大部分被剥蚀，直罗组埋深较小，厚度为 30~80m；南部榆林地区直罗组上段未见红色层。

绿色层：由北向南空间分布位置和厚度变化较大，厚度变化范围为 20~180m；北部绿色层主要位于直罗组下段，该地区的绿色层遭受了后期氧化，厚度相对较小；南部则在直罗组上段和下段均有分布，甚至在志丹群也可见厚层绿色层。南部察哈素地区直罗组下段沉积体系为三角洲平原沉积体系，直罗组下段基本都为绿色层，厚度为 30~100m，岩性以细粒砂岩、粉砂岩为主。剖面南端的榆林地区直罗组上段和下段岩性以中细粒砂岩为主，沉积相均为曲流河沉积体系，颜色基本均为绿色调，局部见红色小夹层。

灰色层：北部主要位于直罗组下段中下部，其中皂火壕地区的厚度相对其他地段较大，南部则主要分布于直罗组下段底部的薄层砂砾岩层中。

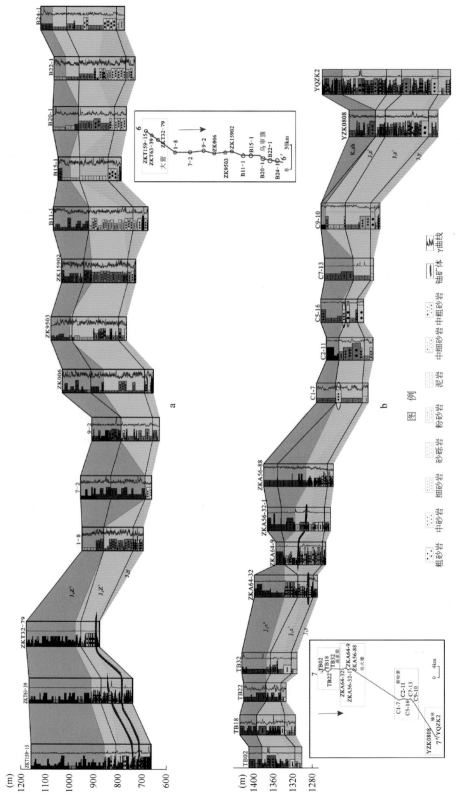

图 2.47　鄂尔多斯盆地东北缘 6-6′(a) 和 7-7′(b) 钻孔连井剖面图

（二）地球化学特征反映的沉积环境

沉积岩的地球化学特征是沉积期古环境与古气候状态的良好指示剂。通过研究沉积岩或沉积物中各常量、微量元素特征，来示踪古沉积环境，以了解当时的沉积特征（熊小辉等，2011）。

由于部分微量元素的溶解度受沉积环境氧化还原状态控制，并容易向还原性的水体和沉积物中迁移而自生富集或以硫化物形式沉淀（Francois，1988；Calvert and Padersen，1993；Russell and Morford，2001；Algeo and Maynard，2004；Tribovillard et al.，2006），如 U、Th、V、Cr、Fe、Co、Cu、Zn、Mo 等微量元素，其 Cr、U 和 V 的高价态离子可以在缺氧脱硝酸的环境下被还原并发生富集，而 Ni、Cu、Co、Zn、Cd 和 Mo 则主要富集在发生硫酸盐还原的环境中；Th 和 U 在还原条件下地球化学性质相似，在氧化状态下差别就特别大。Fe 存在+2 及+3 价，其对氧化还原反应灵敏，随 Eh、Ph 的不同，其化合价态发生相应变化。因此，这些元素的含量或比值常被视为判别氧化还原环境的重要指标参数。

判断的标准为：V/Cr、Ni/Co、U/Th 的值在亚氧化环境、缺氧（还原）环境下，分别大于 4.25、7 和 1.25；小于 2、5 和 0.75 分别对应于氧化环境；在贫氧环境下分别在二者之间（Jones and Manning，1994）；V/（V+Ni）比值通常用于判断沉积物沉积时底层水体分层强弱（Hatch and Leventhal，1994），高于 0.84 分层强，水体中出现 H_2S 的厌氧环境，0.6~0.84 分层中等，0.4~0.6 分层弱；Cu/Zn 值随介质氧逸度的升降而变化，高值更还原，低值更氧化（Dypvik，1984）。一般认为，$Fe^{2+}/Fe^{3+} \gg 1$ 为还原环境，$Fe^{2+}/Fe^{3+} > 1$ 为弱还原环境，$Fe^{2+}/Fe^{3+} = 1$ 为中性环境，$Fe^{2+}/Fe^{3+} < 1$ 为弱氧化环境，$Fe^{2+}/Fe^{3+} \ll 1$ 为氧化环境。U 元素在沉积环境中表现为氧化条件下易溶，还原条件下不溶；全岩 S 含量和 TOC 相对低值说明大量的低价硫化物及有机质被氧化消耗，指示此类砂岩具有明显的被氧化特征，表现为氧化环境，反之则代表还原环境。

1. 矿区垂向颜色变化反映的沉积环境

根据本轮铀矿调查成果，结合前人的垂向不同颜色地层研究数据（表 2.3），本次发现盆地周缘矿区的 Fe^{3+}/Fe^{2+}、全 S、TOC、U 等数值在垂向上具有明显的差异，而不同矿区间的环境指标参数在相同的颜色层段具有相似的特征（图 2.48），地球化学分带与颜色分带具有较好的对应关系。

（1）红色层：东南缘黄陵、东北缘皂火壕矿区的 Fe^{3+}/Fe^{2+} 平均值介于 5~6，明显高于其他矿区，与该地区的直罗组上部大部分遭受剥蚀，矿层埋藏浅有关；全岩 S 平均值含量介于 0.01%~0.02%，其中黄陵地区红层与其他地区的红层全岩 S 含量略有不同，稍微偏高，可能该地区受到油气还原作用明显，钻孔浅部可见到较多油斑、石膏等现象；TOC 含量为 0.03%~0.4%，明显偏低。U 含量平均值介于 1×10^{-6}~10×10^{-6}。明显属于氧化环境特征。

（2）绿色层：盆地各矿区的 Fe^{3+}/Fe^{2+} 值、全岩 S、TOC 含量、U 含量相对红色层变化不大，但随着向矿层靠近，Fe^{3+}/Fe^{2+} 值逐渐减少，后三者数值逐渐增加。总体表现为弱还原环境。

（3）矿层：该层以灰色层为主，部分矿段位于绿色层中。最明显的特征是 TOC 含量、

U 含量相对其他岩层数值是最高的，显示有机碳的含量与砂岩中铀含量之间具有较大的正向相关性。

（4）灰色层：Fe^{3+}/Fe^{2+}、TOC 含量、U 含量相应减少，全岩 S 数量相对增加，灰色原生砂岩比较显著的特点是全岩 S 含量最高，反映了其未经受过后期的含氧水的改造作用，保留了砂岩的原始特征，代表了还原环境特征。

因此，鄂尔多斯盆地的红层基本代表了氧化环境，绿色层代表了弱还原环境，灰色层富含黄铁矿代表了较强的还原环境。

表 2.3　不同矿区直罗组各颜色层地球化学参数

颜色分带	$\omega(U)/(\mu g/g)$ 平均值				Fe^{3+}/Fe^{2+} 平均值				
	大营	纳岭沟	皂火壕	宁东	大营	纳岭沟	皂火壕	宁东	黄陵
红色层	7.84	4.19	4.20	2.00	1.11	1.63	5.76	2.20	5.28
样品个数	20	5	4	27	15	5	4	27	5
绿色层	17.79	27.84	3.67	4.00	0.51	0.51	1.15	0.94	0.55
样品个数	46	21	7	58	43	34	7	58	14
矿段	1734.74	769.48	115.97	234.00	1.11	0.80	2.14	1.10	1.00
样品个数	38	29	8	37	31	19	8	37	16
灰色层	26.77	26.61	5.55	45.00	0.48	0.56	1.48	0.59	0.37
样品个数	72	51	6	72	60	25	6	72	39

颜色分带	$\omega(全岩S)/\%$ 平均值					$\omega(TOC)/\%$ 平均值				
	大营	纳岭沟	皂火壕	宁东	黄陵	大营	纳岭沟	皂火壕	宁东	黄陵
红色层	0.11	0.01	0.03	0.02	0.42	0.04	0.30	0.08	0.03	0.11
样品个数	10	5	4	27	5	3	5	4	27	5
绿色层	0.03	0.13	0.02	0.39	0.06	0.18	0.12	0.03	0.20	0.10
样品个数	20	20	7	58	14	11	35	7	58	14
矿段	0.39	0.15	0.63	0.70	0.48	0.59	0.31	0.26	0.60	1.16
样品个数	28	25	8	37	16	21	24	8	37	16
灰色层	0.42	0.38	0.44	0.70	0.25	0.30	0.10	0.09	0.40	0.25
样品个数	28	26	6	72	39	24	29	6	72	39

注：数据来源：大营、纳岭沟矿床，李西得等，2016；皂火壕，胡亮，2010；宁东地区，宁东铀矿调查成果报告；黄陵地区，陕西省黄陵地区铀矿调查成果报告。

2. 盆地内垂向颜色变化反映的沉积环境

前人利用鄂尔多斯盆地东北缘延安组、直罗组中的泥岩和细粒砂岩样品进行地球化学特征、物源和古沉积环境的恢复（张天福等，2016；孙立新等，2017；雷开宇等，2017），为延安组沉积后成煤、成岩阶段形成了区域性的原生还原层，而直罗组上段红层为强氧化背景（张天福等，2016）。

为了探讨从盆地边缘至盆地内部的地球化学特征及沉积环境变化。本次由北向南优选了塔然高勒铀矿区、巴彦淖-乃马岱铀异常区、乌审旗非矿区的部分钻孔直罗组不同颜色

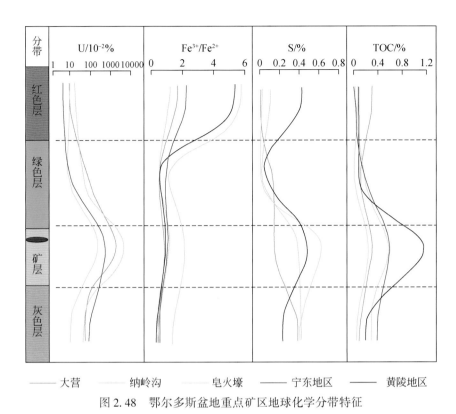

图2.48　鄂尔多斯盆地重点矿区地球化学分带特征

样品进行了常量、微量元素测试（表2.4）。研究发现：上述元素的比值在三个不同地区的不同颜色层垂向上变化具有相似性，对比垂向演化曲线（图2.49）可以看出：

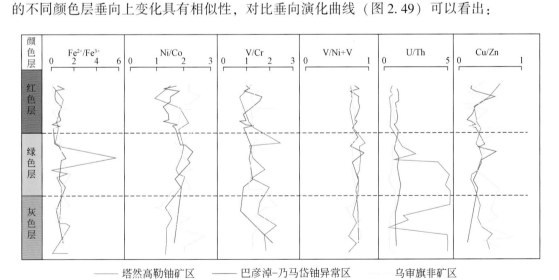

图2.49　鄂尔多斯盆地中北部地区微量元素比值判别图（数据来源表5.3）

（1）直罗组红层：三个地区的 Fe^{2+}/Fe^{3+} 平均值为 0.48~0.53、Ni/Co 平均值为 1.69~2.12、V/Cr 平均值为 1.0~1.36、V/Ni+V 平均值为 0.73~0.78、U/Th 平均值为 0.16~

0.39、Cu/Zn 平均值为 0.26 ~ 0.39。显示从盆地边缘向盆地内部，直罗组的红色均表现氧化环境，沉积物沉积时底层水体分层中等，Cu/Zn 值显示偏向于弱氧化环境，而塔然高勒地区相对盆地内部的氧化程度偏高。

（2）绿色层：三个地区的 Fe^{2+}/Fe^{3+} 平均值为 0.71 ~ 1.44、Ni/Co 平均值为 1.89 ~ 2.05、V/Cr 平均值为 1.33 ~ 1.53、V/Ni+V 平均值为 0.76 ~ 0.83、U/Th 平均值为 0.22 ~ 28.8、Cu/Zn 平均值为 0.26 ~ 0.46。该层相对红色层的还原性偏强，其中塔然高勒矿区的绿色层和灰色层上部显示该区域岩层铀含量较高，可能受后生富铀表生流体作用和还原性流体的影响，致使 U/Th 值变化范围较大，个别样品的 Fe^{2+} 含量偏高，对沉积环境的指示有一定干扰。而其他两个地区的 U/Th 曲线垂向上变化不大。因此，相关参数数值总体反映了绿色层代表了弱还原环境。

（3）灰色层：由于直罗组灰色层主要位于直罗组下段下部，岩性以中粗粒砂岩为主，细粒碎屑物较少，沉积物成分易受到外来物缘的影响，本次采集的细粒样品数量相对较少，可能无法准确反映古水体的沉积环境。但是从上述元素的比值看，Fe^{2+}/Fe^{3+} 平均值为 0.69 ~ 1.06、Ni/Co 平均值为 1.62 ~ 1.84、V/Cr 平均值为 1.53 ~ 1.63、V/Ni+V 平均值为 0.77 ~ 0.82、U/Th 平均值为 0.22 ~ 7.05、Cu/Zn 平均值为 0.12 ~ 0.42。大部分数值与绿色层接近。同时样品中可见到较多黄铁矿和炭屑，证实灰色层代表了弱还原–还原环境。

（三）讨论

综合上述的研究，本次认为颜色变化是气候变化、沉积环境演变最直观、最直接的证据。矿集区垂向上由"红（黄）—绿—灰"的不同颜色层其 Fe^{3+}/Fe^{2+}、全 S、TOC、U 等数值在垂向上具有明显的差异，表现为 Fe^{3+}/Fe^{2+} 值逐渐减少，全 S、TOC 值逐渐增加，其中矿段的全 S、TOC 值相对围岩偏高，说明铀的成矿富集与黄铁矿、炭屑等有机质具有正相关关系，直罗组地层垂向上地球化学分布特征与地层颜色变化具有空间上的相关性。而盆地四个矿集区的环境指标参数垂向上的形态变化在对应的颜色层段具有相似的特征，说明相同的颜色层代表相同的沉积环境。即红层基本代表了氧化环境，绿色层代表了弱还原环境，灰色层富含黄铁矿代表了较强的还原环境。

从盆缘的铀矿区到盆内的无矿区，垂向上直罗组地层不仅具有相同的"红（黄）—绿—灰"颜色分带特征，U、Th、V、Cr、Fe、Co、Cu、Zn、Mo 等氧化还原环境指示元素所表现的地球化学变化特征形态相似，且具有相对较好的稳定性；尽管横向上由于水位波动、盆地边缘的氧化作用、还原性流体地球化学障形成小范围的颜色混杂突变和颜色层厚度大小的变化，但总体上没有形成大范围的规律性横向颜色色调变化或出现某种颜色尖灭消失。因此，鄂尔多斯盆地直罗组地层垂向上由上至下不同颜色层"红—绿—灰"颜色分带为垂直分带，不能作为矿化期次分带，而是不同矿物在不同层位的表象；其地球化学特征基本反映了"氧化—弱还原—还原"逐渐过渡的古沉积环境；横向上不具有大范围的颜色分带性，其相同颜色层的地球化学特征变化不大。在铀矿找矿过程中，颜色只是其中的找矿标志之一，应区分原生色和后生色，原生色则与成矿环境有关但与成矿作用无关。

表 2.4 鄂尔多斯盆地中北部地区直罗组部分主微量元素分析及计算结果

地区	样品编号	样品位置	样品岩性	FeO*	Fe₂O₃*	Ni	Co	V	Cr	U	Th	Cu	Zn	Fe²⁺/Fe³⁺	Ni/Co	V/Cr	V/Ni+V	U/Th	Cu/Zn
	UZK2-23	290.45	红棕色粗砂岩	0.73	2.7	10.2	6.77	32.2	38.2	1.6	2.72	5.7	17.6	0.30	1.51	0.84	0.76	0.59	0.32
	UZK2-26	320	红棕色泥岩	0.72	6.23	42.2	26.1	103	83.4	3.75	11.2	62.3	90.3	0.13	1.62	1.24	0.71	0.33	0.69
	UZK2-28	343	绿棕色泥岩	3.2	3.35	18.8	19.4	58.9	92.1	4.98	7.08	13.6	26.8	1.06	0.97	0.64	0.76	0.70	0.51
	UZK2-31	377	灰绿色中砂岩	1.7	2.26	37.4	19.4	84.6	88.6	2.19	9.64	16.5	77.4	0.84	1.93	0.95	0.69	0.23	0.21
	UZK2-34	391.3	红棕色泥岩	1.52	6.2	49	21.9	122	117	3.14	14	24.5	94.8	0.27	2.24	1.04	0.71	0.22	0.26
	UZK2-36	407.59	暗紫色泥岩	4.42	8.24	44.9	24	126	98.5	3.91	16.1	37.7	102	0.60	1.87	1.28	0.74	0.24	0.37
	平均值			2.05	4.83	33.75	19.60	87.78	86.30	3.26	10.12	26.72	68.15	0.53	1.69	1.00	0.73	0.39	0.39
塔然高勒	UZK2-43	480.98	灰绿色粗砂岩	2.68	2.77	17.1	7.9	67.9	59.3	11.9	10.3	14.1	46.4	1.08	2.16	1.15	0.80	1.16	0.30
	UZK4-1	616.40	浅灰色中细砂岩	1.38	4.6	17.8	9.01	74.3	69.7	14.4	6.66	16.4	60.5	0.33	1.98	1.07	0.81	2.16	0.27
	UZK4-2	615.40	浅灰绿色中粗砂岩	2.38	0.45	11.5	5.88	145	58	1.97	6.24	7.95	32.1	5.88	1.96	2.50	0.93	0.32	0.25
	UZK4-3	620.50	灰白色细砂岩	1.21	4.44	17	8.78	82.4	68.7	29	6.08	14.4	39.8	0.30	1.94	1.20	0.83	4.77	0.36
	UZK4-4	624.70	灰绿色细砂岩（矿段）	1.39	0.95	11.3	6.82	68.8	37.5	166	4.69	8.7	28.5	1.63	1.66	1.83	0.86	35.39	0.31
	UZK4-5	626.10	灰绿色细砂岩（矿段）	0.76	1.83	21.3	12.2	75	56.9	1280	8.38	11.3	60.8	0.46	1.75	1.32	0.78	152.74	0.19
	UZK4-6	627.15	灰白色中砂岩	0.68	0.84	9.63	4.58	34.6	29.3	14.6	3.63	6.63	37.5	0.90	2.10	1.18	0.78	4.02	0.18
	UZK4-7	631.00	灰绿色细砂岩（矿段）	0.59	0.67	10.3	6.46	46.6	23	100	3.35	5.43	22.9	0.98	1.59	2.03	0.82	29.85	0.24
	平均值			1.38	2.07	14.49	7.70	74.33	50.30	202.23	6.17	10.61	41.06	1.44	1.89	1.53	0.83	28.80	0.26
	UZK4-9	642.10	灰白色中细砂岩	0.84	0.96	10.7	7.12	50	34.5	44.4	3.82	6.69	23.2	0.97	1.50	1.45	0.82	11.62	0.29
	UZK4-10	643.19	灰白色中细砂岩	0.27	1.48	10.2	7.4	36.1	28.8	3.98	3.45	6.63	25.3	0.20	1.38	1.25	0.78	1.15	0.26
	UZK27-1	621.30	灰白色中粗砂岩	2.22	1.68	20.2	11.3	189	78.4	4.66	3.24	13.1	52.2	1.47	1.79	2.41	0.90	1.44	0.25
	UZK27-2	622.3	灰白色细砂岩	1.51	1.99	16.9	9.7	64.4	49.1	1.29	3.52	11.8	33.7	0.84	1.74	1.31	0.79	0.37	0.35
	UZK27-3	6223.3	灰白色中砂岩	1.46	0.96	9.99	5.94	45.5	34.6	53.5	3.11	7.8	26.9	1.69	1.68	1.32	0.82	17.20	0.29
	UZK27-4	624.5	灰白色中粗砂岩	1.02	0.98	8.4	5.16	31.4	22.2	18.7	1.78	4.77	14.3	1.16	1.63	1.41	0.79	10.51	0.33
	平均值			1.22	1.34	12.73	7.77	69.40	41.27	21.09	3.15	8.47	29.27	1.06	1.62	1.53	0.82	7.05	0.30

续表

地区	样品编号	样品位置	样品岩性	FeO*	Fe₂O₃*	Ni	Co	V	Cr	U	Th	Cu	Zn	Fe²⁺/Fe³⁺	Ni/Co	V/Cr	V/Ni+V	U/Th	Cu/Zn
	U6-3-Z1	40.5	棕红色粉砂岩	0.67	1.89	11.1	6.39	32.1	33.5	1.21	11.8	7.68	37.4	0.39	1.74	0.96	0.74	0.10	0.21
	U6-3-Z2	75.4	棕红色中粒砂岩	1.91	2.13	9.77	7.38	47.9	42.9	1.59	13.3	13	72.4	1.00	1.32	1.12	0.83	0.12	0.18
	U6-3-Z3	103.7	棕红色中砂岩	0.76	3.03	21.2	11.4	48.2	54.2	1.5	10.7	16.3	63.1	0.28	1.86	0.89	0.69	0.14	0.26
	U6-3-Z4	172.6	棕红色中砂岩	0.58	2.96	11.9	8.24	59.1	35	1.2	6.23	23.3	40.7	0.22	1.44	1.69	0.83	0.19	0.57
	U6-3-Z5	218.7	棕红色粗砂岩	0.59	2.34	11.8	7.56	46.1	29	1.44	8.06	17.6	42.2	0.28	1.56	1.59	0.80	0.18	0.42
	U6-3-Z6	290.8	棕红色粗砂岩	1.59	2.15	8.01	6.4	39.4	31	1.31	9.67	14.3	55.9	0.82	1.25	1.27	0.83	0.14	0.26
	U6-3-Z7	468.4	棕红色粗砂岩	1.24	2.04	8.61	6.69	37.4	53.2	1.5	8.79	9.93	50	0.68	1.29	0.70	0.81	0.17	0.20
	U6-3-Z8	379.1	棕红色中砂岩	1.34	2.55	11.3	7.91	47	53.4	1.77	8.55	11	49.6	0.58	1.43	0.88	0.81	0.21	0.22
	U6-3-Z9	452	棕红色中砂岩	0.82	1.32	7.05	4.88	20	19.4	0.9	5.59	5.28	39.6	0.69	1.44	1.03	0.74	0.16	0.13
	U6-3-Z10	507	棕红色泥岩	0.26	4.16	17.8	9.77	50.8	52.6	1.14	7.38	12.6	48	0.07	1.82	0.97	0.74	0.15	0.26
	U6-3-Z11	546.7	棕红色粗砂岩	0.35	4.5	19.4	11.4	51.4	59.6	2.03	9.47	13.6	49.3	0.09	1.70	0.86	0.73	0.21	0.28
	U12-2-Z3	520.5	棕红色粗砂岩	1.1	1.83	10.3	6.61	32.1	23.6	1.22	8.1	6.49	35.6	0.67	1.56	1.36	0.76	0.15	0.18
	平均值			**0.93**	**2.58**	**12.35**	**7.89**	**42.63**	**40.62**	**1.40**	**8.97**	**12.59**	**48.65**	**0.48**	**1.53**	**1.11**	**0.78**	**0.16**	**0.26**
巴彦淖-乃马岱	U6-3-Z12	601.5	灰绿色泥岩	1.35	8.35	49.5	25.8	138	116	2.51	19.2	56	130	0.18	1.92	1.19	0.74	0.13	0.43
	U6-3-Z13	606	灰白色细粒砂岩	2.41	5	50.8	24.2	112	91	1.49	18.8	40.8	130	0.54	2.10	1.23	0.69	0.08	0.31
	U6-3-Z14	614.1	灰绿色中砂岩	2.54	4.05	28.3	12	264	77.7	4.5	13.8	59.6	97.6	0.70	2.36	3.40	0.90	0.33	0.61
	U6-3-Z15	630	灰绿色泥岩	3.55	3.37	40.6	19	104	94.6	2.68	15	33.4	95.7	1.17	2.14	1.10	0.72	0.18	0.35
	U6-3-Z16	632.5	灰绿色泥岩	2.94	4.19	47.2	21.2	117	100	2.69	20.3	45.4	124	0.78	2.23	1.17	0.71	0.13	0.37
	U12-2-Z4	667.3	灰绿色中砂岩	0.64	1.31	9.77	5.75	45.2	36.1	1.55	4.98	5.78	23.5	0.54	1.70	1.25	0.82	0.31	0.25
	U12-2-Z5	681.7	灰绿色中砂岩	2.8	2.9	32.3	16.6	115	136	5.29	13.2	24.4	82.9	1.07	1.95	0.85	0.78	0.40	0.29
	平均值			**2.32**	**4.17**	**36.92**	**17.79**	**127.89**	**93.06**	**2.96**	**15.04**	**37.91**	**97.67**	**0.71**	**2.05**	**1.46**	**0.77**	**0.22**	**0.37**
	U12-2-Z1	664.27	灰白色中砂岩	0.45	1.31	10.5	5.81	34.6	41.4	0.88	3.26	3.37	21.9	0.38	1.81	0.84	0.77	0.27	0.15
	U12-2-Z2	659.79	灰白色中砂岩	0.84	0.93	13	8.2	63.6	28.2	0.72	4.18	5.74	63	1.00	1.59	2.26	0.83	0.17	0.09
	平均值			**0.65**	**1.12**	**11.75**	**7.01**	**49.10**	**34.80**	**0.80**	**3.72**	**4.56**	**42.45**	**0.69**	**1.70**	**1.55**	**0.80**	**0.22**	**0.12**

续表

地区	样品编号	样品位置	样品岩性	FeO*	Fe₂O₃*	Ni	Co	V	Cr	U	Th	Cu	Zn	Fe²⁺/Fe³⁺	Ni/Co	V/Cr	V/Ni+V	U/Th	Cu/Zn
	B3311-18	581m	紫红色泥岩	0.57	8.83	44.7	19.9	132	101	1.76	9.72	19.6	73.4	0.07	2.25	1.31	0.75	0.18	0.27
	B3311-5	590.5m	紫红色砂岩	0.6	4.7	31.3	14.6	68.4	67.5	1.14	7.62	9.86	53	0.14	2.14	1.01	0.69	0.15	0.19
	B3311-6	596.5m	杂色粉砂岩	1.47	8.8	45.4	21.1	157	98.5	1.56	10	35.2	86.1	0.19	2.15	1.59	0.78	0.16	0.41
	B3311-7	604m	绿色粉砂岩	1.66	4.76	52.2	19.9	123	103	2.25	9.6	17.8	64.2	0.39	2.62	1.19	0.70	0.23	0.28
	B3311-3	620m	杂色砂岩	1.48	7.15	37	16.9	112	86.2	1.85	8.82	19.4	65	0.23	2.19	1.30	0.75	0.21	0.30
	B3311-21	621m	绿色粉砂质泥岩	4.16	4.1	55.1	26.7	150	121	1.65	11.5	50.2	104	1.13	2.06	1.24	0.73	0.14	0.48
	B3311-13	624.4m	绿色粉砂岩	3.07	4.88	46.2	22.1	145	104	1.35	8.44	36.1	83	0.70	2.09	1.39	0.76	0.16	0.43
	B3311-11	628.3m	绿色粉砂岩	2.95	3.88	44.3	28.4	127	84.7	1.34	7.7	50.4	88.4	0.84	1.56	1.50	0.74	0.17	0.57
	B3311-16	629m	绿色泥岩	5.07	4.23	59.1	29.4	140	110	1.86	17.1	59.4	110	1.33	2.01	1.27	0.70	0.11	0.54
	B3311-4	630.5m	绿色泥岩	1.75	6.34	50.5	22.1	217	89.3	3.1	8.39	24.1	65.7	0.31	2.29	2.43	0.81	0.37	0.37
乌审旗	B3311-12	631.5m	紫红色粗砂岩	0.36	3.72	15.7	8.27	52.9	44	1	4.73	7.76	30.3	0.11	1.90	1.20	0.77	0.21	0.26
	B3311-23	664.5m	绿色粉砂质泥岩	4.31	5.19	46.5	26.3	147	115	1.88	7.07	41.4	99.7	0.92	1.77	1.28	0.76	0.27	0.42
	B3311-22	666.2m	紫红色粉砂岩	0.58	3.02	17.2	7.88	57.2	49.2	2.8	4.47	7.21	34	0.21	2.18	1.16	0.77	0.63	0.21
	B3311-15	669.3m	红色粗砂岩	0.34	1.76	14.4	5.96	39	32.8	1.57	3.44	6.32	25.4	0.21	2.42	1.19	0.73	0.46	0.25
	平均值			2.03	5.10	39.97	19.25	119.11	86.16	1.79	8.47	27.48	70.16	0.48	2.12	1.36	0.75	0.25	**0.35**
	B3311-14	671.5m	灰绿色粉砂岩	3.52	3.95	34.3	17.6	125	83.4	2.02	12.1	31	89.7	0.99	1.95	1.50	0.78	0.17	0.35
	B3311-20	674.5m	绿色粉砂质泥岩	2.62	3.94	44	26.2	126	93	3.16	8.84	49.2	74.6	0.74	1.68	1.35	0.74	0.36	0.66
	B3311-24	737.0m	绿色泥岩	4.14	3.69	45.4	19.7	115	101	1.62	12.4	44.3	94.7	1.25	2.30	1.14	0.72	0.13	0.47
	B3311-8	744.8m	灰绿色细砂岩	2.55	1.63	18.8	9.58	56.4	47.1	1.11	6.92	15.4	39.8	1.74	1.96	1.20	0.75	0.16	0.39
	B3311-17	779.0m	灰绿色泥岩	2.48	3.57	27	12	95.7	90	1.99	11.3	30.9	45.5	0.77	2.25	1.06	0.78	0.18	0.68
	B3311-25	781.5m	灰绿色中砂岩	1.31	2.02	17.7	11.1	75.4	44.4	3.35	4.76	7.32	35.6	0.72	1.59	1.70	0.81	0.70	0.21
	平均值			2.77	3.13	31.20	16.03	98.92	76.48	2.21	9.39	29.69	63.32	1.03	1.96	1.33	0.76	0.28	**0.46**

续表

地区	样品编号	样品位置	样品岩性	FeO*	Fe$_2$O$_3$*	Ni	Co	V	Cr	U	Th	Cu	Zn	Fe^{2+}/Fe^{3+}	Ni/Co	V/Cr	V/Ni+V	U/Th	Cu/Zn
	B3311-26	790.2m	灰白色粗砂岩	11.58	8.02	65.8	59.2	195	111	6.48	10.9	32.8	85.8	1.60	1.11	1.76	0.75	0.59	0.38
	B3311-27	790.3m	绿色泥岩	5.25	21.72	44	46.7	74.3	31.8	1.45	6.82	15.1	45.8	0.27	0.94	2.34	0.63	0.21	0.33
	B3311-9	796m	白色粗砂岩	0.69	0.83	14.6	6.45	36.8	26.4	0.67	3.41	6.72	22	0.92	2.26	1.39	0.72	0.20	0.31
	B3311-10	797.5m	灰白色粗砂岩	4.07	10.48	37.9	19.1	228	100	2.8	12.8	20.8	48.2	0.43	1.98	2.28	0.86	0.22	0.43
乌审旗	B3311-1	800m	灰白色粗砂岩	0.9	1.22	13	7.98	52.6	33.4	0.72	3.86	8.91	27.5	0.82	1.63	1.57	0.80	0.19	0.32
	B3311-2	805m	碳屑	2.05	2	29.6	10.6	204	162	2.72	18.2	53.3	65.2	1.14	2.79	1.26	0.87	0.15	0.82
	B3311-29	811.5m	灰白色粗砂岩	0.73	1	13.2	6.55	46.7	36.2	0.9	5.14	10.3	44.1	0.81	2.02	1.29	0.78	0.18	0.23
	B3311-28	813m	灰色泥岩	2.94	2.78	40.4	20	118	101	3.47	13.5	40.9	79.7	1.18	2.02	1.17	0.74	0.26	0.51
	平均值			**3.53**	**6.01**	**32.31**	**22.07**	**119.43**	**75.23**	**2.40**	**9.33**	**23.60**	**52.29**	**0.90**	**1.84**	**1.63**	**0.77**	**0.25**	**0.42**

注: *主量元素为10^{-2}; 其他微量元素为10^{-6}。

总之，该研究成果有别于层间氧化带成矿理论的横向颜色分带及前人在鄂尔多斯盆地东北缘提出的横向三种不同颜色分带认识。同时，该认识的提出对前期以找矿目的层颜色变化来划分氧化还原前锋线的铀矿找矿勘查思路的转变和含铀岩系横向沉积环境的研究具有一定借鉴作用。

二、生物化石对含铀岩系的古气候的指示意义

1. 孢粉植物生态特征与古气候环境

利用孢粉资料定量研究古气候的方法，有几种划分方案，张立平、王东坡（1994）将各孢粉属归类于喜热成分、喜温成分、喜寒成分、喜湿成分、喜干成分和水生成分六类。赵秀兰等（1992）、高瑞祺等（1999）将孢粉植被类型划分为针叶树、常绿阔叶树、落叶阔叶树、灌木和草本五大类，将孢粉气候带划分为热带、亚热带、温带及广温性的热-亚热带、热-温带植物五大类，将孢粉干湿度带划分为旱生、中生、湿生、水生和沼生五大类。王蓉等（1992）则通过用孢粉资料计算喜热系数（热带、亚热带分子与其他气候带分子之比）和旱生系数（旱生类型与中生、湿生、水生类型之比）来研究古气候。但根本上都是将孢粉按照不同的植被类型、气候带类型和干湿度类型进行划分。本书按照植被类型、气候带和干湿度类型来探讨东北缘和西缘地区延安组和直罗组古气候特征。

从表 2.5 中可以看出在蕨类植物中，现生真蕨纲的真蕨目植物大都分布于热-亚热带，桫椤科的 *Cyathidites* 属和 *Deltoidospora* 属均为生长在热带、亚热带潮湿地区的阔叶树，紫萁科中的 *Osmundacidites* 属为生长于温-亚热带潮湿地区的阔叶树。属莲座蕨目的莲座蕨科的 *Marattisporite* 为生长于热-亚热带潮湿地区的灌木。石松纲石松科中的 *Lycopodiumsporite* 属和卷柏科中的 *Neoraistrickia* 属为生长于热-温带半干旱-半湿润地区的草本植物。苏铁纲中苏铁科中的 *Cycadopites* 属为生长于热-亚热带半干旱-半湿润地区的阔叶树。松科中的 *Pinuspollenites*、*Podocarpidites*、*Protoconiferus*、*Piceaepollenites*、*Piceites* 为生长于热-温带半干旱-半湿润地区的针叶树，南美杉科中的 *Callialasporites* 属为生长于热带干旱地区的针叶树。在裸子植物中，松柏纲中 *Classopollis* 粉的母体植物掌鳞杉科为生长于热-亚热带干旱地区的针叶树，一般 *Classopollis* 粉含量升高表示气温变热，但应结合沉积特征分析等。上述陆生植物对生态环境反应灵敏，因此，可作为讨论古生态、古气候指示标识。

表 2.5　神山沟剖面主要孢粉植被、气候带、干湿度类型划分

孢粉化石名称	可能植被类型	植物成分	气候带类型	干湿度
Cyathidites	桫椤科	阔叶树	热带	湿生
Deltoidospora	桫椤科	阔叶树	热-亚热带	湿生
Osmundacidites	紫萁科	阔叶树	亚热-温带	湿生
Dictyophyllidites	双扇蕨科	灌木	热-亚热带	湿生
Marattisporites	莲座蕨科	灌木	热-亚热带	湿生
Lycopodiumsporites	石松科	草本	热-亚热带	中生
Lycopodiacidite	石松科	草本	热-亚热带	中生

孢粉化石名称	可能植被类型	植物成分	气候带类型	干湿度
Cycadopites	苏铁科	阔叶树	热带	中生
Pinuspollenites	松科	针叶树	热–亚热带	中生
Podocarpidites	罗汉松科	针叶树	热–亚热带	中生
Protoconiferus	松科	针叶树	热–亚热带	中生
Piceaepollenites	松科	针叶树	热–亚热带	中生
Piceites	松科	针叶树	热–亚热带	中生
Neoraistrickia	卷柏科	草本	热–温带	中生
Perinopollenites	柏科	针叶树	温带	中生
Classopollis	掌鳞杉科	针叶树	热–亚热带	旱生
Callialasporites	南美杉科	针叶树	热带	旱生

（1）东北缘地区：神山沟剖面中，延安组下部孢粉组合中，以裸子植物花粉稍占优势，平均含量为 51.74%，蕨类植物孢子次之，占 48.26%。延安组下部孢粉化石中桫椤科的 *Cyathidites* 和 *Deltoidospora* 的含量较高，占 17.18%，次为紫萁科的 *Osmundacidites*，平均占总量的 7.52%，反映植被中热带或亚热带潮湿地区的阔叶树为主，热–亚热带成分占 17.18%；亚热–温带占 7.52%，植被中湿生为主。裸子植物中，松柏类两气囊花粉（包括气囊分化未完善的原始松柏类）含量最高，以 *Pinuspollenites*、*Podocarpidites*、*Protoconiferus*、*Piceaepollenites* 等最为常见，占 36.99%，指示为热–温带半干旱–半湿润气候条件；单沟类（*Cycadopites*、*Chasmatosporites*）和无口器类（*Psophosphaera*）花粉居次要位置，各占总量的 5% 左右。其余如单囊类与具环沟类的一些分子仅为个别出现。总体上延安组下部组合植被类型反映温湿的亚热带型气候（图 2.50）。

直罗组下部孢粉化石组合以 *Cyathidites-Osmundacidites-Cycadopites-Disacciatrileti*（COCD）组合带为代表，以桫椤科孢子繁盛，紫萁科较为发育，松柏类两气囊和单沟类花粉也有相当数量为其主要特征，指示干旱的掌鳞杉科 *Classopollis* 在本组合中占总量的 3% 较延安组有明显的升高。孢粉类型以湿生、湿中生、中生植物为主，反映干旱亚热带–温带温暖型气候。

（2）西缘地区：中侏罗世延安期（大致为阿伦–巴柔期）含煤地层十分发育，煤层厚度大、分布广，其中的暗色泥岩、碳质泥岩广泛发育，并有较多的黄铁矿等。本区九件延安组岩心样品中的孢子化石以反映温暖潮湿气候的桫椤科孢子 *Deltoidospora* 和 *Cyathidites* 高含量（可达 45.07%）出现为特征；裸子植物花粉以松柏类两气囊花粉数量最多，可占 25.80%（未见刊数据）。直罗组早期（巴通期）沉积岩性以灰、灰绿、黄绿色或者杂色砂、泥岩为主，间夹有红、紫红色砂、泥岩（图 2.51），晚期（卡洛维期）沉积灰色层减少，红层比例增高，而且石膏层开始出现，以上均指示由早到晚，气候有逐渐干旱化的趋势。直罗组沉积早期多种颜色的岩性组合交替出现一方面反映局部环境特别是水体深度、含氧量的变化，另一方面也反映了气候的半湿润–半干旱较为频繁的变化过程（张天福等，2016）。

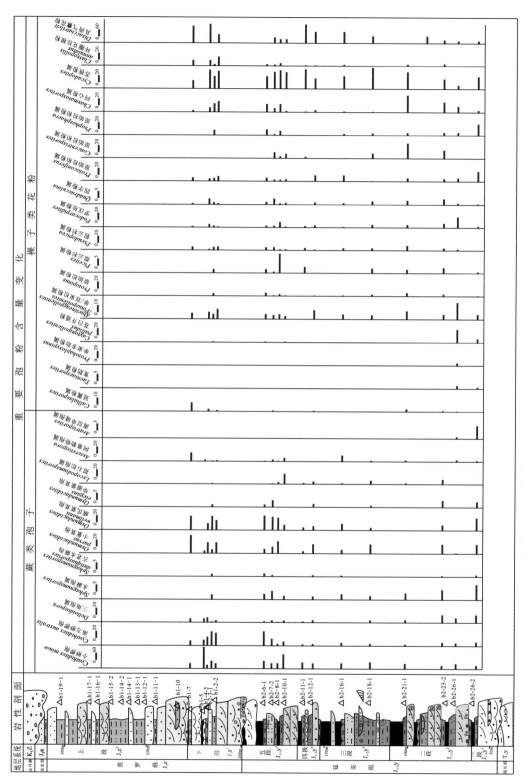

图 2.50　盆地东北缘地区延安组-直罗组柱状图及孢粉谱系图

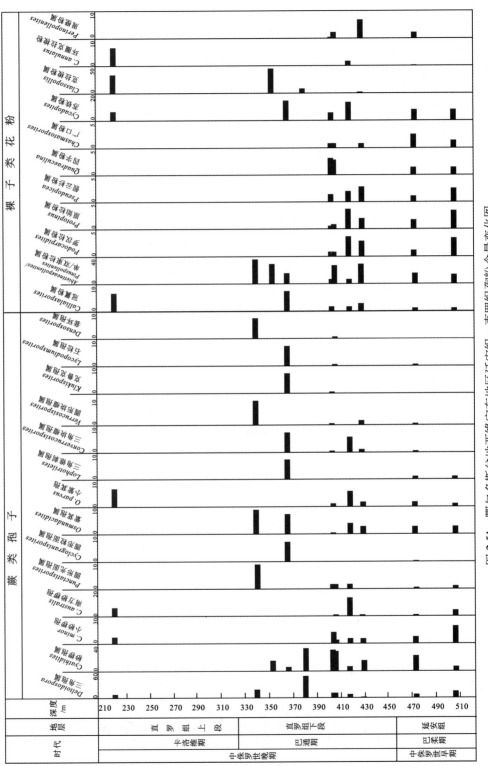

图 2.51 鄂尔多斯盆地西缘宁东地区延安组－直罗组孢粉含量变化图

相对于延安组，直罗组孢粉组合中反映干旱炎热气候的 *Classopollis* 及反映潮湿气候的蕨类孢子含量变化较大，显示了气候波动较强烈（孙立新等，2017），其 *Classopollis* 含量明显高于延安组，最高可达 20%（徐钰林、张望平，1980），表明中侏罗世直罗期鄂尔多斯盆地已于半干旱–半湿润热–亚热带气候区。晚侏罗世安定期（牛津期）沉积物以单调的红色、紫红色为显著特征，尤其是鄂尔多斯盆地东北缘发育上百米的大套红层（张天福等，2016）。鄂尔多斯盆地安定组化石贫乏，孢粉化石资料还尚未见报道，但其他地区晚侏罗世相当层位 *Classopollis* 含量一般在 50% 以上，如辽西土城子组中的 *Classopollis* 含量达 90% 以上，鄂西蓬莱镇组中亦超过 90%，新疆吐哈盆地喀拉扎组中为 81.7%，均指示了晚侏罗世气候干旱的特点（表 2.6）。

表 2.6　宁东地区 YCZK2-1 钻孔岩心化学蚀变指数（CIA）值和孢粉化石反映的中、晚侏罗世古气候信息

样品号	BF-220	BF-339.5	BF-353	BF-366	BF-380	BF-403.5	BF-406	BF-418	BF-429	BF-473	BF-506
蕨类植物孢子数量/%	30.77	60.00	16.67	58.33	90.48	67.97	56.56	62.50	33.70	54.97	59.56
Deltoidospora	7.69	20.00			52.38	10.32	12.30	8.33	1.09	8.64	16.18
Cyathidites			16.67	8.33	38.10	35.23	33.61	8.33	16.30	25.92	7.35
C. minor	7.69					13.17	4.10	6.25	6.52	7.33	20.59
C. australis	7.69						1.64	14.58	1.09	1.05	4.41
Concavisporites								2.08		0.52	0.74
Calamospora										0.26	
Cotiumspora						0.36		2.08		0.26	
Punctatisporites		10.00				2.14	1.64	2.08		0.52	1.47
Toroisporis						0.71				0.26	
Granulatisporites						0.36	0.82			0.26	
Cyclogranisporites				8.33						0.26	
Osmundacidites		10.00		8.33		0.71		4.17	3.26	3.14	2.94
O. parvus	7.69					1.07		6.25	2.17	1.57	1.47
O. wellmanii										0.26	
Lophotriletes				8.33						1.05	1.47
Planisporites							0.82			0.26	0.74
Apiculatisporis								2.08		0.26	
Converrucosisporites				8.33		0.71		6.25	1.09	0.79	
Verrucosisporites		10.00				0.71			2.17	0.79	
Neoraistrickia										0.52	0.74
Klukisporites				8.33		0.71					
Lycopodiumsporites				8.33			0.82			0.52	
Asseretospora										0.26	0.74
Densosporites		10.00					0.82				

续表

样品号	BF-220	BF-339.5	BF-353	BF-366	BF-380	BF-403.5	BF-406	BF-418	BF-429	BF-473	BF-506
Laevigatosporites						0.36					
裸子植物花粉数量/%	69.23	40.00	83.33	41.67	9.52	32.03	43.44	37.50	66.30	45.03	40.44
Cerebropollenites						1.78	0.82				0.74
Callialasporites	7.69			8.33		1.78		2.08	3.26	1.31	1.47
Abietineaepollenites/*Pinuspollenites*		40.00	33.33	16.67		8.54	30.33	8.33	31.52	16.75	14.71
Alisporites									1.09	0.26	
Podocarpidites						1.07	0.82	4.17	3.26	1.31	3.68
Keteleeriaepollenites										0.26	
Protopinus						0.71	0.82	4.17	2.17	1.83	3.68
Pseudopicea						1.42		2.08	3.26	1.31	2.94
P. rotundiformis						0.36					
Pseudopinus	7.69										
Piceites							1.64			0.26	
Protoconiferus						0.36	0.82		1.09	0.52	
Quadraeculina						3.56	3.28		8.70	1.57	1.47
Q. minor							0.82				
Q. anellaeformis						3.56			1.09	0.52	
Q. limbata						0.36					
Concentrisporites							0.82			1.83	
Araucariacites									1.09		
Psophosphaera										0.79	1.47
Chasmatosporites						1.07	0.82		1.09	2.88	1.47
C. minor						1.42				0.79	
C. hians										1.05	
Cycadopites	7.69			16.67		5.69		14.58		8.90	8.82
Classopollis	38.46		50.00		9.52				1.09		
C. annulatus	7.69							2.08		0.26	
Perinopollenites						0.36	2.46		7.61	2.36	
每块样品鉴定化石数量（粒）	13	10	6	12	21	281	122	48	92	382	136

　　因此，盆地东北缘和西缘地区延安组和直罗组孢粉组合在掌鳞杉科 *Classopollis*、桫椤科为主的光面三缝孢（*Cyathidites*、*Deltoidospora*）含量变化上，延安组的该组合含量仅为直罗组的一半左右，反映的气候条件总体为亚热-温带潮湿温暖气候条件向干旱炎热的气候条件转变。

2. 古植物化石组合对古气候变化的指示

陆相盆地岩石宏观特征和古植物化石对古气候具有定性的指示意义。延安组岩性为灰白、灰色砂岩，灰黑色粉砂岩、泥岩，发育黄铁矿结核，富含煤层，古植物化石以真蕨类、银杏类、裸子植物化石为主，发育 *Czekanowskia rigida* Heer，*Coniopteris hymenophylloides* Brongn。*Cladophlebis* cf. *asiataca* 等均为 *Coniopteris-Cladophlebis* 组合分子，与北京西山侏罗纪窑坡组植物群相当，煤层是潮湿气候的指示标志，反映延安组古气候为温暖潮湿气候条件。直罗组下部为灰、黄绿色砂岩与紫红色泥质粉砂岩互层，砂岩中含大量煤屑、黄铁矿碎屑，古植物与延安组近似，但以真蕨类、苏铁类为主，有一定量的本内苏铁类、银杏类。说明当时盆地处于潮湿与干旱过渡气候条件环境下。在苏铁类中常见属种有 *Cycas* sp. 和 *Cycadeoidea* sp.；银杏类中常见属种有 *Phoenicopsis* 和 *Czekanowskia*。直罗组下部孢粉组合与延安组类似，直罗组上部地层主要为红色，化石和孢粉稀少，干旱炎热条件不利于植物生长。

综上所述：鄂尔多斯盆地延安组到直罗组存在从潮湿向干旱演化的古气候旋回，旋回的潮湿期有利于形成煤层和原生还原性的地层，而干旱期有利于形成原生氧化性的红色岩层。古气候由温湿向干旱变化的时期既有利于氧化还原带的形成，也有利于铀矿物质迁移和聚集，为铀矿的形成创造了条件。中侏罗统直罗组恰好处于这一时期，有利于铀矿成矿条件的形成。

三、鄂尔多斯盆地含铀岩系直罗组地球化学特征及物源指示意义

目前整个盆地南北物源的复杂搬运体系及分区性特征还存在不同的认识，对不同物源影响范围与物源区构造演化发展尤其是南部物源的影响范围及来源仍存争议，以致影响直罗组砂体空间展布特征的分析和铀矿找矿空间的拓展。物源分析是盆地分析中再现沉积盆地演化、恢复古环境的重要依据（徐亚军等，2007）。通过对不同构造环境下砂岩的主量元素、微量元素和稀土元素的研究，可以总结形成于不同类型板块边界及其内部各类沉积盆地中砂岩组成特征和判别盆地的物源及沉积构造背景（Bhatiam，1983；McLennan and Taylor，1991）。本书根据直罗组下段砂岩的主量元素、微量元素和稀土元素地球化学测试，以及煤田资料"二次"开发积累的大量煤田钻孔、铀矿钻孔数据建立的区域沉积学背景，结合前人研究资料，进一步阐述鄂尔多斯盆地含铀岩系直罗组砂岩的构造背景和物源属性。

（一）主量元素地球化学特征

三个地区中，东北缘直罗组砂岩的 SiO_2 含量相对最低，平均含量为 64.83%，东南缘的 SiO_2 含量相对最高，平均含量为 71.63%；一般认为 Al_2O_3、TiO_2 和 Fe_2O_3 等不稳定成分的含量均随着 SiO_2 含量增高，数值总体下降，表明砂岩成熟度逐渐增大。样品中 Al_2O_3 和 Fe_2O_3 相对含量较高，说明这些样品中具有丰富的碎屑重矿物，如金红石、钛铁矿及钛磁铁矿等（表 2.7）。

表 2.7　鄂尔多斯盆地不同地区直罗组砂岩主量元素分析结果成（wB/%）

地区	编号	SiO_2	Al_2O_3	Fe_2O_3	FeO	CaO	MgO	K_2O	Na_2O	TiO_2	P_2O_5	MnO	灼失
黄陵	skys-03-1	65.78	13.98	6.36	0.96	0.98	1.6	3.6	1.38	0.92	0.12	0.05	4.16
	skys-03-2	59.72	19.68	6.54	0.85	0.21	1.55	5.68	0.56	0.84	0.06	0.012	4.22
	skys-03-3	74.83	10.92	3.28	0.48	0.87	0.74	3.46	1.56	0.55	0.06	0.015	3.19
	skys-03-5	68.7	15.82	2	1.77	0.31	1.24	4.55	0.56	0.78	0.075	0.023	3.97
	skys-03-6	78.89	7.5	1.08	0.4	3.5	0.48	2.7	1.08	0.43	0.036	0.048	3.84
	skys-03-7	69.66	14.67	1.52	2.21	0.41	1.17	4.34	0.55	0.74	0.1	0.044	4.36
	skys-03-8	88.19	6.03	0.24	0.38	0.13	0.23	2.21	1.26	0.28	0.049	0.01	0.95
	skys-03-10	76.2	8.49	2.8	0.62	2.19	0.62	2.89	1.24	0.37	0.066	0.05	4.42
	skys-03-16	70.92	8.05	3.45	1.17	4.41	0.46	2.78	1.58	0.17	0.04	0.13	6.71
	skys-03-17	79.88	8.55	2.11	0.66	0.76	0.34	3.01	1.67	0.47	0.059	0.033	2.38
	skys32-1	56.25	19.61	2.04	4.83	0.43	1.9	4.01	0.72	0.89	0.21	0.11	8.47
	skys32-5	67.45	14.9	1.85	1.53	1.35	1.33	4.15	1.1	0.72	0.095	0.042	5.31
	skys32-7	68.33	10.55	2.88	3.1	0.33	1.08	3.57	1.07	0.57	0.11	0.31	7.76
	skys21-02	84.33	7.7	0.33	0.69	0.44	0.31	3.03	1.27	0.29	0.042	0.04	1.46
	skys21-04	87.42	6.26	0.16	0.21	0.59	0.2	2.54	1.36	0.2	0.035	0.013	0.99
	skys21-05	81.01	7.51	0.72	1.07	1.79	0.4	2.75	1.42	0.18	0.045	0.18	2.8
宁东	SCZK15-1-2	62.17	17.9	3.49	2.92	0.62	2.14	2.61	1.6	0.91	0.036	0.064	5.22
	SCZK15-1-4	58.88	10.76	1.14	1.38	11.17	0.89	2.26	2.34	0.52	0.066	0.51	9.92
	SCZK15-1-8	77.26	11.17	0.95	0.84	1.25	0.84	2.76	2.38	0.31	0.047	0.029	2.07
	SCZK15-1-12	86.5	7.34	0.16	0.39	0.54	0.15	2.5	1.32	0.1	0.021	0.01	0.92
	SCZK23-2-4	62.77	17.56	2.8	3.78	0.72	1.72	2.7	1.56	0.92	0.075	0.048	4.94
	SCZK23-2-5	60.06	12.36	10.35	1.45	2.05	0.79	2.41	2.33	0.5	0.074	0.047	7.41
	SCZK23-2-7	78.97	10.65	1.05	0.44	1.07	0.33	3.2	1.83	0.31	0.044	0.016	2.05
	SCZK00-3-2	73.13	12.2	2.21	0.24	2.3	0.54	3	1.45	0.45	0.029	0.031	4.39
	SCZK00-3-4	52.29	16.48	4.57	7.63	1.66	1.74	2.43	0.56	0.8	0.15	0.38	10.46
塔然高勒	UZK4-1	66.72	14.29	4.6	1.38	0.75	1.77	3.38	1.95	0.67	0.13	0.093	4.12
	UZK4-2	71.45	12.42	0.45	2.38	1.81	1.45	3.32	1.58	0.58	0.096	0.065	4.04
	UZK4-3	66.58	13.81	4.44	1.21	0.94	1.59	3.48	1.92	0.56	0.11	0.098	5.14
	UZK4-8	61.25	12.55	5.1	0.93	5.62	1.74	2.85	1.78	0.45	0.09	0.21	7.32
	UZK4-10	53.09	9.02	1.48	0.27	16.6	0.78	2.3	1.73	0.34	0.092	0.34	13.92
	UZK16-2	74.65	12.23	1.09	1.4	1.11	1.12	3.38	1.97	0.4	0.08	0.041	2.39
	UZK16-3	73.42	12.98	1.51	1.29	0.92	1.09	3.53	2.15	0.56	0.093	0.042	2.27
	UZK16-4	63.86	11.31	6.66	1.66	1.38	0.92	2.98	1.85	1	0.13	0.075	8
	UZK27-1	69.1	14.22	1.68	2.22	0.64	2.29	3.31	2.08	0.82	0.15	0.048	3.17
	UZK27-2	69.68	13.51	1.99	1.51	1.03	1.31	3.16	3.54	0.63	0.13	0.056	3.29

续表

地区	编号	SiO$_2$	Al$_2$O$_3$	Fe$_2$O$_3$	FeO	CaO	MgO	K$_2$O	Na$_2$O	TiO$_2$	P$_2$O$_5$	MnO	灼失
塔然高勒	UZK27-4	74.42	12.07	0.98	1.02	1.5	1	3.65	2.12	0.31	0.075	0.046	2.7
	UZK4-6	72.3	11.93	0.84	0.68	3.08	0.97	3.32	1.78	0.34	0.08	0.068	4.56
OIA		58.83	17.11		5.52	5.83	3.65	1.6	4.1	1.06	0.26	0.15	
CIA		70.69	14.04		3.05	2.68	1.97	1.89	3.21	0.64	0.16	0.1	
ACM		73.86	12.89		1.58	2.48	1.23	2.9	2.77	0.46	0.09	0.1	
PCM		81.95	8.41		1.76	1.89	1.39	1.71	1.07	0.49	0.12	0.05	
UCC		66.6	15.4		5.04	3.59	2.48	2.8	3.27	0.64	0.15	0.1	

注：OIA. 洋岛砂岩平均化学组成；CIA. 大陆岛弧砂岩平均化学组成；ACM. 活动大陆边缘砂岩平均化学组成；PCM. 被动大陆边缘砂岩平均化学组成，上述数据源自文献（Bhatia，1983）；UCC. 大陆上地壳平均化学组成，数据源自文献（Rudnick and Gao，2003）。

将砂岩样品投到砂岩岩石地球化学分类图上，不同地区代表的岩石类型不一致，东南缘黄陵地区的主要为长石砂岩，东北缘地区的主要为岩屑砂岩，西缘宁东地区则为杂砂岩和岩屑砂岩（图2.52），其砂岩类型基本反映了近物源特征。

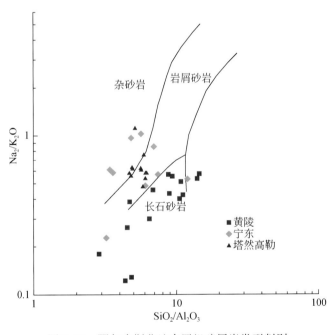

图2.52　鄂尔多斯盆地直罗组碎屑岩类型判别

（二）微量元素地球化学特征

由微量元素表2.8可知，Co、Ni、Cr、V 等镁铁质元素与大陆上地壳平均含量相近（Rudnik and Gao，2003），呈现出一个中酸性的趋势。在 MORB 标准化微量元素蜘蛛网图（图2.53）中，岩石相对富集 K、Rb 大离子亲石元素，Zr、Hf 高场强元素，亏损 Nb、Ta、P、Ti 等典型的不活动元素，同时可见 Sr 含量、Y、Yb 等含量较低。

表2.8　研究区直罗组砂岩微量元素分析结果 ($\omega_B/10^{-6}$)

地区	样品编号	Cu	Pb	Zn	Cr	Ni	Co	Li	Rb	Cs	Sr	Ba	V	Sc	Nb	Ta	Zr	Hf	Be	Ga	U	Th
黄陵	skys-03-1	18.4	16.2	66.4	107	39.8	15	45.8	161	9.14	200	244	99.6	7.49	17.2	1.24	587	16.6	2.02	16.4	2.89	13.2
	skys-03-2	17.7	18.2	70.4	90	33.6	10.5	64.8	292	27	124	70.1	132	3.75	18.2	1.29	178	5.67	4.38	21.1	0.74	1.45
	skys-03-3	11.5	12.2	26.7	42.2	14.7	6.51	19.5	133	8.25	128	445	44.7	4.45	11	0.78	246	7.44	1.02	10.4	1.63	5.43
	skys-03-5	22.2	8.06	36.8	66.8	33.4	10.5	46.6	205	11.9	116	132	79.9	2.71	15.8	1.1	246	7.43	2.26	16.6	1.18	1.84
	skys-03-6	35.8	11.7	13.8	43.6	8.81	4.58	12.2	97.6	3.75	127	330	30.8	4.58	9.2	0.7	695	19.1	0.72	7.68	4.17	9.91
	skys-03-7	15.1	10.6	23.8	63.6	26.2	12.1	44.1	190	9.66	148	142	76.6	3.63	14.7	1.08	236	7.07	2.3	15.9	1.24	2.14
	skys-03-8	14.1	12.3	179	22.6	7.71	5.17	15.9	75.4	2.25	122	1140	18.9	3.22	5.99	0.46	306	8.48	0.49	4.67	1.41	0.72
	skys-03-10	4.58	24.4	9.32	30.4	12.1	6.6	15.4	100	2.72	216	280	126	3.8	7.68	0.54	208	6.14	1.18	8.36	56	4.42
	skys-03-16	3.17	13.4	31.4	15	10.8	6.37	10.4	82.6	1.95	153	382	42.8	4.26	4.09	0.22	67.4	2.03	0.8	8.43	7.58	2.03
	skys-03-17	5.74	15	7.19	16.4	5.99	4.94	7.59	85.3	1.89	160	574	21.3	3.68	7.15	0.52	236	6.6	0.72	7.92	1.36	2.42
	skys32-1	32.9	15.7	86.6	75.4	31.5	15.6	87.9	161	11.9	165	345	117	8.81	16.1	1.04	155	4.78	2.55	23.4	2.71	9.59
	skys32-5	19.2	13.9	54.1	63.8	31.6	12.4	38.8	174	10.7	156	292	72.3	3.97	15.3	1.06	257	7.78	1.92	17.6	2.8	7.42
	skys32-7	10.4	17	30.3	36.9	14.4	8.91	25.1	110	2.36	238	382	59.6	4.27	10.5	0.75	506	13.9	1.6	12.8	4.26	3.75
	skys21-02	5.16	9.85	6.5	25.4	6.25	3.62	10.3	105	3.19	120	390	24.7	3.49	6.75	0.51	234	6.6	0.89	7.83	1.68	1.53
	skys21-04	4.27	225	2.11	14.9	5.46	4.02	4.33	81.9	2.03	123	478	140	2.11	5.02	0.36	61.8	1.95	0.66	5.53	9.32	1.4
	skys21-05	1.71	17.1	3.04	11.5	5.09	4.42	7.87	79.3	1.48	165	662	16.7	4.39	3.81	0.26	83	2.55	0.58	6.44	0.63	2.05
宁东	SCZK15-1-2	26.6	20	99.6	58.5	25.9	15.9	40.3	118	4.25	149	268	110	8.14	15.8	1.05	226	6.93	2.04	20.9	2.2	7.08
	SCZK15-1-4	10.4	13.2	42.2	32.5	16.4	11.6	16.3	69.5	2.52	222	566	60.4	8.68	8.52	0.56	164	4.66	1.2	12.1	2.28	5.84
	SCZK15-1-8	4.18	13.4	24.4	18.1	7.37	5.81	12.1	81.7	1.36	225	573	29.9	5.6	6.05	0.39	87.2	2.65	1.16	9.93	1.55	2
	SCZK15-1-12	0.86	11.1	6.82	5.67	3.9	2.94	5.26	74.4	1.35	134	549	11.9	2.75	3.11	0.23	55.9	1.77	0.65	5.89	0.63	0.87
	SCZK23-2-4	24.2	17.5	85.1	57	25.5	13.8	39.4	122	2.04	143	173	91.5	5.36	15.3	1.02	261	7.81	1.94	19.1	1.27	3.36
	SCZK23-2-5	16.3	43.1	23	27.3	24.7	22.5	17.6	77.6	1.84	195	475	29.8	4.75	8.49	0.51	144	4.16	1.34	11.1	1.6	3.3

续表

地区	样品编号	Cu	Pb	Zn	Cr	Ni	Co	Li	Rb	Cs	Sr	Ba	V	Sc	Nb	Ta	Zr	Hf	Be	Ga	U	Th
宁东	SCZK23-2-7	4.66	13.2	25.3	19.6	5.95	5.35	9.71	88.5	1.65	175	693	33.7	4.03	5.71	0.35	120	3.46	0.94	10	2.83	0.64
	SCZK00-3-2	9.77	15.8	18.5	30	13.4	10.8	17.4	104	2.74	148	449	48.1	5.73	8.65	0.5	148	4.62	1.4	17.1	17.2	1.89
	SCZK00-3-4	23.5	15	45.8	62	22.5	10	30.5	171	6.61	135	188	110	6.49	13.9	0.9	171	5.09	2.38	18.8	1.68	11.3
塔然高勒	UZK4-1	16.4	13.3	60.5	69.7	17.8	9.01	27.3	98.1	2.78	242	941	74.3	9.91	12.8	0.88	275	7.75	2.05	17.2	14.4	6.66
	UZK4-2	7.95	15.7	32.1	58	11.5	5.88	17.9	89.1	2.11	295	1040	145	6.2	10.7	0.69	187	5.38	1.34	13.4	1.97	6.24
	UZK4-3	14.4	13.9	39.8	68.7	17	8.78	26.2	99.3	2.55	241	922	82.4	8.92	11.6	0.76	222	6.08	1.94	16.5	29	6.08
	UZK4-8	12.4	14.9	37.5	54.4	17.1	8.22	21.6	79.2	2.16	227	742	64.1	10	8.29	0.54	197	5.48	1.59	16.8	8.51	6.49
	UZK4-10	6.63	11	25.3	28.8	10.2	7.4	9.16	58.1	1.4	277	801	36.1	7.46	5.82	0.38	106	2.97	1.16	10.6	3.98	3.45
	UZK16-2	8.49	59.4	21.1	29.7	9.41	5.21	11	86.3	1.18	336	533	71.3	6.68	7.35	0.43	123	3.58	1.2	11.5	0.79	2.25
	UZK16-3	9.42	19	40	41.9	11.6	6.9	14	97.1	1.44	317	775	48.7	6.33	9.86	0.6	183	5.24	1.38	13.1	24.8	2.83
	UZK16-4	16	20.9	43.5	56	23.7	11.7	11.9	82.3	1.56	318	686	95	5.89	19.1	1.05	495	13.3	1.48	12.5	24.4	7.63
	UZK27-1	13.1	43	52.2	78.4	20.2	11.3	35.4	102	1.76	219	357	189	6.04	14.2	0.84	340	9.3	1.6	17.1	4.66	3.24
	UZK27-2	11.8	10.9	33.7	49.1	16.9	9.7	15.9	94.9	1.37	213	659	64.4	8.33	11.1	0.68	323	9.24	1.34	13.9	1.29	3.52
	UZK27-4	4.77	11.6	14.3	22.2	8.4	5.16	10.3	90.1	1.23	292	832	31.4	6.07	6.29	0.39	103	3.02	1.14	11.4	18.7	1.78
	UZK4-6	6.63	13.4	37.5	29.3	9.63	4.58	10.6	85.6	1.48	302	978	34.6	7.4	6.54	0.45	104	3.12	1.06	12.5	14.6	3.63

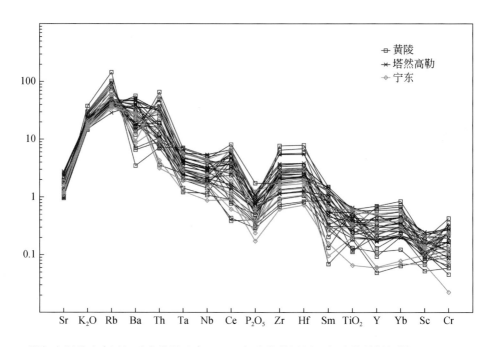

图 2.53　鄂尔多斯盆地直罗组砂岩微量元素 MORB 标准化蛛网图（标准化数据根据 Pearce *et al.*，1984）

　　砂岩稀土元素含量和特征参数见表 2.9、表 2.10。利用 Sun 和 Mcdonough（1989）球粒陨石进行标准化，获得砂岩稀土元素配分模式（图 2.54a ~ c）。鄂尔多斯盆地三个地区的砂岩稀土总量变化较大，东北缘 ∑REE 值为（36.49 ~ 154.71）×10⁻⁶，平均为 95×10⁻⁶；∑LREE/∑HREE 值为 7.5 ~ 12.6，平均为 10.82；（La/Yb）$_N$ 值为 6.5 ~ 17.9，平均为 12.3；大部分样品无明显的 Ce 异常。而西缘和东南缘的 ∑REE 值及 ∑LREE/∑HREE 值相对偏低，分别为 61、63；（La/Yb）$_N$ 值平均分别为 7.0、5.5；无 Eu 异常或弱的 Eu 负异常，少部分为弱正异常。尽管三个地区的样品 REE 绝对含量变化较大，但球粒陨石标准化配分型式基本一致，均呈现轻稀土富集、重稀土平坦及中度 Eu 负异常特征，这与大陆上地壳稀土元素配分型式较为相似。

　　另外，本次与周边源区如北部阴山地区、东部吕梁山地区、西部阿拉善、南部秦岭地区变质岩和岩浆岩的稀土元素球粒陨石标准化配分型式进行了对比。从中可以发现，北缘阴山地区的太古宙及古元古代变质岩（花岗片麻岩、闪长片麻岩、角闪斜长片麻岩等）表现出轻稀土元素（LREE）富集，除混合花岗岩外，其他岩石重稀土元素（HREE）相对亏损（图 2.54d）；阿拉善地区基底岩石具有轻稀土富集的特征，具铕（Eu）的正异常、负异常或无异常，配分曲线为明显的右倾型（图 2.54e）；秦岭地区变质岩配分曲线表现为铕轻微负异常的右倾型，但重稀土相对平缓；而侵入岩配分曲线表现为明显的右倾型。综合表明盆地北部、西部直罗组与阴山地区太古宙的花岗片麻岩、闪长片麻岩、二长花岗岩等岩石具有亲源性；与鄂尔多斯盆地西缘直罗组砂岩稀土分析配分模式比较一致，盆地西缘侏罗系的稀土配分曲线也为轻稀土富集的右倾型（图 2.54f），从另一方面表明物源可能来自盆地西侧的阿拉善地区。秦岭地区的变质岩配分曲线与黄陵地区较为相似，而侵入岩配分曲线与东南缘直罗组相差较大，作为物源区的贡献较小。

表2.9 研究区直罗组砂岩稀土元素分析结果 （$\omega_B/10^{-6}$）

地区	样品编号	La	Ce	Pr	Nd	Sm	Eu	Gd	Tb	Dy	Ho	Er	Tm	Yb	Lu	Y
黄陵	skys-03-1	25.8	61.4	6.8	26.2	4.98	0.89	4.36	0.68	3.96	0.82	2.44	0.4	2.89	0.48	21.1
	skys-03-2	1.77	7.79	0.5	2	0.44	0.1	0.4	0.084	0.65	0.16	0.52	0.094	0.7	0.12	2.82
	skys-03-3	14.3	30.2	3.58	13.8	2.5	0.63	2.23	0.35	2.04	0.43	1.27	0.21	1.51	0.25	10.8
	skys-03-5	3.44	12.8	0.89	3.5	0.68	0.17	0.67	0.12	0.83	0.19	0.59	0.1	0.77	0.13	3.94
	skys-03-6	22	58	5.1	18.9	3.51	0.73	3.44	0.58	3.58	0.74	2.12	0.35	2.46	0.41	20.4
	skys-03-7	4.99	16.8	1.3	5.19	1.11	0.27	1.05	0.2	1.37	0.31	0.92	0.15	1.08	0.17	6.61
	skys-03-8	1.57	3.88	0.32	1.14	0.23	0.57	0.23	0.039	0.25	0.057	0.17	0.03	0.22	0.036	1.48
	skys-03-10	7.78	24	2.19	8.86	2	0.52	1.6	0.26	1.54	0.32	0.96	0.16	1.22	0.2	8.94
	skys-03-16	6.33	43.1	2.91	13.3	2.96	0.82	2.4	0.37	1.87	0.34	0.94	0.15	1.04	0.16	8.9
	skys-03-17	6.41	10.5	1.51	5.7	1.03	0.46	0.96	0.15	0.89	0.19	0.56	0.095	0.72	0.12	5.36
	skys32-1	28.6	81.9	6.71	24.9	4.53	0.99	4.19	0.65	3.55	0.69	1.95	0.31	2.06	0.31	17.6
	skys32-5	19.1	35.7	5.79	23	4.56	0.92	3.83	0.61	3.61	0.73	2.08	0.33	2.31	0.36	18.7
	skys32-7	13.2	38	2.94	10.5	1.81	0.49	1.84	0.26	1.55	0.33	1.03	0.17	1.27	0.21	8.66
	skys21-02	5.25	8.33	1.41	5.51	1.08	0.4	0.93	0.15	0.95	0.2	0.6	0.1	0.78	0.13	5.6
	skys21-04	6.25	4.36	1.45	5.43	0.89	0.41	0.83	0.11	0.55	0.11	0.34	0.057	0.42	0.07	3.38
	skys21-05	4.71	9.12	1.22	4.74	1.04	0.58	1.05	0.18	1.14	0.23	0.66	0.1	0.71	0.11	6.36
宁东	SCZK15-1-2	22.5	64	5.57	21.2	3.99	0.88	3.61	0.57	3.13	0.61	1.75	0.28	1.95	0.3	14.6
	SCZK15-1-4	24.6	69.2	5.42	19.2	3.1	0.9	3.12	0.4	2.04	0.4	1.22	0.2	1.34	0.22	10.8
	SCZK15-1-8	7.65	12	1.93	7.36	1.39	0.62	1.37	0.21	1.15	0.23	0.64	0.1	0.74	0.12	5.83
	SCZK15-1-12	2.92	9.15	0.75	2.98	0.53	0.33	0.48	0.064	0.33	0.065	0.19	0.031	0.24	0.038	1.81
	SCZK23-2-4	7.63	19.2	2.55	10.2	2.13	0.48	1.82	0.32	1.95	0.4	1.15	0.19	1.41	0.22	8.75
	SCZK23-2-5	12.1	28.9	2.95	11.5	2.07	0.68	1.91	0.29	1.62	0.32	0.93	0.15	1.07	0.17	7.83

续表

地区	样品编号	La	Ce	Pr	Nd	Sm	Eu	Gd	Tb	Dy	Ho	Er	Tm	Yb	Lu	Y
宁东	SCZK23-2-7	1.64	6.26	0.4	1.54	0.32	0.39	0.31	0.05	0.33	0.068	0.2	0.035	0.27	0.044	1.85
	SCZK00-3-2	3.59	10.2	1	4.13	0.96	0.45	1.1	0.19	1.27	0.27	0.78	0.13	0.95	0.16	7.11
	SCZK00-3-4	19.7	39.2	5.7	22.5	4.35	0.87	3.59	0.56	3.18	0.63	1.77	0.28	1.91	0.29	15.6
	UZK4-1	34.4	48.9	8.04	29	4.63	1.01	3.45	0.49	2.49	0.48	1.4	0.22	1.52	0.25	11.6
	UZK4-2	35.1	57	7.34	25.9	4.12	1.11	3.37	0.49	2.6	0.5	1.44	0.22	1.52	0.24	12.4
	UZK4-3	29.6	37.8	6.38	21.8	3.15	0.79	2.63	0.36	1.86	0.38	1.1	0.18	1.18	0.18	9.45
	UZK4-8	42.2	55.6	8.55	30.4	4.94	1.29	3.99	0.56	2.88	0.56	1.63	0.25	1.61	0.25	14
	UZK4-10	30.3	47	6.02	21.9	3.62	1.09	3.27	0.46	2.41	0.48	1.3	0.18	1.14	0.19	14.4
塔然高勒	UZK16-2	8.51	16.6	2.31	8.97	1.66	0.81	1.42	0.2	1.14	0.22	0.63	0.1	0.72	0.12	5.11
	UZK16-3	7.83	15.1	2.16	8.25	1.52	0.73	1.34	0.19	1.13	0.23	0.64	0.1	0.75	0.12	5.33
	UZK16-4	24	67.1	5.83	22.1	3.81	0.99	3.55	0.52	2.88	0.57	1.66	0.28	1.9	0.3	14.6
	UZK27-1	14.8	41.2	3.13	11.4	1.81	0.46	1.8	0.23	1.14	0.22	0.72	0.12	0.9	0.14	5.6
	UZK27-2	11.1	25.6	3.34	13.4	2.55	0.77	2.09	0.31	1.55	0.3	0.91	0.15	1.03	0.17	6.98
	UZK27-4	6.61	14.1	1.83	7.39	1.48	0.79	1.24	0.2	1.13	0.22	0.62	0.1	0.68	0.1	5.53
	UZK4-6	21	32.8	4.76	17.3	2.82	0.88	2.28	0.32	1.6	0.31	0.86	0.13	0.87	0.14	7.77

表 2.10　研究区砂岩的 REE 参数

构造背景	ΣREE	La/Yb	(La/Yb)$_N$	ΣLREE/ΣHREE	(Gd/Yb)$_N$
黄陵	61.83	8.02	5.4	7.32	1.5
宁东	60.86	9.68	6.53	8.28	1.75
塔然高勒	95.13	18.3	12.34	10.89	2.37

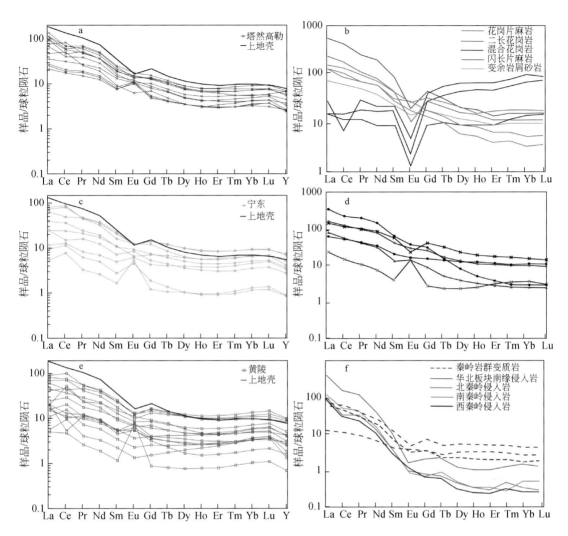

图 2.54　鄂尔多斯盆地直罗组砂岩及周缘物源区稀土元素标准化配分模式对比（据 Sun and Mcdonough，1989）

a. 东北缘塔然高勒地区球粒陨石标准化；b. 西缘宁东地区球粒陨石标准化；c. 东南缘黄陵地区球粒陨石标准化；
d. 阴山、吕梁山地区太古宇结晶基底样品（陈全红等，2012）；e. 阿拉善地区变质岩和花岗岩样品；f. 秦岭造山带
秦岭岩群变质岩样品（时毓等，2009）和各岩区侵入岩样品（周文戈等，1999）

（三）物源分析

通过提取沉积岩层中蕴含的沉积学、岩石矿物学及地球化学信息等，可以综合分析、连接盆地与蚀源区的原始沉积联系、指出原始盆地主要物源供给方向、源区主要岩石类型及源区的大地构造环境等（赵俊峰等，2010）。

1. 沉积地球化学分析

在物源区方程判别图上（图 2.55），鄂尔多斯盆地三个地区直罗组砂岩样品主要落在长英质火成物源区和中性岩火成物源区，其中前者代表了物源来自于成熟的大陆边缘弧和

大陆转换边缘拉分盆地，主动的并且是被切割的大陆岩浆弧，后者代表了砂岩中火山碎屑主要是安山岩，属于成熟的岩浆弧和不成熟的大陆边缘岩浆弧；西缘宁东地区部分样品落于镁铁质火成物源区，具有不成熟的海洋岛弧性质；另外东北缘塔然高勒地区部分样品落于石英岩沉积物源区，克拉通内部沉积盆地和再循环的造山带，属于成熟的大陆源区，源区属于深度风化的花岗岩–片麻岩地质体，或者古老的沉积体。

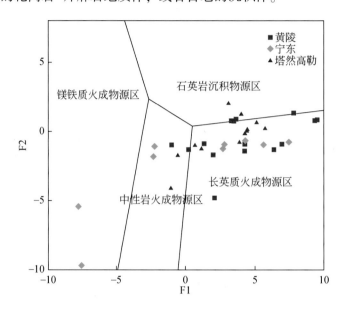

图 2.55　鄂尔多斯盆地直罗组砂岩物源 F1-F2 判别图

三个地区直罗组砂岩 K_2O 含量均比较高，东北缘、西缘、东南缘的岩石 $w(K_2O)/w(Na_2O)$ 平均值分别为 1.5、1.5、3，接近甚至高于被动大陆边缘砂岩（约 1.60），反映大量成熟组分的加入。通过镜下观察发现砂岩中的伊利石黏土矿物较少，因此推测砂岩的高钾含量主要源自碎屑颗粒而非后生矿物的贡献，这间接反映了源区的高钾性质，尤其是东南缘黄陵地区早中二叠世长期受被动大陆边缘物源影响，具有高 SiO_2，低 Na_2O 的特征，这与太古宙–元古宙的太华群、秦岭群、宽坪群等岩系的高 SiO_2 含量，$K_2O/Na_2O>1$ 的特征一致。

Floyd（1989）等通过对苏格兰西北部早元古代变质沉积岩地球化学特征研究，提出利用 Hf-La/Th 判别图解对不同构造环境沉积物源进行判别。在 Hf-La/Th 图解上（图 2.56），大多数样品落在长英质与基性岩混合区，反映其来源于火山弧物质和大陆上地壳长英质物质为主的混合物源区。说明其原始物质应来自上地壳，以长英质岩石为主，并混合有含长石较高的中性岩浆岩。

另外，McLennan 和 Taylor（1991）的研究表明，后太古宙杂砂岩具有 $w(Gd)_N/w(Yb)_N<2$ 的 HREE 平坦分配模式和 Eu/Eu* 大致在 0.65~1.0 变化的特征；太古宙杂砂岩则以 $w(Gd)_N/w(Yb)_N$ 在 <1.0 和 >2.0 的范围内均有分布，Eu/Eu* 大致大于 0.85 为特征。由表 2.8 可知，物源应以后太古宙物质为主，也包含少部分太古宙碎屑。

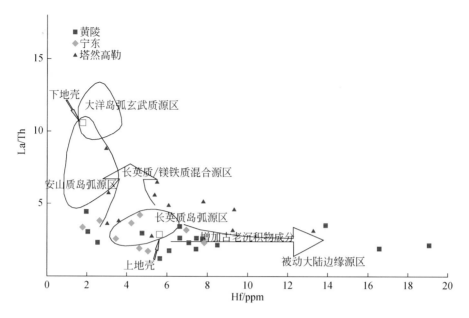

图 2.56　鄂尔多斯盆地直罗组砂岩 La/Th-Hf 源区环境判别图

（据 Bhatia，1983；Mclennan *et al.*，1984；Taylor，1985；Floyd，1986）

2. 区域沉积学分析

通过对目的层地层沉积相砂体空间展布分析，可指示其间的沉积内在联系。冲积扇沉积代表盆地陆上沉积体系中最粗、分选最差的近源单元，通常在下倾方向变为细粒、坡度较小的河流沉积体系，然后过渡到三角洲或湖沼体系，最后演变为湖泊沉积体系，总体构成陆相盆地的沉积相带配置格局。一般来说，砂岩叠加厚度大的地方，应是河流经常流经的地区，因此，砂岩较厚带的分布和变化也从一个侧面反映了沉积物物源方向和沉积体系展布特征。本次通过大量煤田、铀矿钻孔编制了鄂尔多盆地三个铀矿集区直罗组下段砂体厚度图，更加准确的反映古沉积体系特征，由此探讨古流水走向，指示物源方向。

盆地西缘：直罗组下段共发育三条辫状河河道（图 2.57a），其中石沟驿-叶儿庄主河道中砂体非常发育，砂体呈连续板状，平均砂体厚度 110.7m；野茶湾-李家庙子梁地区同样发育两条河道，砂体厚度略小于主河道中的砂体厚度，其厚度主要为 80m 左右，河道由北部延安组出露区向东南麦朵山方向延伸，而主河道两侧靠近高地部位属于泛滥平原相的砂体的厚度明显减少。前人研究认为宁东地区古水流方向为南东向（108°～176°）（郭庆银，2010），与该区的砂体厚度展布形态反映的古水流方向吻合。

盆地东南缘：总体呈现东北部双龙地区砂体厚度较大，西南部北极-庙湾地区砂体厚度薄特征（图 2.57b），其中东部双龙-黄陵地区直罗组下段辫状河砂体沉积体系发育，砂体分布较稳定，砂体厚度一般 30～90m，平均厚度约 45m；由于黄陵-双龙地区西部靠近盆地中心缺少钻孔资料，对该地区的古水流分析可以结合及前人的研究，部分学者通过碎屑锆石和古水流分析研究认为物源主要来自阿拉善陆块（雷开宇等，2017），利用沉积相认为古水流为北西-东南向，集中在 120°～140°（贾立城，2005；赵俊峰等，2010）；少数通过古地下水动力条件研究认为直罗组古水流方向为由南向北汇入盆地（张字龙等，2017）；本次通过分析砂体厚度特征结合对比阿拉善地区的地球化学特征综合认为古流水走向应该是西北向东南或由西向东的方向，而不是东南向西北或由正南向正北的流向。

盆地东北缘：塔然高勒地区直罗组下段砂体最显著的展布特征是具有一条近南北向展布的高值区，这是主干河道的具体表现，且向南、西向、向南东向不断分岔，演化成系列规模较小的分支河道。主干河道位于塔然高勒-纳岭沟地区，整个辫状河道长约20km，宽5~10km（图2.57c），厚度最大可达260m，含砂率高达85%。辫状河道周边发育大面积泛滥平原，其上零星发育决口扇沉积，分布范围较小，该地区的砂体展布总体反映了古水流由北至南的流向特征。

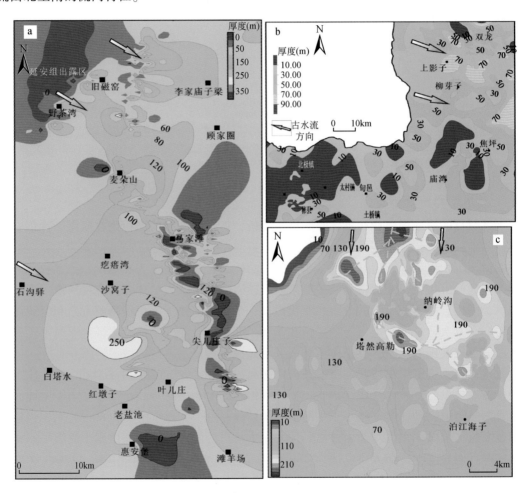

图2.57 鄂尔多斯盆地不同地区直罗组下段砂体等厚图

综合以上分析认为，盆地西部和东北部地区砂岩的厚度比东南缘地区的砂岩厚度大，显示从西到东，从西北向东南砂岩厚度逐渐减小，说明盆地的西缘与东北缘为盆地的主要物源区。但是由于早、中侏罗世时期秦岭海槽已经闭合形成秦岭造山带隆起区，结合前人在东南缘地区进行的古水流测量，发现有少数的古流方向是向北的（赵俊峰等，2010），说明该时期盆地南部秦岭造山带也可能为盆地提供了物源。

3. 重矿物分析

重矿物统计结果见图2.58，盆地北部大营、纳岭沟和皂火壕地区直罗组砂岩中主要的重矿物有锆石、磷灰石、榍石、绿帘石、石榴子石、钛铁矿（张龙等，2016）；东南缘黄陵地区主要的稳定重矿物锆石、磷灰石、石榴子石、白钛矿，同时含较多非稳定重矿物黄铁矿；西缘地区的重矿物锆石、磷灰石、石榴子石、白钛矿，其中石榴子石含量相对偏高，说明混入了部分变质岩碎屑。另外样品中辉石含量很低，西缘和东南缘都未测试到辉石，说明基性岩类不是直罗组砂岩的主要物源。

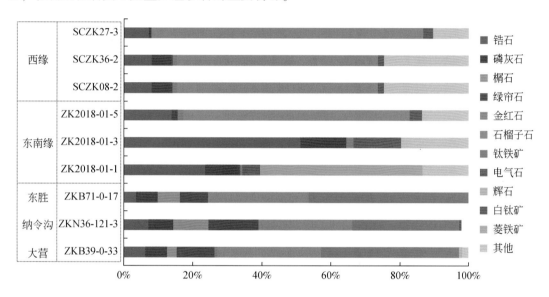

图2.58　鄂尔多斯盆地直罗组下段砂岩重矿物组成特征

4. 碎屑锆石年龄分析

鄂尔多斯盆地东北缘大营-纳岭沟地区中侏罗统直罗组砂岩碎屑锆石U-Pb年龄总体呈现270～280Ma、320～340Ma、1800～2000Ma、2300～2500Ma四个峰值年龄段（张龙等，2016），通过与周缘的源区地质体同位素年代学对比（图2.59a），发现锆石主体来自北缘阴山-乌拉山-狼山等地区变质岩和岩浆岩体。

西缘地区中侏罗统直罗组砂岩碎屑锆石主要形成175～525Ma、1550～2050Ma和2100～2450Ma三个年龄段（郭庆银，2010），其中海西期碎屑锆石占绝大多数（图2.59b），通过与源区地质体的同位素年代学对比显示，显示西缘直罗组砂岩物源区主要是阿拉善地块。

东南缘黄陵地区中侏罗统直罗组砂岩碎屑锆石主要形成169～438Ma、1435～2083Ma和2300～2767Ma个年龄段（雷开宇等，2017），其中第一组中生代中期—早古生代晚期（峰值为274Ma）占绝大多数含量；黄陵地区直罗组物源主体来自西北部的阿拉善地块，同时也有部分南部秦岭造山带的贡献（图2.59c）。

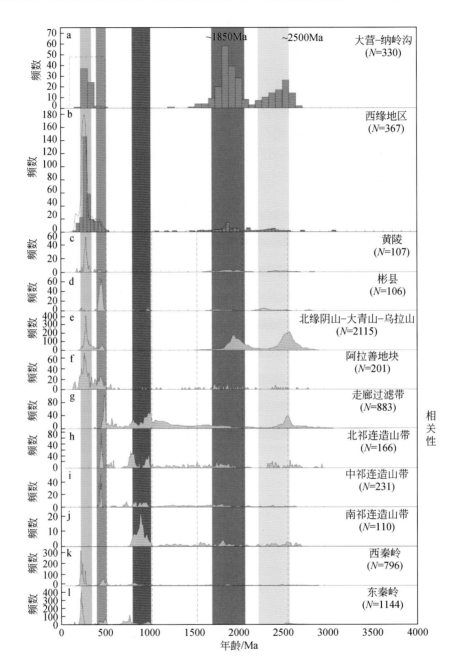

图 2.59　鄂尔多斯盆地直罗组砂岩锆石 U-Pb 年龄谱与邻区锆石年龄谱对比图（图中 N 为所统计年龄数）
a 据张龙等, 2016; b 据郭庆银等, 2010; c ~ l 据雷开宇等, 2017

(四) 构造背景

在构造隆升强烈的山缘地带, 岩石在短时间内快速剥蚀、搬运和沉积成岩, 风化和搬运过程对源岩的组分及地球化学组成改变较小 (Spalletti *et al.*, 2008), 因而碎屑岩地球化学特征可以提供关于源岩、内陆构造演化和沉积盆地构造背景的重要信息（Colombo，1994；Zimmermann and Bahlburg，2003）。虽然碎屑岩特别是对于再循环的沉积岩和起源于混合物源区的沉积岩，其微量元素大地构造环境判别图解很难对应到具体的大地构造环境，但至少可反映出源区和源岩的差别。

1. 主量元素与构造背景

沉积物中 Fe、Ti 元素不易流失，可以较好地反映其物源性质，Mg 虽不如 Fe 和 Ti，但也基本可以代表母源的原始含量。Al_2O_3/SiO_2 值可用来判别砂岩中石英的富集程度；K_2O/Na_2O 值可以反映岩石中钾长石、云母与斜长石的含量；$Al_2O_3/(CaO+Na_2O)$ 值则是反映最稳定元素与最不稳定元素关系的参数。因此，利用砂岩中这几种元素氧化物的含量作为研究参数，能够较好地反映源区性质及其构造背景。

根据各个元素的含量与大陆边缘、大陆边缘弧的相应含量进行对比，显示东北缘、西缘、东南缘三个地区的 $w(Al_2O_3)/w(SiO_2)$ 平均值分别为 0.19、0.22、0.17，与大陆边缘弧（0.15～0.22）相近。TiO_2 含量分别为 0.52%、0.62%、0.53%，与活动大陆边缘弧砂岩（0.5%～0.7%）范围基本相符。根据判别图解（图 2.60），鄂尔多斯盆地东北缘、西缘地区直罗组砂岩样品主要落在活动大陆边缘上；东南缘直罗组部分砂岩样品落在被动大陆边缘，少部分样品大陆岛弧和活动大陆边缘上。

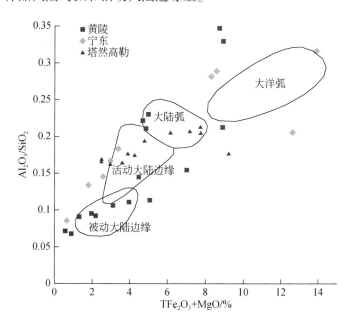

图 2.60　砂岩源区大地构造背景主量元素判别（据 Bhatiam，1983）

2. 微量、稀土元素与构造背景

Bhatiam（1983）归纳总结了不同构造背景下来自物源区砂岩 REE 特征值（表 2.11），认为从次稳定的被动大陆边缘到非稳定的大陆岛弧区，∑REE 值、∑LREE/∑HREE 值、La/Yb 值等明显降低。鄂尔多斯盆地三个地区直罗组砂岩 REE 参数与各种构造背景下砂岩的参数相比，其岩石化学成分与活动大陆边缘和大陆岛弧较相似，说明其物源区构造背景为活动大陆边缘和大陆岛弧。

表 2.11 各种构造背景下砂岩的 REE 参数

构造背景	物源区类型	ΣREE	La/Yb	$(La/Yb)_N$	ΣLREE/ΣHREE	Eu/Eu*
大洋岛弧*	未切割的岩浆弧	58±10	4.2±1.3	2.8+0.9	3.8±0.9	1.04±0.11
大陆岛弧*	切割的岩浆弧	146±20	11±3.6	7.5±2.5	7.7±1.7	0.79±0.13
活动大陆*边缘	基底隆起	186	12.5	8.5	9.1	0.6
被动大陆*边缘	克拉通内构造高地	210	15.9	10.8	8.5	0.56
黄陵		61.83	8.02	5.4	7.32	0.1
宁东		60.86	9.68	6.53	8.28	0.1
塔然高勒		95.13	18.3	12.34	10.89	0.08

*数据引自文献 Bhatiam，1983。

另外，Bhatiam 和 Crook 对澳大利亚东部古生代浊积岩微量元素地球化学特征的研究，建立了一系列判别图解，认为 Co、Sc、Zr 具有较好的稳定性，且 Sc 和 Co 为相容元素，相关性较好，代表一个不成熟的构造背景，Zr 指示沉积分选度；而大离子亲石元素 Th 相对活泼，代表一个成熟的构造背景。在 Th-Sc-Zr/10 和 La-Th-Sc 图解上，三个地区直罗组砂岩样品均有分布大陆岛弧区，东南缘黄陵地区部分样品分布于被动大陆边缘区（图 2.61）。这一特征表明鄂尔多斯盆地直罗组碎屑岩的形成与岛弧关系密切，但可能混有部分活动大陆边缘碎屑。这与主量元素所揭示的大地构造背景一致。说明东北缘和西缘地区直罗组的物源区构造性质长期处在活动大陆边缘和大陆岛弧中，而东南缘地区直罗组的物源区构造性质长期处在以被动大陆边缘和大陆岛弧为主，活动大陆边缘次之的环境中，其构造环境可能是具有沟–弧–盆系的活动大陆边缘与被动大陆边缘碰撞造山区。

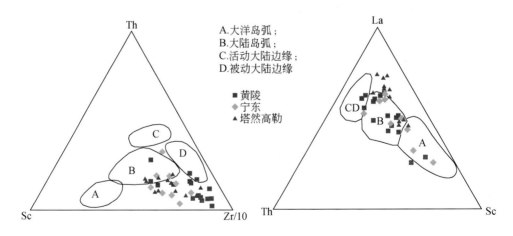

图 2.61 直罗组砂岩 Th-Sc-Zr/10 和 La-Th-Sc 源区构造背景判别图

综上所述：

（1）鄂尔多斯盆地东北缘地区直罗组下段砂岩主要为岩屑砂岩，宁东地区为杂砂岩和岩屑砂岩，东南缘黄陵地区主要为长石砂岩，均代表近物源属性；相比较上地壳平均含量，K、Rb、Zr、Hf 元素富集，Nb、Ta、P、Ti 元素亏损；稀土元素总量均较低，具有LREE 富集，HREE 无明显分异，Eu 无异常或表现为弱的正、负异常。

（2）La-Th-Sc 和 Th-Sc-Zr/10 图解表明三个地区直罗组源岩构造背景略有差异，北部、西部源岩形成于活动大陆边缘–大陆边缘弧环境；盆地南部源岩主要形成于被动陆缘及大陆岛弧环境；直罗组砂岩 La/Th-Hf 和物源 F1-F2 判别源区原始物质应来自上地壳，以长英质岩石为主，并混合有含长石较高的中性岩浆岩。

（3）结合三个地区直罗组下段区域沉积特征和前人研究成果，鄂尔多斯盆地北缘直罗组的物源主要来自北部造山带的变质岩和岩浆岩，古水流为由北向南；西缘直罗组的物源主要来自阿拉善陆块的变质岩和岩浆岩，古水流为由北西向南东；东南缘黄陵地区物源主要来自西部山区变质岩、岩浆岩和部分南部北秦岭变质岩，古水流为主要为由北西向东南。

第五节 小 结

1. 初步查明了鄂尔多斯盆地不同地区的主要含铀层位及其特征

鄂尔多斯盆地含铀岩系主要为侏罗系直罗组，其次为侏罗系延安组、白垩系洛河组。

直罗组分布广泛，河流相砂体发育，在东北缘、西缘、东南缘均作为主要含矿目的层位；铀矿主要产于直罗组下段河道砂体中，总体为河流相沉积–干旱湖泊沉积。下亚段岩性为灰白、灰绿色中粗粒砂岩夹中薄层灰色粉砂质泥岩，上亚段为灰色中厚层砂岩与灰紫、紫红色泥岩，红色泥岩。

延安组为主要含煤地层，岩石以灰、灰绿色泥岩、砂岩互层为主，按岩石组合特征及沉积体系的演化和煤聚集的周期性可划分五段，其中延安组一段为河流体系，二段至四段由多个湖泊三角洲体系单元组成，以细碎屑沉积为主发育有可采煤层，第五段发育河流相砂体。在西缘地区作为次要的含矿目的层，铀矿体主要分布于延一段。

洛河组为盆地西南缘地区新发现的含铀层位，本次进一步明确了洛河组沉积体系特征。洛河组由下部的冲积扇（边缘相）及河流相粗碎屑沉积和上部的沙漠相风成沉积构成，晚期发育间歇性沙漠浅湖相沉积。其中洛河组下段低位体系域中的冲积扇体、辫状河道砂体，为盆地西南缘地区的主要赋矿层位。

2. 初步分析了直罗组地层岩性测井响应特征

通过综合分析鄂尔多斯盆地四个主要铀矿集区侏罗系直罗组的定量伽马、自然电位、三侧向电阻率、密度四条测井曲线参数，采用归类统计和测井曲线形态分析，结果显示不同地区直罗组的伽马照射量率数值差异不大，东南缘地区电阻率值明显高于其他地区，密度值变化呈现"南高北低"特征；垂向上直罗组上段的伽马背景值和电阻率相对直罗组下段偏低，密度值变化不大；区域上直罗组中从粗砂岩到泥岩的伽马背景值逐渐增高；密度值略微增高，电阻率和自然电位异常幅度由大变小。根据不同类型岩石测井参数和相系差异，建立了东北缘地区电阻率与密度交会图版岩性识别模型。煤田钻孔测井岩性解译时具有放射性异常的砂岩段粒度应提高 1~2 个级别。

3. 探讨了含铀岩系直罗组颜色分带、地球化学特征和生物化石对古沉积环境的制约

从盆缘的铀矿区到盆内的无矿区，直罗组地层垂向上由上至下不同颜色层"红-绿-灰"颜色分带为垂直分带，不能作为矿化期次分带；垂向上 U、Th、V、Cr、Fe、Co、Cu、Zn、Mo 等氧化还原环境指示元素所表现的地球化学变化特征形态相似，且具有相对较好的稳定性，其地球化学特征基本反映了"氧化—弱还原—还原"逐渐过渡的古沉积环境；横向上不具有大范围的颜色分带性。

该研究成果有别于层间氧化带成矿理论的横向颜色分带认识，在铀矿找矿过程中，颜色只是其中的找矿标志之一，应区分原生色和后生色，原生色则与成矿环境有关但与成矿作用无关。该认识的提出对前期以找矿目的层颜色变化来划分氧化还原前锋线的铀矿找矿勘查思路的转变和含铀岩系横向沉积环境的研究具有一定借鉴作用。

4. 初步分析了盆地不同矿集区直罗组的物源和源区构造背景

通过分析不同矿集区直罗组地层的地球化学特征，结合区域沉积特征和前人研究成果，认为鄂尔多斯盆地北缘直罗组的物源主要来自北部造山带的变质岩和岩浆岩；西缘直罗组的物源主要来自阿拉善陆块的变质岩和岩浆岩；东南缘黄陵地区物源主要来自西部山区变质岩、岩浆岩和部分南部北秦岭变质岩。

北部、西部源岩形成于活动大陆边缘-大陆边缘弧环境；盆地南部源岩主要形成于被动陆缘及大陆岛弧环境；直罗组砂岩 La/Th-Hf 和物源 F1-F2 判别源区原始物质应来自上地壳，以长英质岩石为主，并混合有含长石较高的中性岩浆岩。

第三章　典型矿床、新发现矿产地地质特征

本轮铀矿调查在鄂尔多斯盆地的东北缘、西缘、东南缘均取得重要找矿突破，西南缘及中部等地区取得找矿新发现，共提交了新发现矿产地8处，矿点6处、矿化点12处；其中大型规模矿产地两处（塔然高勒、羊肠湾）、中型规模矿产地3处（黄陵、石槽村、金家渠）（表3.1）。

表 3.1　盆地典型铀矿床和矿点统计

地区	典型铀矿床	含矿层位	本轮新发现矿产地	含矿层位	本轮新发现矿点、矿化点	含矿层位
东北缘	大营	J_2z	塔然高勒	J_2z	库计沟矿点	J_2z
	纳岭沟		乌定布拉格		纳林西里矿点	
	皂火壕		乌兰西里		乃马岱矿点	
	阿不亥					
东南缘	双龙	J_2z	黄陵	J_2z	彬长矿化点	J_2z
					新堡子矿化点	
					大佛寺矿化点	
西缘	瓷窑堡	J_2z	羊肠湾	J_2z+J_2y	叶庄子矿点	J_2z
	惠安堡		金家渠		环县矿化点	
			石槽村		崇信矿化点	
			麦垛山	J_2z		
西南缘	国家湾	K_1md			泾川矿点	K_1l
					崇信矿化点	J_2z
					环县矿化点	J_2z
中部					金鼎矿化点	J_2a

1）东北缘矿集区

本次新发现：包括塔然高勒矿产地、乌定布拉格矿产地、柴登南矿产地、库计沟矿点、纳林西里矿点、红庆梁矿化点、乃马岱矿点、色连二号矿点、高家梁矿化点、中鸡矿化点等。

典型矿床：包括大营、纳岭沟、皂火壕、阿不亥等铀矿床。

2）西缘矿集区

本次新发现：包括羊肠湾矿产地、金家渠矿产地、石槽村矿产地、麦垛山矿产地、叶庄子矿点、枣泉矿化点、清水营矿化点。

典型矿床：瓷窑堡、惠安堡矿床。

3）西南缘矿集区

本次新发现：泾川矿点、环县矿化点、崇信矿化点。

典型矿床：国家湾矿床

4）东南缘矿集区

本次新发现：黄陵矿产地、彬长矿化点、新堡子矿化点、大佛寺矿化点。

典型矿床：双龙矿床

5）中部成矿远景区

本次新发现：金鼎矿化点。

本次根据不同的成矿地质条件优选部分典型矿床、矿产地、矿点进行叙述，主要对矿区的构造、地层、放射性异常特征、矿体矿石特征等进行分别描述。

第一节　东北缘铀矿集区地质特征

一、塔然高勒矿区

（一）成矿地质背景

1. 矿区构造

矿区构造单元处于鄂尔多斯盆地北缘伊盟隆起的中北部（图 3.1a）。从该区直罗组底板标高、埋深等值线图（图 3.2）可以看出，其构造形态与区域含煤地层构造形态基本一致，等值线呈北西–南东向基本等间距展布，总体为一向南西倾斜的单斜构造，倾向南东 $220° \sim 250°$。总体具有北东高南西低的特征。塔然高勒北部唐公梁–呼斯梁一带标高在 1300m 以上，为本区隆起区；塔然高勒南部新胜地区标高一般在 $800 \sim 900$m，为本区相对的拗陷区。隆起区与拗陷区高差 $400 \sim 500$m。地层倾角 $1° \sim 5°$，地层产状沿走向有一定变化，发育有宽缓的波状起伏。说明直罗组沉积时古地形较为平缓，为河流沉积体系的稳定发育创造了极为有利的构造条件。区内未发现明显的断层和褶皱构造。塔然高勒地区东部和西部分别有大营和纳岭沟两处典型大型砂岩型铀矿床，均处于北部隆起斜坡带上，这不仅为铀成矿流体运移提供了良好的通道，也为成矿物质卸载沉淀提供了有利空间。

2. 矿区地层

矿区位于东胜煤田北缘，新生代地质作用较为强烈，上部地层遭受剥蚀并被枝状沟谷切割破坏。区内发育地层由老至新为：侏罗系中下统延安组（$J_{1-2}y$）、侏罗系中统直罗组（J_2z）、白垩系下统和第四系（Q），地表出露的地层主要为白垩系下统和第四系（Q）（图 3.1b）。

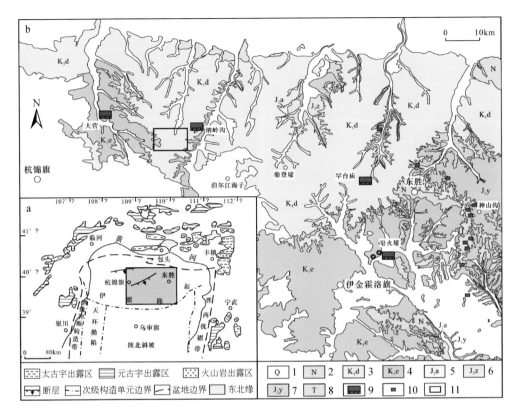

图 3.1 塔然高勒及周边地区地质图（据刘晓雪等，2016）

a. 塔然高勒及周边大地构造位置；b. 塔然高勒及周边地区地质图。1. 第四系；2. 新近系；3. 下白垩统东胜组；4. 下白垩统伊金霍洛组；5. 中侏罗统安定组；6. 中侏罗统直罗组；7. 中侏罗统延安组；8. 三叠系；9. 砂岩型铀矿床；10. 地表放射性异常点；11. 塔然高勒范围

1）直罗组下段（J_2z^1）

直罗组下段主要岩性为灰、浅灰、绿色砂岩夹泥岩，局部夹薄煤层（图 3.2）。砂岩以碎屑物为主，平均含量为 90％，碎屑物主要成分为石英，次为长石。灰色砂岩中多见炭屑、煤屑和黄铁矿，黄铁矿大多呈团块状、细晶状。砂岩颗粒形态多为次棱角状，固结程度低，以泥质胶结为主。其中，下亚段与延安组冲刷接触，为沉积早期在潮湿气候环境下的砂质辫状河沉积体系，主要岩性为灰、浅灰、绿色砂岩夹泥岩，局部夹薄煤层。

上亚段为在潮湿气候环境下的一套曲流河沉积体系，主要岩性为灰、灰绿、绿灰色中、细粒砂岩，顶部夹粉砂岩、泥岩。岩石分选性较好，磨圆度为次圆状，泥质胶结为主，次为钙质胶结，不含有机质；发育水平层理及小型的交错层理等。在扫描电镜下，绿色砂岩中碎屑颗粒表面被叶片状绿泥石包裹，在颗粒空隙中发育大量团球状的绿泥石集合体。

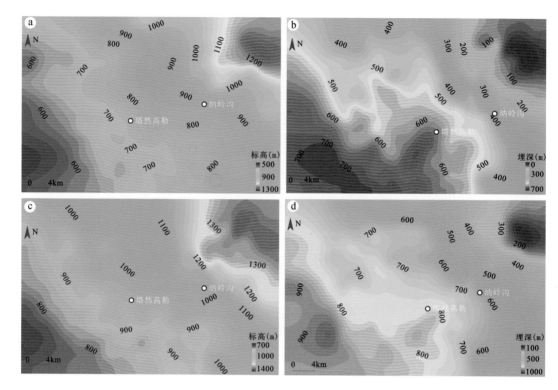

图 3.2　塔然高勒地区直罗组下段顶底板标高、埋深等值线图

a. 直罗组下段顶板标高等值线图；b. 直罗组下段顶板埋深等值线图；c. 直罗组下段底板标高等值线图；
d. 直罗组下段底板埋深等值线图

2）直罗组上段（J_2z^2）

该岩段为干旱古气候条件下沉积物，为高弯度曲流河沉积体系。岩性以砂岩与粉砂岩、泥岩互层为主，其中泥岩、粉砂岩呈粉红、紫红、灰紫色，而砂岩呈紫、灰绿、灰白色。普遍发育褐铁矿化，并呈斑状或带状沿裂隙分布（图 3.3）。砂岩以碎屑物为主，含量占 80% 左右，碎屑成分以石英为主，次为长石，少量云母，砂岩粒度普遍偏细，以细粒、中细粒为主，分选中等、次棱角状，并以泥质胶结为主，固结程度疏松，成岩度相对较低。该段以氧化环境为主，未发现铀矿化。

3. 目的层砂体展布特征

塔然高勒地区直罗组下段砂体厚度显示一条近南北向展布特征，这是主干河道的具体表现，且向南、西向、向南东向不断分岔，演化成系列规模较小的分支河道。主干河道位于纳岭沟–塔然高勒之间，砂体宽度约 10km，厚度在 150m 以上，最厚处可达 260m（图 3.4a）。

直罗组下段为沉积早期在潮湿气候环境下的辫状河–曲流河沉积体系，底部为砾质辫状河沉积体系，往上过渡为砂质辫状河沉积体系。表现为砂体多出现在深切谷的位置，具有填平补齐的沉积特征，在垂向上由多个由粗砂岩到细砂岩（或粉砂岩、泥岩）的韵律层叠置而成，整体呈一个厚层连通体。

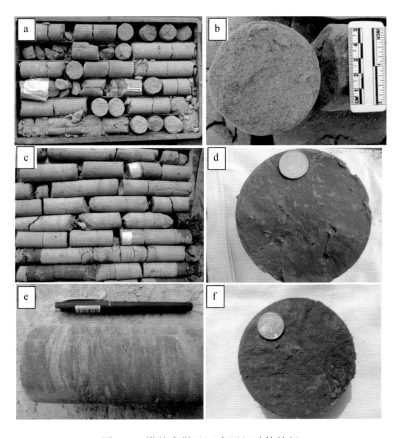

图 3.3　塔然高勒地区直罗组砂体特征

a. 直罗组下段厚层状灰绿色砂岩；b. 直罗组下段灰绿色砂岩断面；c. 直罗组下段上亚段灰绿色灰绿色细砂岩与泥岩
互层；d. 直罗组下段上亚段灰绿色粉砂质泥岩；e. 直罗组上段紫红色细砂岩；f. 直罗组上段紫红色细砂岩断面

平面上，含砂率图显示在塔然高勒和纳岭沟地区发育一条辫状分支河道，砂体厚度相对较厚，含砂率高达85%，整个辫状河道长约20km，宽5~10km（图3.4b）。辫状河道周边发育大面积泛滥平原，其上零星发育决口扇沉积，分布范围较小。区内辫状河道砂体的广泛发育，为含氧含铀水的运移提供了有效通道，为砂岩型铀矿提供一个巨大的储存空间。

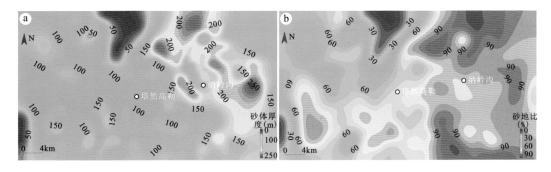

图 3.4　塔然高勒地区直罗组下段砂体厚度（a）和含砂率（b）等值线图

（二）矿床特征

1. 矿体特征

铀矿体主要赋存于中侏罗统直罗组下段辫状河砂体中。平面上总体呈北东–南西向或近南北向展布。矿体平均埋深500余米，矿体埋深受地形及地层产状影响较为明显，但总体上由东向西、北向南埋深逐渐加大。

剖面上，矿体发育于直罗组下段中下部（图3.5），受地层、河道砂体展布方向影响，矿体产状与目的层砂体的产状一致，均以平整的板状为主，矿化体主要沿工业矿体周边分布。矿体垂向分布与纳岭沟铀矿床较为相似，大部分赋存于中侏罗统直罗组下段下亚段的灰色砂体中，个别钻孔发育两层矿体。

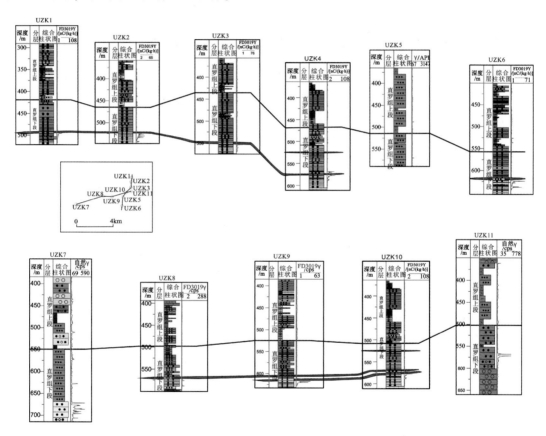

图3.5　塔然高勒矿床南北向（上）和东西向（下）连井剖面图

该区共圈定六个工业矿体，矿体厚度变化范围为 1.30 ~ 7.50m，平均值为 4.33m，厚度变化较大；矿体品位平均值为 0.0342%，总体上矿体铀矿化分布较均匀。矿体平方米铀量变化范围为 1.76 ~ 11.20kg/m^2，平均值为 3.49kg/m^2。

2. 矿化蚀变特征

通过光学显微镜、电子探针分析，识别了七种主要的矿物蚀变类型，即褐铁矿化、黄铁矿化、硒铁矿化、碳酸盐化、硫酸盐化、黏土化、铀矿化（图3.6）。根据元素变化特征，推断含铀岩系不同砂体具有统一的物源、沉积环境和构造背景。受流体作用，后期发生了稀土的迁移与富集。

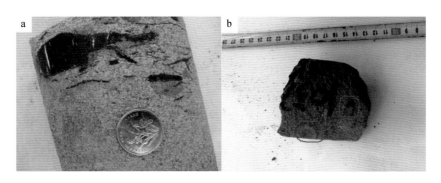

图3.6　直罗组下段下亚段灰色含碳屑（a）、黄铁矿（b）砂岩岩心照片

褐铁矿化：多以砂岩透镜体或在灰绿色砂岩中呈砂质团块（斑点）存在。成分以针铁矿为主，镜下观察，碎屑颗粒及胶结物整体浸染为褐色或仅碎屑颗粒边缘浸染（图3.7）。

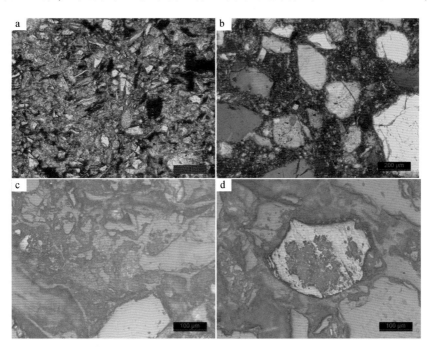

图3.7　直罗组砂岩褐铁矿显微镜照片

a. 红色砂岩中碎屑颗粒整体浸染为红色，正交偏光，10×10；b. 红色砂岩中碎屑颗粒边缘浸染，正交偏光，10×10；
c. 黄铁矿内部不均匀褐铁矿化，反射光，10×20；d. 钛铁矿内部褐铁矿化，反射光，10×20

黄铁矿化：从形成期次及与铀成矿的关系来看，黄铁矿可划分为三期，第一期为成岩期黄铁矿，包括莓球状黄铁矿、粒状黄铁矿；第二期为流体改造黄铁矿，主要为碎屑颗粒间呈胶状黄铁矿或以自形黄铁矿状态分散；第三期为蚀变黄铁矿，主要特征是与黑云母共生，其 Fe 的来源主要是黑云母发生蚀变析出，又包括两种形态，一是呈自形–半自形，二是呈胶状（图 3.8）。

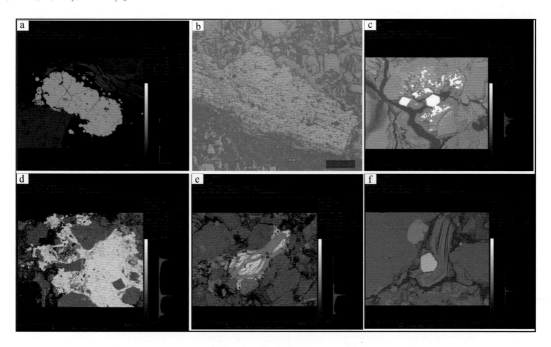

图 3.8　直罗组砂岩黄铁矿显微照片

a. 莓球状黄铁矿；b. 星点状黄铁矿；c. 菱形、六边形黄铁矿；d. 碎屑颗粒间胶状黄铁矿；e. 云母解理缝中胶状黄铁矿；f. 云母解理缝中半自形黄铁矿

　　硒铁矿化、钛铁矿化：硒铁矿多充填在颗粒孔隙或裂隙中，并且与黄铁矿及其他含硒矿物共生。前人的研究结果表明只有极少数的砂岩型铀矿发现有少量的硒铅矿、硒铁矿等硒的独立矿物，该研究区硒铁矿的发现可能表明本区曾经历过中低温热液作用的改造。钛铁矿化在本区也较为常见，多见钛铁矿与黄铁矿伴生，或者氧化钛与钛铁矿共伴生（图 3.9）。

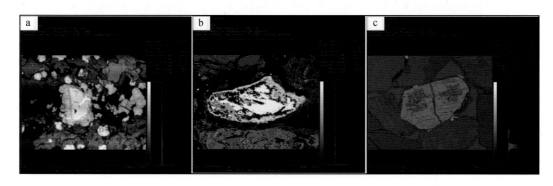

图 3.9　直罗组砂岩低温热液矿物显微照片

a. 硒铁矿交代黄铁矿；b. 黄铁矿内部被钛铁矿交代；c. 钛铁矿内部被氧化钛交代

碳酸盐化：在岩心中可见红色钙质砂岩中发育碳酸盐细脉，灰色细砂岩中的植物炭屑内部发育网格状方解石细脉（图3.10）。这些特征均显示后期流体作用的改造，碳酸盐化大体可分为三期，第一期形成泥晶方解石，方解石晶粒直径仅几微米；第二期形成粗晶方解石，方解石晶粒较粗，直径为0.5～2mm或更大，亮度较差，具有较明显的重结晶的痕迹，方解石常交代杂基并部分交代碎屑颗粒；第三期碳酸盐化是区内最晚期的碳酸盐化，呈方解石细脉或微脉产出，可见2组或3组极完全解理，多见交代碎屑颗粒。

图3.10 直罗组砂岩碳酸盐显微照片

a. 植物炭屑内部发育网格状方解石细脉；b. 泥晶方解石，正交偏光，10×10；c. 粗晶方解石，正交偏光，10×10；d：粗晶方解石交代长石颗粒边缘，正交偏光，10×10；e. 亮晶方解石，正交偏光，10×20；f. 方解石切穿石英颗粒，强烈的碳酸盐化作用

硫酸盐化：在矿区砂岩体中可见团块状或顺层石膏脉体，通过蚀变光谱扫描发现，砂体中也普遍存在石膏胶结现象，石膏可能在后期流体作用下发生了重结晶作用，颗粒变粗大。

黏土化：矿区含铀岩系黏土化作用主要包括绿泥石化、高岭土化、水云母化三种类型。砂岩高岭石化，包括云母的高岭土化、钾长石的高岭石化、杂基的高岭石化（图3.11）。水云母化在砂岩中主要表现为斜长石的水云母化，其次为杂基的水云母化。绿泥石化主要有黑云母的绿泥石化和碎屑颗粒表面膜状的绿泥石化两种。部分黑云母蚀变为叶绿泥石，绿泥石呈叶片状，在镜下呈浅绿色。碎屑颗粒表面镀膜状的极细小的针叶状绿泥石集合体，在光学显微镜下无法鉴定，仅在碎屑颗粒边缘分布极薄的绿色镶边，在扫描电子显微镜下鉴定为细小的针叶状绿泥石集合体（图3.11）。

3. 矿石质量

砂岩碎屑物成分：碎屑物含量较高，达79%～98%。成分以石英为主，长石次之，含有一定量的云母、岩屑、有机质及少许重矿物（图3.12）。

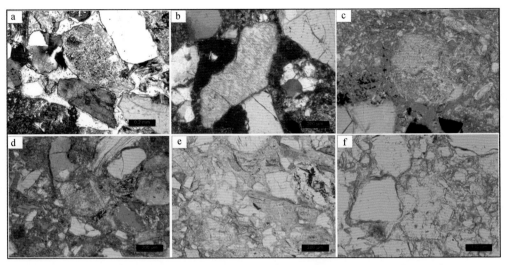

图 3.11　直罗组砂岩高岭土化显微照片

a. 黑云母高岭土化，正交偏光，10×10；b. 长石高岭土化，正交偏光，10×10；c. 长石水云母化，正交偏光，10×10；d. 岩屑
水云母化，正交偏光，10×10；e. 黑云母蚀变为叶绿泥石，单偏光，10×10；f. 碎屑颗粒边缘绿泥石镶边，单偏光，10×20

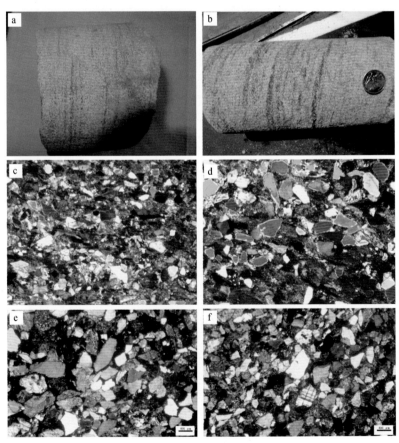

图 3.12　直罗组砂岩岩石照片及显微照片特征

a. 灰色中砂岩；b. 浅灰色中粗砂岩，具粒级层序；c. 中细粒砂岩显微照片，正交偏光；d. 钙质中砂岩显微照片，
正交偏光；e、f. 中粗粒砂岩显微照片，正交偏光

砂岩填隙物成分：填隙物含量在 8% ~33%，主要由杂基和胶结物组成。杂基主要是伊利石、高岭石、水云母，在钙质砂岩中填隙物含量较高，达 18% 左右。胶结物主要为方解石、黄铁矿、极少量的针铁矿和褐铁矿。

砂岩粒度：碎屑粒度以中粒为主，其次为细粒及粗粒，各种粒级的砂岩所占比例不同，中粒最多，为 55.22%，其次为粗粒和细粒，分别为 15.30%、26.51%。粉砂和泥质只占 2.22%。含矿砂岩粒度相对较粗，泥质和粉砂含量较少，区内砂岩总体具有较好的渗透性。

胶结类型：碎屑物以接触式、孔隙式胶结为主，占 80.8%。基底式胶结较少，只占 19.2%，部分碳酸盐含量达 10% ~20% 的砂岩（或钙质砂岩）呈基底式胶结。

碎屑物形态：碎屑颗粒的磨圆度总体较低，以棱角状、次棱角状为主，占 72.3%；其次为磨圆度中等的次棱角状、次圆状，占 25.7%；磨圆度好的占 0.70%。不同磨圆度碎屑的百分含量存在一定的变化幅度。

矿石化学成分：矿石化学成分基本相近，均以 SiO_2、Al_2O_3、TFe_2O_3 为主，以上三者占总量的 63.40% ~90.17%。SiO_2 平均含量为 68.33%，Al_2O_3 平均含量为 12.94%，TFe_2O_3 平均含量为 3.98%，FeO 平均含量为 1.61%，有害组分 P_2O_5 平均含量较低，为 0.10%，CaO 平均含量为 1.80%。矿石、围岩、钙质矿石化学成分基本相同，钙质矿石中 CaO 含量增高，SiO_2 含量相应减小。矿石平均烧失量为 5.58%，说明矿石中有机质含量较高，自身吸附能力及还原能力较强。

矿石粒度：以中砂、细砂为主，分别占比 60.29% 和 27.36%，次为粗砂，占 10.97%，偶见粉砂、黏土。矿石中粗砂、中砂和细砂的含量占比达 98.62%，可渗透矿石占绝对优势。

铀的共伴生元素特征：主要有 Au、Ag、Cu、Pb、Zn、Mo、Cs、V、Se、Re，这些元素浓度克拉克值大部分均大于地壳克拉克值，反映了区内以上伴生元素存在一定富集现象，但都未达到工业利用价值。

铀的存在形式：铀矿物以吸附形式为主，同时也以独立矿物形式和含铀矿物形式存在。

吸附铀矿物形式主要存在于黏土矿物中，被煤、岩屑等其他矿物所吸附，或者存在与胶结物和矿物碎屑表面（图 3.13）。含铀矿物以铀石为主，见少量的晶质铀矿、铀钍石、方钍石及次生铀矿物。含铀矿物多以黄铁矿、钛铁矿、榍石、有机质、磷灰石在其边部为核心附着。

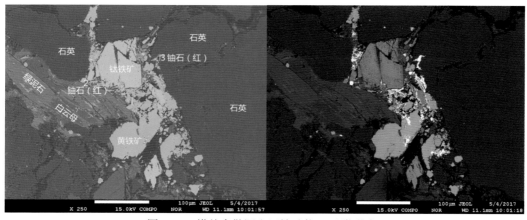

图 3.13 塔然高勒调查区铀矿物（吸附形式）

独立铀矿物形式：主要为铀石，电子显微镜下呈单个晶体或矿物球粒集合体，常与方解石、绿泥石等共生，或附着于石英、碳质岩屑上（图3.14）。相比于吸附形式存在的铀矿物，其主要成分 MgO 和 SiO_2 含量有所降低，而有害成分 P_2O_5 的含量有所提升。

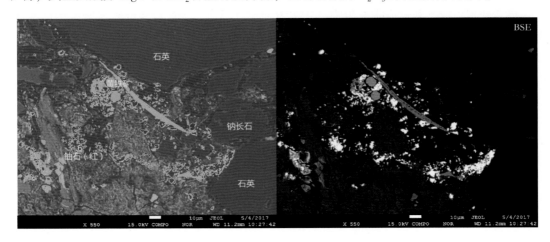

图 3.14　以独立矿物形式存在的铀矿物

二、皂火壕铀矿床

（一）成矿地质背景

矿区构造：该矿床位于鄂尔多斯盆地东北部的伊蒙隆起南缘，伊蒙隆起呈北高南低特征，褶皱构造简单，呈一大型缓倾斜坡带。产状平缓，有利于大型河流沉积体系的发育，为后期氧化带的发育奠定了基础。

含矿地层特征：为中侏罗统直罗组下段，主要赋存于直罗组的一条由北西－南东向展布的河道内。含矿岩性主要为灰、浅灰绿、灰绿色为主的中、粗粒砂岩夹细砂岩，分选性差，碎屑呈次棱角状。交错层理发育，有机质丰富，含钙化木和黄铁矿。砂体中砾石具有成分复杂、砾径大、分选差、厚度大等特征。

砂体展布特征：中侏罗统直罗组下段主要由辫状河、辫状河三角洲相组成。铀矿化主要赋存于砂质辫状河砂体中，砂体主要由中、粗粒砂岩构成，底部常发育滞留砾石和泥砾、炭屑等。砂体固结程度低，较松散。砂质辫状河道总体呈北西－南东向展布，长约150km。受河道摆动影响，矿区内发育一个泛连通的宏大砂体，宽度 20～30km。在孙家梁、沙沙圪台、新庙壕发育砂体厚度相对较薄的河道间沉积。

（二）矿床特征

1. 矿体特征

皂火壕铀矿床从东到西由乌兰色太、孙家梁、沙沙圪台、皂火壕、新庙壕五个矿段组成。矿带总体呈近东西向带状展布（图3.15），矿带东西长近40km，南北宽约5km。矿体东部连续性好，西部稍差。矿体埋深由东向西逐步增大。矿体总体呈板状，近东西向缓倾斜，与赋矿砂体倾向基本一致。各地段矿体形态也有差异，孙家梁地段矿体分布相对集中，平面形态呈大饼状；沙沙圪台地段矿体平面形态为近东西向展布的两条近平行的带状；皂火壕地段矿体分布较为分散，其矿体、矿化体平面形态呈带状、向南东突出的"U"型或透镜状。新庙壕地段矿体平面形态呈北西-南东向"雁列式"排列。

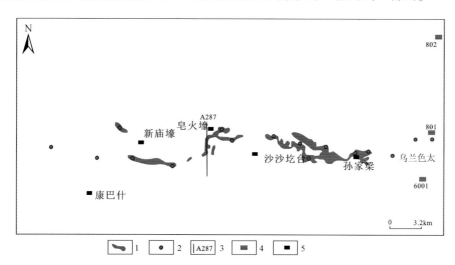

图 3.15　皂火壕铀矿床平面展布示意图（据张金带等，2015，修改）

1. 工业铀矿体；2. 工业铀矿孔；3. 勘探线及编号；4. 铀矿化点；5. 地名

　　剖面上矿体形态以板状、似层状为主，少数为透镜状（图 3.16）。下层矿体具有薄而长的特点，矿体连续性好、厚度小、延伸距离长；上层矿体呈透镜状，近顶板产出，厚度薄，连续性差。矿体总体上由东部向西部厚度由薄变厚，倾向上呈向南端翘起，中部下凹，即矿体东部接近砂体底板产出。

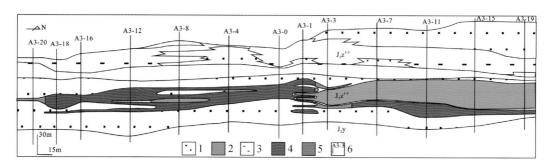

图 3.16　皂火壕矿床孙家梁地段 A3 号勘探线剖面示意图

据李子颖，陈安平等，2005，鄂尔多斯盆地北部地浸砂岩型铀矿时空定位和成矿机理研究，核工业北京地质研究院科研报告。1. 灰色砂岩；2. 绿色砂岩；3. 泥岩；4. 层间氧化带前锋线；5. 工业矿体、矿化体；6. 钻孔及编号

　　矿体顶板埋深在 67.05 ~ 209.55m，矿体底板埋深在 74.20 ~ 219.25m，矿体总体倾向南西，与地层倾向基本一致，矿体标高由北东向南西逐渐降低，矿体埋深仍主要受地形控制。

矿体品位（单工程）变化范围为 0.0177% ~ 0.3623%，平均值为 0.0641%，变化系数为 145.60%。部分钻孔中见品位大于 0.1% 的矿体。A3 号勘探线矿体平均品位最高，向其两侧平均品位逐渐降低。平方米铀量（单工程）变化范围为 1.01 ~ 48.47kg/m²，平均值为 7.63kg/m²，变化系数为 124.51%，变化较大。

2. 矿石质量

矿石物质组分：含矿岩性为直罗组下段下亚段岩屑长石砂岩，岩石颜色以深灰、浅灰色为主，浅部或近地表多呈灰绿色，地表由于强烈氧化，则呈灰黄、浅黄褐色。岩石成岩程度不高，结构疏松，有粗细韵律性变化，见交错层理，局部含较多泥砾（多位于粒序层的底部）。此外，砂岩中含长石碎屑和岩屑多，云母碎屑含量也较高。这反映出近源的特征，即矿区位于盆缘，距蚀源区不远。从岩屑的成分来看，蚀源区主要出露岩石为花岗岩和变质岩，并有少量的火山岩。

与铀共生、伴生元素特征：矿石中的伴生元素主要有 Mo、V、Se、Sc 等，这些元素浓度克拉克值均大于地壳克拉克值，反映了区内以上伴生元素存在富集现象。铀成矿带中伴生元素均未达到工业利用价值；Se、Mo 元素有潜在利用价值。

铀的存在形式：矿石中铀的存在形式有两种，即吸附状态和铀矿物。吸附态铀主要与矿石中的黏土矿物、粉末状黄铁矿、碳质碎屑密切相关。铀矿物主要是沥青铀矿和铀石，其中沥青铀矿与黄铁矿紧密共生，主要产于砂岩胶结物中黄铁矿的表面或充填于绿泥石层面间的黄铁矿边缘及附近，也有少量充填于黑云母层面间。铀石主要分布于长石碎屑周围或围绕黄铁矿呈胶状产出。

铀矿物为圆形、椭圆形的单晶和集合体，大小多在 7 ~ 9μm，沿黄铁矿晶体生长线分布。黄铁矿具有明显的分期，根据其形态、反射率和成分可分为早成岩阶段的莓球状黄铁矿和胶状黄铁矿、中成岩阶段的不规则状黄铁矿和自形的五角十二面体黄铁矿。铀矿物仅存在于不规则状黄铁矿的孔隙内或微裂缝内。还可见到铀石分布在伊-蒙混层和钾长石颗粒溶孔中（柳益群等，2006）。

铀成矿时代：夏毓亮等对矿区内铀矿石采用 U-Pb 等时线方法获得了 149±16Ma、120±11Ma、85±2Ma、20±2Ma、8±1Ma 五组成矿年龄，表明该区铀成矿作用具有多期次、多阶段的特点。

三、纳岭沟铀矿床

（一）成矿地质背景

矿区构造：该矿床位于鄂尔多斯盆地东北部的伊蒙隆起中部偏北区域，地表断裂构造不发育。

含矿地层特征：纳岭沟铀矿床赋矿层位为中侏罗统直罗组下段下亚段，上、下亚层之间没有稳定的隔水层，属同一个含矿砂体，厚度大，但在矿体上下存在局部隔水层。岩性主要由绿、灰色中粒、粗粒砂岩构成，夹泥岩、粉砂岩薄层，结构疏松。

砂体展布特征：整体呈北西-南东向展布，由河道砂体中心向两侧逐渐变薄，平均厚124.1m，最大厚度大于160m，厚度变化小，稳定性较好。直罗组下段下亚段可进一步划分为两段：上部以砂质辫状河道沉积的绿、红色砂岩为主，下部以砾质辫状河道沉积的灰色砾岩、砂质砾岩为主；在纳岭沟铀矿床分布广泛，呈泛连通状，是铀矿化的主要赋存层位，砂岩粒度较粗，多含细砾，灰色砂岩中多见炭屑、煤屑和黄铁矿。

直罗组下段上亚段以绿、浅绿色和暗绿色砂岩为主，个别钻孔中下部可见到灰色砂岩，在矿床南部已在该层位发现工业铀矿化，砂岩中常见泥质夹层，沉积环境均为辫状河沉积环境。

（二）矿床特征

1. 矿体特征

平面上，矿体呈北东-南西向展布，沿走向发育稳定，连续性好。各勘探线上矿体宽窄不一，变化较大（图3.17）。Ⅰ号主矿体的水平投影呈两头窄中间宽的不规则带状，矿体内部出现多个面积较小的"天窗"。其他矿体产于主矿体两侧，呈不连续的块状分布。

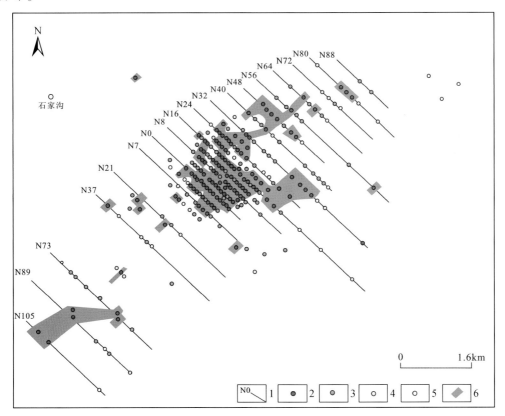

图 3.17 纳岭沟铀矿床平面展布示意图（据张金带等，2015）

1. 勘探线及其编号；2. 工业铀矿孔；3. 铀矿化孔；4. 铀异常孔；5. 无铀矿孔；6. 工业铀矿体

　　剖面上，矿体呈板状、似层状产于远离顶、底板的绿色砂岩和灰色砂岩过渡部位的灰色砂岩中（图 3.18）。矿体由北东向南西缓倾斜，倾角 1°～2°。矿体顶界标高为 912.20～1106.85m，平均标高为 1065.14m；矿体顶界埋深为 315.00～630.00m，平均埋深为410.00m，埋深受地形标高及地层产状影响较为明显，但总体上由东向西、自北向南矿体顶界埋深逐渐加大。

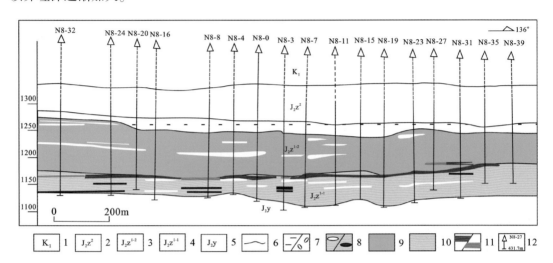

图 3.18　纳岭沟铀矿床 N8 号勘探线剖面图（据王贵等，2017，修改）

1. 下白垩统；2. 直罗组上段；3. 直罗组下段上亚段；4. 直罗组下段下亚段；5. 延安组；6. 地质界线；7. 泥岩/砾岩；8. 泥岩夹层/钙质砂岩夹层；9. 绿色砂岩；10. 灰色砂岩；11. 工业铀矿体/铀矿化体；12. 钻孔位置、编号及深度

　　纳岭沟铀矿床单工程中矿石品位为 0.0193%～0.3014%，平均品位为 0.0641%，变异数为 66%；单工程中平方米铀量为 1.00～48.81kg/m^2，平均为 4.23kg/m^2，变异系数为113%。纳岭沟铀矿床矿体厚度、品位变异系数相对较小，平方米铀量变异系数较大，说明矿体厚度、品位相对较为稳定，平方米铀量变化较大。

　　含矿砂体特征：纳岭沟铀矿赋矿砂体直罗组下段砂体宏观上呈泛连通状，是多期次河道砂体垂向上叠加，侧向上相连的结果。含矿岩性主要以中粒、中粗粒、粗粒砂岩为主。平面上砂体总体呈北西–南东向展布，南西侧呈近南北向，砂体厚度变化较小，多在120～140m。N16 号勘探线北东侧砂体略厚，多在 130～140m。南西侧砂体厚度一般在120～130m，厚度小于 100m 的沉积区呈"孤岛"状，相对于北东侧，砂体厚度变化较大。工业铀矿孔主要位于直罗组下段砂体厚度 100～130m 的区域内。

　　2. 矿石质量

　　与铀共伴生元素特征：纳岭沟矿区内 Sc、Mo、Se、V、Re 五种伴生元素中，具体为：有一半以上的砂岩或砂岩矿石中，Mo、Re、Se 的浓度值均大于地壳克拉值，揭示了这些元素在本区具有富集现象；Mo、Re 元素含量的平均值高于地壳克拉克值，有潜在的利用价值。Se 的最大含量达到综合利用品位。

　　铀的存在形式：矿石中铀矿物以铀石为主，见少量的晶质铀矿、沥青铀矿、铀钍石、方钍石及次生铀矿物。铀矿物多以黄铁矿、白硒铁矿、钛铁矿、榍石、有机质、萤石、磷灰石为核心附着在其边部。铀石晶簇主要以长柱状、放射状吸附在其他矿物表面。铀矿物以四价铀为主，约占总量的 74%，说明纳岭沟铀矿床铀以迁入为主。

铀石在电子探针下主要显示为胶状，类似沥青铀矿，部分铀石结构比较疏松，铀石主要围绕细粒黄铁矿边缘沉淀，并部分交代黄铁矿，少数沉淀于黄铁矿颗粒边缘。也有较多的铀石围绕碎屑颗粒边缘沉淀或充填于碎屑颗粒的裂隙中。

铀成矿时代：采用 U-Pb 年龄测试法，对纳岭沟铀矿床部分钻孔矿石样品成矿年龄进行了测试。测得年龄为 61.7±1.8 ~ 38.1±3.9Ma 介于古新世—始新世。

四、大营铀矿床

(一) 成矿地质背景

矿区构造：大营铀矿床位于鄂尔多斯盆地三级构造单元伊盟隆起的中北部，其沉积盖层构造简单，总体上受近东西向分布的大型褶皱和局部小型正断层控制，褶皱发育于早白垩世之前，而断层形成于早白垩世或者早白垩世之后，直罗组沉积之后盆地整体抬升缺失上侏罗统，在矿床北东部遭到一定程度的剥蚀。

含矿地层特征：大营铀矿床钻孔揭露地层与皂火壕、纳岭沟矿床类似，其赋矿层位同样为中侏罗统直罗组下段，亦可分为上亚段和下亚段。与皂火壕、纳岭沟矿床不同之处在于该矿床不仅直罗组下段下亚段为含矿层，而且直罗组下段上亚段为矿床的主要赋矿层位。

砂体展布特征：直罗组下段下亚段砂体总体上呈北西-南东向展布，呈多条厚-薄-厚交替出现的砂带，厚度一般在 40 ~ 80m，最小厚度为 31.10m，最大厚度为 94.70m，平均厚度为 63.46m，厚度变化小，稳定性较好。在砂体顶部发育厚几米至十几米的浅绿、灰色泥岩及厚度不一的薄煤层、煤线或碳质泥岩，可作为与上亚段的分层标志及区域隔水顶板。砂岩固结程度低，较松散，是区内铀矿找矿的骨架砂体，发育大型槽状交错层理、平行层理，顶部的泥岩中偶见水平层理。砂体底部埋深大，一般在 570 ~ 660m，最大可达 875.80m，最小 418.00m，平均埋深 637.72m。

直罗组下段上亚段砂体主要呈北东-南西向带状展布，向南西方向出现分叉，转为北西-南东向弧形展布，呈现出厚-薄-厚相互交织的分布格局，由砂体展布形态与分布格局表明：一是矿区内上亚段砂体非均质性增强，二是矿区内上亚段为一种特殊、近源的大型曲流河-曲流河三角洲沉积体系成因。砂岩厚度一般在 30 ~ 70m，最小为 18.50m，最大为 91.40m，平均为 52.35m，砂体内部的泥岩夹层数量增多，厚度变化相对较大。砂岩胶结程度较差，结构较松散，见平行层理和小型交错层理。

(二) 矿床特征

1. 矿体特征

大营矿区含矿层位有两层，矿体主要赋存于直罗组下段上亚段和下亚段。

1) 直罗组下段下亚段矿体特征

平面上铀矿带呈北西-南东向展布，长约 15km，宽 800 ~ 2000m 不等（图 3.19）。直罗组下段上亚段铀矿带总体呈北东-南西-南东向展布，呈向北东开口的"U"形，长约20km，宽400~2000m不等。

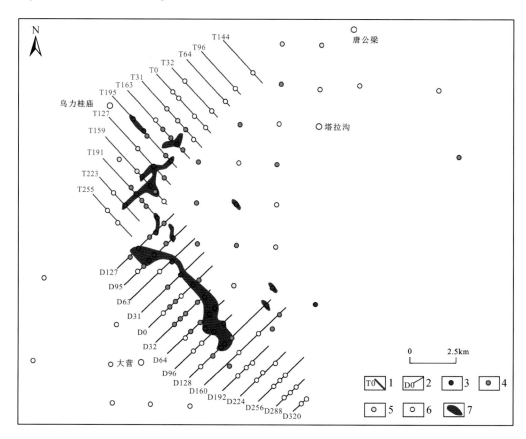

图 3.19　大营铀矿床直罗组下段下亚段平面展布示意图（据张金带等，2015，修改）

1. T 网勘探线及其编号；2. D 网勘探线及其编号；3. 工业铀矿孔；4. 铀矿化孔；5. 铀异常孔；

6. 无铀矿孔；7. 直罗组下段下亚段铀矿体

剖面上，在矿床北部直罗组下段下亚段矿体发育于含矿砂体的中上部，受地层、河道砂体展布方向影响，矿体产状与目的层砂体的产状一致，呈向南西缓倾斜。在矿床南部，矿体发育于含矿砂体的中下部，呈近水平产出，与顶、底板的产状基本一致（图 3.20）。已发现矿体形态均以板状为主，并未发现卷状矿体。直罗组下段上亚段矿体整体上较下亚段矿体连续且富集。

直罗组下段下亚段 2 号矿（层）体顶板埋深在 647.45~733.25m，平均为695.58m，变化系数为 3.81%，矿体底界埋深在 661.55~737.45m，平均为 704.98m，变化系数为 3.2%。矿层总体倾向南西，与地层倾向大体一致，矿体标高由北东向南西逐渐降低。

矿体品位变化情况：大营铀矿床直罗组下段下亚段 41 个铀矿工业孔单工程中的矿体厚度为 1.00~8.70m，平均厚度为 3.88m，变异系数为 47.42%；厚度较稳定。

直罗组下段下亚段 2 号矿体单工程中矿体品位为 0.0163%~0.0719%，平均品位为

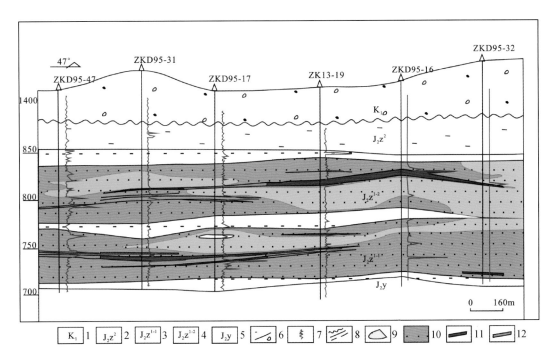

图 3.20　大营铀矿床 D95 号勘探线剖面图（据张金带等，2015）

1. 下白垩统；2. 直罗组上段；3. 直罗组下段下亚段；4. 直罗组下段上亚段；5. 延安组；6. 泥岩/砾岩；7. 伽马曲线；
8. 不整合界线；9. 绿色砂岩；10. 灰色砂岩；11. 工业铀矿体；12. 铀矿化体

0.0323%，变异系数 42.76%；矿化分布总体均匀，品位变化系数较小。单工程中平方米铀量为 $1.01 \sim 7.43 kg/m^2$，平均为 $2.64 kg/m^2$，变异系数为 62.82%。直罗组下段上亚段 3 号矿体品位为 $0.0162\% \sim 0.1823\%$，平均品位 0.0354%，变异系数为 69.46%；单工程中平方米铀量为 $1.04 \sim 26.93 kg/m^2$，平均为 $4.87 kg/m^2$，变异系数为 111.15%。

2）直罗组下段上亚段矿体特征

平面上，矿体呈北东–南西–南东向展布，呈北东开口的"U"形，长约 20km，宽为 $400 \sim 2000m$（图 3.21），矿体沿走向、倾向的连续性差，矿体呈带状、透镜状，矿床北西部砂体中沉积韵律增多，砂体的非均质性增强。

剖面上，直罗组上亚段矿体整体上比下亚段矿体连续且富集，矿体以平整的板状为主，矿层埋深受地层倾向与地形控制明显，总体呈北东向南西逐渐增大的趋势（图 3.22）。

矿体品位变化情况：直罗组下段上亚段 4 号矿体 43 个工业孔单工程中的矿体厚度为 $1.00 \sim 14.30m$，平均厚度为 4.05m，变异系数 65.43%。厚度变化较下亚段大。上亚段的矿体平方米铀量变化较大，局部出现高平方米铀量，主要分布于矿床北部和东南部。

含矿砂体特征：直罗组下段下亚段矿砂比变化范围为 $2.17\% \sim 16.67\%$，平均值为 6.58%，变异系数为 52.57%；直罗组下段上亚段矿砂比变化范围为 $1.55\% \sim 68.39\%$，平均值为 12.78%，变异系数为 93.63%。

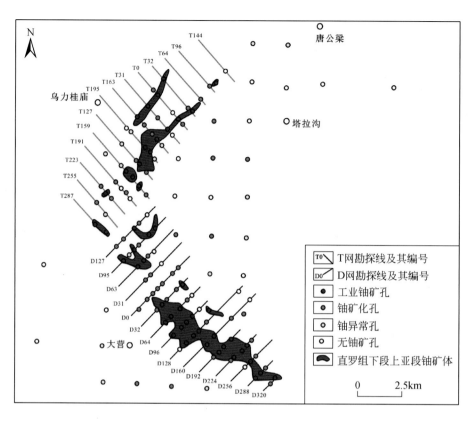

图 3.21　大营铀矿床直罗组下段上亚段平面展布示意图（据张金带等，2015，修改）

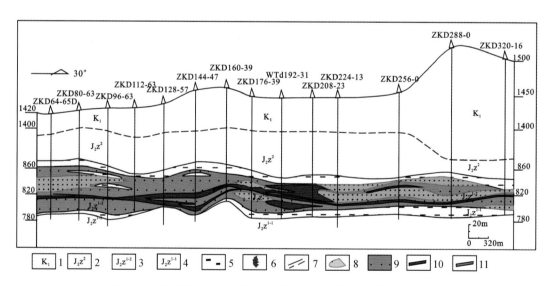

图 3.22　大营铀矿床上亚段主矿体剖面图（据张金带等，2015）

2. 矿石质量

矿石组分：以浅灰色中粗粒砂岩为主，少量灰绿色砂岩，岩石成岩程度不高，胶结疏松，碎屑含量高，占全岩总量的85%~90%。不等粒砂状结构，分选较好，磨圆多为次棱角状，块状构造。

与铀共伴生元素特征：有一半以上的砂岩或砂岩矿石中，V、Sc、Re、Se的浓度值均大于地壳克拉值；Re、Se部分样品含量达到综合利用品位，具有综合的利用价值。V_2O_5的最高含量达到综合利用品位，但多为单样段含矿，其综合利用价值有待进一步研究。

铀的存在形式：存在三种形式，主要以吸附形式、独立矿物为主，其次为含铀矿物形式。吸附形式主要是吸附于高岭石、伊利石等黏土矿物中，常存于砂岩胶结物和岩屑，或被煤、炭屑、有机质、黄铁矿、泥质等吸附；独立矿物形式表现为铀石、沥青铀矿呈显微状分布于砂岩中。常与星点状、草莓状黄铁矿、炭屑共生；含铀钛矿物形式表现为高品位砂岩中含铀钛铁矿增多，有时在砂岩的基性岩屑中可见铀钛铁矿，说明该矿物可能为蚀源区搬来的重矿物。

五、乌兰西里矿区

（一）成矿地质背景

1. 矿区构造

工作区沉积盖层构造相对简单，地表断裂构造不发育。直罗组下段沉积盖层总体表现为北东高、南西低，由北东向南西近平行展布的特征，平均地层倾角为2°~3°。工作区北东部直罗组下段顶板标高比工作区南西部要高近300m（图3.23），而工作区北东部直罗组下段的沉积盖层标高落差速率高于工作区中部与南西部，说明在直罗组下段沉积后期北东部受到的河流下切作用相对较强。

2. 矿区地层

矿区钻孔揭露的层位包括第四系、新近系、下白垩统（K_1）、中侏罗统直罗组（J_2z）、延安组（J_2y）。找矿目的层为直罗组下段（J_2z^1），并进一步划分为下亚段（J_2z^{1-1}）和上亚段（J_2z^{1-2}），都是区内最主要的找矿目的层。

3. 含矿含水层顶板、底板特征

柴登南-布尔台地区处于直罗组下段河道沉积的中心部位，河道冲刷作用强烈，由多个韵律砂岩层叠置而成，泥岩夹层不发育，构成统一的含矿含水层。直罗组下段顶部泥岩构成其隔水顶板，直罗组下段下亚段顶部泥岩构成其隔水底板（图3.23）。

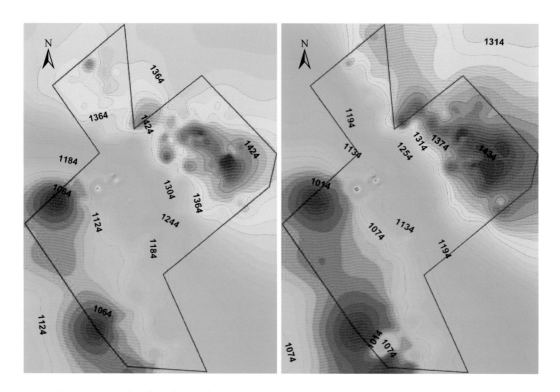

图 3.23　柴登南–布尔台地区直罗组顶板（左）和底板（右）标高等值线图（单位：m）

直罗组下段顶部泥岩段作为隔水顶板与含矿含水层呈过渡接触关系，其在纵向上分布稳定，厚度较大，连续性好，岩性以浅灰绿、浅灰色泥（质）岩、粉砂岩为主，透水性差，总体表现出较好的区域稳定性和隔水性。直罗组下段下亚段底部泥岩隔水层属于辫状河泛滥平原沉积，与含矿含水层呈平行不整合接触关系，岩性以灰、深灰色泥岩为主，夹粉砂质泥岩、泥质粉砂岩，局部夹薄煤层。在区域范围内断续发育，局部呈透镜状分布，但具一定规模，可作为含矿含水层稳定的隔水底板。

4. 放射性异常特征

排查煤田钻孔 783 个，发现潜在铀矿孔 40 个，潜在铀矿化孔 12 个。异常层位主要分布于中侏罗统直罗组（J_2z）砂岩中，异常值 62～1200 γ，厚度 0.33～4.60m。区内放射性异常较高，异常分布范围广。异常总体呈北西向展布。直罗组地层在本区分布广泛，具泥—砂—泥结构，砂体厚度适中，渗透性良好，富含有机质、炭化植物残体和黄铁矿等还原组分。

（二）铀矿化特征

1. 矿体特征

铀矿化主要集中皂火壕矿区外围东西两侧，平面上，多分布在灰色砂岩残留体周边。垂向上，铀矿化（体）多呈板状、透镜状，产于直罗组下段灰色砂岩中（图 3.24）。

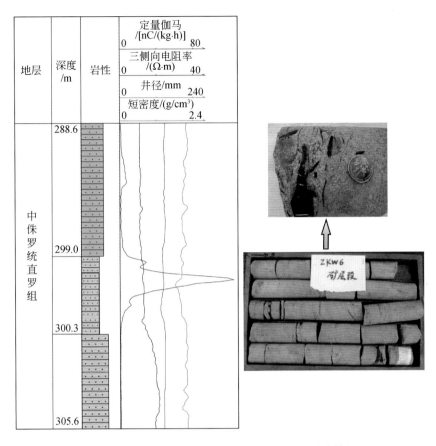

图 3.24　乌兰西里地区铀矿工业钻孔及含矿砂岩特征

铀矿化主要产于直罗组下段砂体中。主矿体由 1～2 层铀矿层组成，含矿岩性为灰色中细、中粗砂岩为主，矿体埋深 49.55～403.15m。不同地区矿层在垂向上的落差较大。ZKT3 孔位于工作区东部，矿层埋深浅，ZKW2、ZKW6 孔位于工作区西部，矿层埋深大，与整个地区直罗组地层产状一致。矿层单层厚度为 0.20～2.90m，品位 0.0121%～0.0435%，平方米铀量为 0.06～2.72kg/m^2。其中钻孔 ZKW2 和 ZKW6 为该区铀矿化的富集中心。

2. 矿石质量

矿石组分：含矿岩性以灰色砂岩为主，粒级分布范围广，在各粒级砂岩中均有分布，含矿岩性主要以中粒、中粗粒、粗粒砂岩为主。镜下鉴定结果显示，碎屑成分中石英含量较高，其次是钾长石。石英以单晶石英为主，偶见多晶石英。碎屑颗粒磨圆度差，多呈棱角-次棱角状，体现了近距离沉积的特点。支撑结构为杂基支撑，胶结类型多为基底式胶结，接触关系以点-线接触为主，分选中等。其中，钾长石发育不同程度的高岭石化，斜长石多绢云母化。岩屑含量约占碎屑成分的 20%～30%，成分以变质岩岩屑为主，种类较多，如石英岩、片岩、千枚岩、板岩等，其次为花岗岩岩屑及少量沉积岩岩屑。胶结物主要是方解石等碳酸盐胶结物及黄铁矿、褐铁矿等铁质胶结物（图 3.25）。方解石多呈叠瓦状，而黄铁矿则主要呈四方鳞片状，偶见结核状分布。

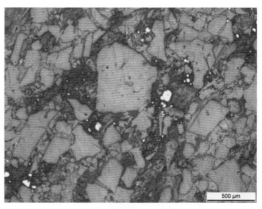

a.灰色中细砂岩，见有碳质条带，N73-7，2.5×10，正交偏光，U：284×10⁻⁶

b.灰色中细砂岩，大量黄铁矿呈侵染状分布在胶结物中，N73-7，5×10，反光，U：284×10⁻⁶

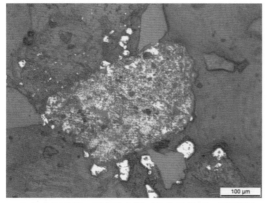

c.灰色中细砂岩，见亮白色榍石分布于粒间，周围见有黄铁矿分布，N73-7，20×10，反光，U：284×10⁻⁶

d.灰色中细砂岩，见普遍的方解石胶结现象，N73-7，20×10，正交偏光，U：284×10⁻⁶

图 3.25　乌兰西里地区含矿砂岩镜下特征

第二节　西缘铀矿集区地质特征

一、羊肠湾矿区

（一）成矿地质背景

1. 矿区构造

矿区位于碎石井背斜东翼。轴向北东向，其东翼发育次级褶曲构造，规模较小。由西向东有红湾井向斜、黑疙瘩背斜、山疙瘩向斜、五疙瘩背斜、园疙瘩向斜等一些较小的次一级褶皱。其中碎石井背斜为矿区的主体构造，是一两翼对称向南倾没的背斜构造。区内断裂构造不发育。

2. 矿区地层

矿区广泛地被第四系风积砂或古近系的紫红色黏土所覆盖。煤田钻孔揭露的地层为三叠系上统上田组，中侏罗统延安组、直罗组及上侏罗统安定组。中侏罗统直罗组（J_2z）为主要目的层。其沉积环境为温湿向干旱演化过渡。早期主要为河流相沉积，晚期为湖泊相沉积，岩相变化稳定。直罗组已发现多层铀矿化，其下段下部砂岩铀矿化最为发育，已发现工业铀矿体（图 3.26）。

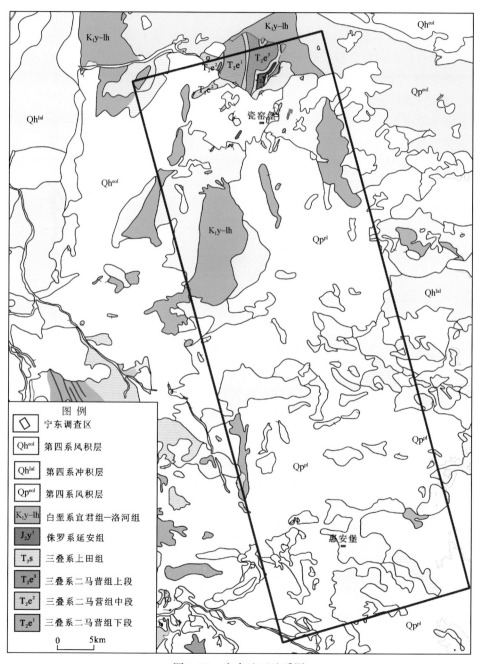

图 3.26 宁东地区地质图

3. 含矿砂体特征

矿区主要含矿砂体为直罗组下段下亚段和上亚段砂岩，其中，下亚段砂岩岩性以灰白色粗粒长石石英砂岩及岩屑长石砂岩为主，岩石中富含有机质、黄铁矿等还原介质，主要为泥质、钙质胶结，岩石较疏松。砂体厚度一般24~80m，最大为160m。上亚段以灰白色细粒-中粗粒长石石英砂岩及岩屑长石砂岩为主，砂体厚度一般7~24m。

根据煤田钻孔及验证钻孔揭露情况，矿区分布三层含矿砂体，主要为直罗组下段下亚段含矿砂体，其次为直罗组下段上亚段含矿砂体及延安组顶部含矿砂体，其特征概述如下：

（1）直罗组下段下亚段含矿砂体：为早期温热潮湿环境下辫状河沉积形成的一套灰色沉积建造，碎屑颗粒较粗，以粗砂至中粗砂为主、泥质组分较少。在垂向上由多个从粗砂到细砂（或粉砂岩泥岩）的韵律层叠置而成，渗透性好，砂体的孔隙度为7.68%~23.63%，连通性好。

含矿砂体厚度为21.49~53.01m，向西部逐渐变薄。埋深一般为281~545.17m，西浅东深。岩性为灰白、灰色中粗粒长石石英砂岩及岩屑长石砂岩及少量红色砂岩，岩石富含有机质（煤线或薄煤层）和还原性物质（主要表现为黄铁矿的大量出现）。这是后期铀成矿有利的地球化学障，从而为铀成矿提供了有利的层位条件（图3.27）。

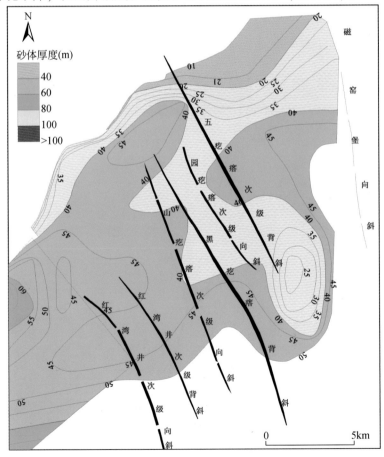

图 3.27　羊肠湾地区直罗组下段砂体厚度等值线图

（2）直罗组下段上亚段含矿砂体：为半干旱条件下低弯度曲流河沉积体系，含矿砂体厚一般为 1.1~5.3m，最厚约 10.6m。埋深一般为 304~397m。砂体规模较小，渗透性较好，连通性和成层性一般，河道间细粒沉积物发育较广。岩性主要为浅褐黄色中粗粒砂岩，上部较细，泥质胶结，较致密，中部较疏松破碎，分选中等，透水性好。

（3）延安组顶部含矿砂体：赋存于一煤到二煤之间，厚 3.31m，向西南倾斜。砂体渗透性好，岩性主要为灰白色粗粒砂岩，上部含砾，最大砾径 3mm，下部较细。岩石富含炭屑、煤线、黄铁矿等还原性物质（图 3.28）。

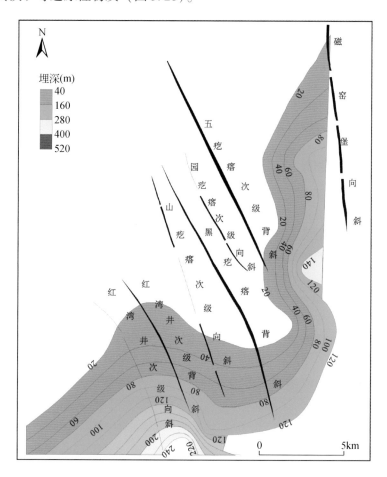

图 3.28 羊肠湾地区直罗组下段顶板埋深等值线图

4. 含矿含水层顶板、底板特征

含矿含水层呈层状产出，其顶、底板岩层透水性差，厚 11~45m，为隔水层。矿区含矿含水层总共有三层，主要为直罗组下段下亚段含矿含水层，其次为直罗组下段上亚段含矿含水层及延安组顶部含矿含水层。与其相应的隔水顶底板分述如下：

1）直罗组下段下亚段含矿含水层顶、底板

顶板厚 5.2~53.08m，岩性为灰绿、灰色粉砂质泥岩夹薄层粉砂岩。成分主要为泥质，少量粉砂质。泥质结构，块状构造，透水性差。沿走向、倾向方向变化较小，岩层的连续性、稳定性较好，与含水层之间呈渐变接触关系。

底板厚 1.01~4.53m，岩性为延安组灰黑色泥岩及一煤，成分主要为泥质、碳质，泥质结构，块状构造，透水性差。沿走向、倾向方向变化较小，连续性、稳定性较好。

2）直罗组下段上亚段含矿含水层顶、底板

顶板厚 20.3~64.01m，为褐、灰绿色泥岩及粉砂质泥岩，成分主要为泥质，少量粉砂质，泥质结构，块状构造，透水性差。沿走向、倾向方向变化较小，岩层的连续性、稳定性较好，与含水层之间呈渐变接触关系。

底板厚 7.61~34.6m，为灰、灰绿色泥岩、粉砂岩，泥质或粉砂质结构，岩石较坚硬，节理不发育，因此底板非常稳固。沿地层走向及倾向方向连续性较好，具有一定的稳定性，但厚度有所变化，与含水层之间呈渐变接触关系。

3）延安组顶部含矿含水层顶、底板

顶板厚 1.01~11.4m，为灰黑色泥岩及一煤，成分主要为泥质、碳质，泥质结构，块状构造，透水性差。沿走向、倾向方向变化较小，连续性、稳定性较好。

底板厚 0.57~12.56m，为二煤、碳质泥岩，泥质结构，碳质含量较高，较致密，底板稳固。沿地层走向及倾向方向连续性较好，具有一定的稳定性。

5. 放射性异常

羊肠湾地区排查煤田钻孔 137 个，放射性异常层位主要位于直罗组和延安组。

直罗组：共发现放射性强度大于 3.5Pa/kg 的煤田钻孔 18 个，铀异常带整体上位于鸳鸯湖背斜东翼次级褶皱的转折部位，沿转折端分布。东部呈南北向展布，西南部呈北北东展布。南北向长 6.25km，东西向长 4.60km。放射性异常层埋深为 37~430m，厚度一般为 0.30~1.72m，平均厚度为 0.65m。放射性强度一般为 7.20~163.48Pa/kg，平均为 28.93Pa/kg，最大强度为 191.12Pa/kg。

延安组：发现放射性强度大于 3.5Pa/kg 的煤田钻孔 4 个，也分布于鸳鸯湖背斜东翼。放射性异常层埋深为 57~165m，厚度为 0.35~0.65m，平均厚度为 0.48m，相对于直罗组铀异常较薄。放射性强度一般为 6.42~23.37Pa/kg，平均为 15.27Pa/kg，放射性异常强度明显低于直罗组。

（二）矿床特征

1. 矿体特征

羊肠湾矿区内共圈定铀矿体八个，其中Ⅰ号矿体产于直罗组下段上亚段砂体中，Ⅷ号矿体产于延安组上部砂体中，其他矿体产于直罗组下段下亚段砂体中（图 3.29）。矿体总体特征是单个矿体规模大，一般矿体长度 0.72~2.2km，宽度 200~650m。矿（化）体形态呈层（板）状。铀矿化与黏土、有机质、黄铁矿、碳酸盐关系密切。

Ⅰ号矿体位于黑疙瘩背斜与园疙瘩向斜的转折端。产于直罗组下段上亚段砂体中，矿体走向 320°~340°，倾向北东，长度约 795m。矿体顶板标高 1081.16~1083.56m，埋深为 300.2~302.6m，矿体厚度为 2.40m，矿体品位 0.0352%。

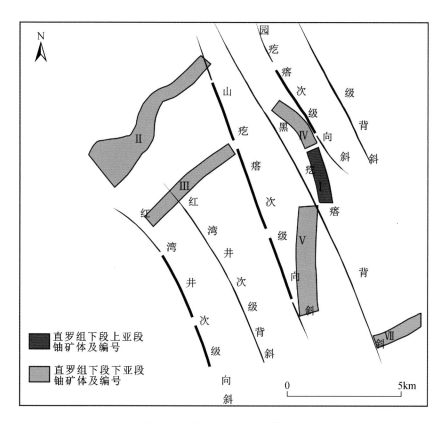

图 3.29 羊肠湾地区铀矿体分布

Ⅱ号矿体位于碎石井背斜东翼。矿体走向北东向,矿体长度约 2200m,宽度约 200 ~ 650m。矿体顶板标高 1097 ~ 1207m,埋深为 154 ~ 285m,矿体厚度为 2.10m,矿体品位 0.1686%。

Ⅲ号矿体长度约 1600m,宽度约 200m。矿体顶板标高 972.64m,埋深为 424.61m,矿体厚度 2.45m,矿体品位 0.0522%。

Ⅳ号矿体走向 320° ~ 340°,倾向北东,长度约 798m。矿体顶板标高 966.2 ~ 978.18m,埋深为 401.78 ~ 413.76m。矿体厚度为 1.57m,矿体品位 0.0326%。

Ⅴ号矿体位于黑疙瘩背斜的西翼,黑疙瘩背斜与山疙瘩向斜的转折端附近,矿体走向北北西向,长度约 1562m,宽度约 288m。矿体顶板标高为 940.81 ~ 972.64m,埋深为 410.8 ~ 455.23m。矿体厚度为 2.7m,矿体品位 0.0556%。

Ⅵ号矿体长度约 1600m。走向北北西向,倾向南西,矿体顶板标高 942.09m,埋深为 452.5m,矿体厚度为 4.2m,矿体品位 0.1164%。

Ⅶ号矿体长度约 725m,宽度约 200m。矿体走向北北西向,倾向北东。矿体顶板标高 997.02m,埋深为 409.61m,矿体厚度为 7.62m,矿体品位 0.0100%。

Ⅷ号矿体产于延安组上部砂体中。矿体长度约 1580m,宽度约 200m。矿体走向北北西向,倾向南西,矿体顶板标高 936.19m,埋深为 458.4m,矿体厚度为 2.10m,矿体品位 0.1361%。

2. 矿石质量

矿石结构：主要为粒状结构，层状构造及块状构造，以厚层状构造为主。

矿石矿物组分：砂岩碎屑以石英、长石和岩屑为主，其次为白云母、黑云母、绿泥石、少量碳屑和重矿物，少量自生矿物（黄铁矿和黏土矿物）。金属矿物含量1%～5%，不规则粒状，有黄铁矿、针铁矿、钛铁矿、褐铁矿等。

矿石化学成分：矿区直罗组下段砂岩结构疏松-较疏松，属于铝硅酸盐型，铝硅酸盐可占85%左右，变化较大，其他元素变化不大。矿石中有机碳为0.09%～5.60%，变化大，多大于0.4%，平均0.81%。反映铀与有机碳的正相关关系；硫为0.018%～1.89%，变化大，多大于0.4%，平均0.39%，反映铀与硫的正相关关系。

矿化蚀变特征：宁东地区炭屑及深部油气等有机物非常丰富。砂岩主要的蚀变现象有碳酸盐化、黄铁矿化、绿泥石化、高岭土化、赤铁矿化、褐铁矿化。

与铀共伴生元素：分析直罗组下段砂岩中伴生元素V、Ni、Mo、Cu、Se，其中V、Ni、Mo、Cu元素大部分大于地壳丰度值，但未见明显富集，个别样品Se元素达到工业品位，但相关性不明显。

铀赋存形式：主要以吸附状态存在于砂岩胶结物中，尚有少量以铀矿物形式存在。铀主要由Fe-Ti氧化物和黄铁矿吸附，少量云母、黏土质等吸附。铀矿物以沥青铀矿为主，少量铀石，呈肾状、葡萄状集合体（图3.30）。

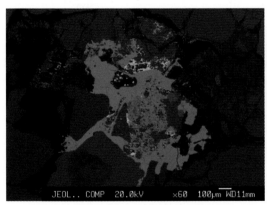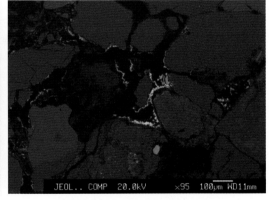

图像号：YCZK2-1-DZTZ-1E　　　　　　　图像号：YCZK2-1-DZTZ-1A
图中由亮至暗的矿物依次为铀矿物、黄铁矿、　　图中由亮至暗的矿物依次为铀矿物、黄铁矿、
磷灰石、钾长石、钠长石、石英和黏土矿物　　　钾长石、钠长石、石英和黏土矿物

图3.30　铀矿物在矿石中的分布情况

铀矿石成矿时代：利用沥青铀矿物U-Pb同位素年龄测定方法，所得铀成矿年龄为11.83±0.53Ma，成矿时代为中新世。

二、石槽村矿区

（一）成矿地质背景

1. 矿区构造

该矿区位于鸳鸯湖背斜的东翼。鸳鸯湖背斜为重要的褶皱构造，属区域性褶皱，在两翼发育大致平行背斜轴的断裂构造。

褶皱：该矿区主要褶曲有鸳鸯湖背斜，其次为次级褶皱李家圈向斜及李家圈背斜。

鸳鸯湖背斜：背斜轴走向近南北向，背斜在走向上向南倾伏，两翼不对称，西翼倾角30°~38°，略大于东翼，东翼地层倾角存在一定变化，一般10°~30°。背斜东翼，特别是东南部受张家庙、李家圈背向斜及断裂构造的影响，局部形成北北西向波状起伏。

李家圈向斜：位于鸳鸯湖背斜东翼东南部，轴向约为北西25°，向北倾伏，延展长3400m，因受李家圈逆断层的影响，向斜两翼不对称，西翼倾角13°~18°，东翼倾角13°~25°，褶皱最大波幅130m。

李家圈背斜：距李家圈向斜轴东部约450m，两构造轴线大至平行，背斜轴走向约为北西23°，向北倾伏；延展长度约3040m，受李家圈断层影响两翼不对称，西翼倾角约13°~25°，东翼倾角约10°~23°，最大波幅100m。

断层：发育两组，一组为北西向逆断层，另一组为北东向正断层，以北东向的断层为主。矿区内正断层多为走向北东，倾向南东。逆断层多为走向北西，倾向既有东倾，也有西倾。

2. 矿区地层

区内地层由老到新发育有：上三叠统上田组（T_3s）；中侏罗统延安组（J_2y）、直罗组（J_2z），上侏罗统安定组（J_3a）；渐新统清水营组（Eq）和第四系（Q）。

3. 含矿砂体特征

铀矿化主要产于中侏罗统直罗组下段下亚段下部辫状河沉积粗砂岩及上亚段底部低弯度曲流河中、细砂岩中。

中侏罗统直罗组下段上亚段底部含矿砂体：岩性为紫红、灰白、灰色中粗砂岩及中细砂岩为主，胶结较松散，透水性较好，连续性差，砂体厚度为15.60m，具完整的泥岩、粉砂岩隔水顶、底板。

中侏罗统直罗组下段下亚段底部含矿砂体：岩性为紫红、灰白、灰绿、灰色粗砂岩、含细砾粗砂岩，胶结松散、透水性好，厚度为3.00~130.34m，由北部向南部埋深逐渐变浅，背斜翼部向轴部厚度变薄。其中南部大于北部，东部大于西部。西南部厚度最大，厚度大于60m，中心位置大于100m（图3.31、图3.32）。砂体向北西部厚度逐渐变薄，主河道逐渐为分枝河道取代。砂体厚度由厚变薄部位，是地下水动力条件发生变异部位，且砂体厚度适中，泥—砂—泥地层结构良好，有利于砂岩型铀矿的形成。

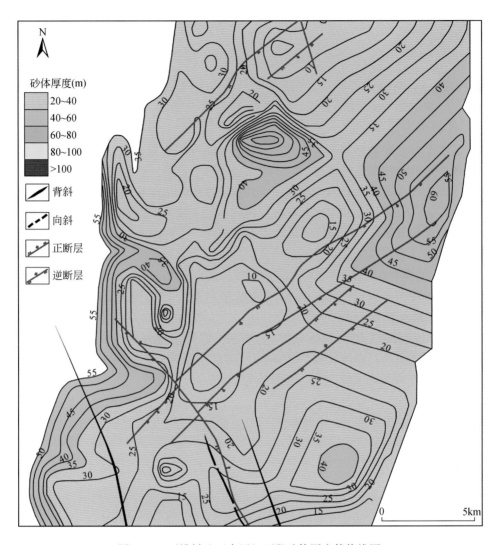

图 3.31 石槽村地区直罗组下段砂体厚度等值线图

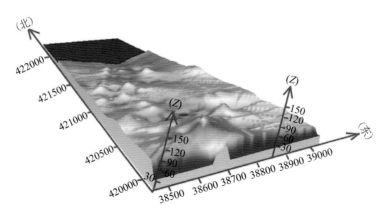

图 3.32 直罗组下段下亚段底部辫状河砂体厚度三维图 (单位: m)

4. 含矿含水层顶板、底板特征

含矿含水层呈层状产出，其顶、底板岩层透水性差，厚度为 10 ~ 50m，为隔水层。

顶板：褐、灰绿、灰色粉砂质泥岩夹薄层粉砂岩，成分主要为泥质，少量粉砂质，泥质结构，块状构造，透水性差。沿走向、倾向方向变化较小，岩层的连续性、稳定性较好，与含水层之间呈渐变接触关系。

底板：灰、深灰色泥岩、粉砂岩，泥质或粉砂质结构，含炭屑，岩石较坚硬，节理不发育，因此底板非常稳固。沿地层走向及倾向方向连续性较好，具有一定的稳定性，但厚度有所变化，与含水层之间呈渐变接触关系。

从直罗组下段下亚段砂体顶板埋深和底板高程三维图（图 3.33）可看出，石槽村矿区直罗组下亚段砂体底板西部和南部高于东北部，高差达 700m 以上，地层由西、南向东北方向呈缓倾斜状。含铀含氧地下水由西（鸳鸯湖背斜轴部）向东北方向顺砂层补给和径流，在砂体埋深递变部位，由于水动力条件发生改变，铀也随之发生沉淀富集成矿。

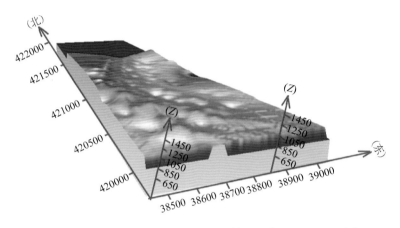

图 3.33　直罗组下段下亚段底部辫状河砂体底板高程三维图（单位：m）

5. 放射性异常特征

排查煤田钻孔 106 个，放射性异常层位主要位于直罗组下段下亚段和延安组。直罗组下段下亚段发现潜在铀矿孔 21 个，潜在矿化孔六个，岩性主要为粗砂岩，放射性异常孔伽马强度为 4.70 ~ 72.70Pa/kg，厚度为 0.30 ~ 24.62m，埋深为 75.12 ~ 558.78m。延安组发现潜在铀矿孔七个，潜在矿化孔两个，岩性为中粗粒砂岩。放射性异常孔伽马强度为 5.02 ~ 16.13Pa/kg，厚度为 0.43 ~ 11.94m，埋深为 100.02 ~ 603.50m。异常总体呈南北向展布，受南北向背斜构造控制明显。

（二）矿床特征

1. 矿体特征

石槽村矿区内共圈定铀矿体五个，矿（化）体形态呈层（板）状（图 3.34、图 3.35）。其中 SⅠ、SⅡ、SⅢ、SⅣ 四个矿体位于直罗组下段下亚段；SⅤ 矿体位于延安组。矿体总体特征是单个矿体规模大，矿体长度为 0.8 ~ 3.75km，宽度为 200 ~ 540m。

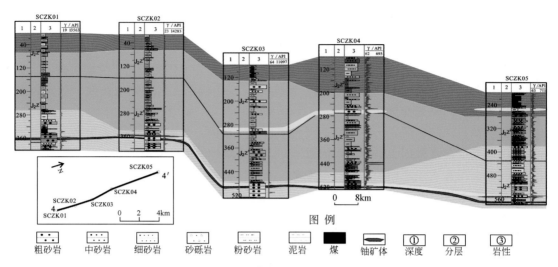

图 3.34　石槽村矿区矿体剖面图（南北向钻孔连井剖面）

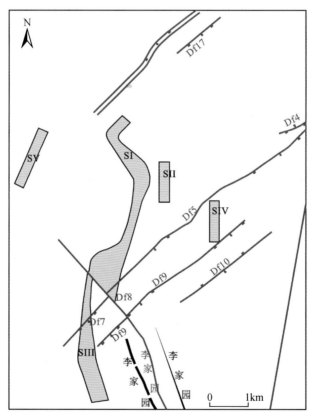

图 3.35　石槽村地区直罗组铀矿体分布图

　　S Ⅰ 号矿体：长度约 3.75km，宽度约 200～540m。矿体顶板标高 858.53～1027.18m，埋深为 355.90～514.60m，矿体平均厚度为 4.23m，矿体品位 0.0297%。

　　S Ⅱ 号矿体：矿体走向南北向，长度约 800m，宽度约 200m，矿体顶板标高 1108.17m，埋深为 242.61m，矿体厚度为 1.12m，矿体品位 0.0465%。

SⅢ号矿体：矿体走向自北向南由北北东转北北西向，倾向东，长度约 1620m，宽度约 200 ~ 400m。矿体顶板标高 969.45 ~ 1050.43m，埋深为 304.30 ~ 417.02m，矿体厚度为 5.33m，矿体品位 0.0191%。

SⅣ号矿体：矿体走向近南北向，倾向东，长度 800m，宽度约 175 ~ 200m。矿体顶板标高 958.14m，埋深为 406.0m，矿体厚度为 3.25m，矿体品位 0.0338%。

SⅤ号矿体：矿体走向北东向，长度约 1210m，宽度约 200m。矿体顶板标高 1103.14m，埋深为 262.23m，矿体厚度为 11.94m，矿体品位 0.0150%。

2. 矿石质量

矿石结构：主要为粒状结构。表现为碎屑颗粒排列紧密，塑性的泥页岩岩屑、云母挤压变形明显，有的甚至被挤入粒间孔隙中形成假杂基。胶结类型有铁方解石胶结、高岭石胶结等。

矿石构造：层状构造及块状构造，以厚层状构造为主。

矿石矿物组分：砂岩碎屑以石英、长石和岩屑为主，其次为白云母、黑云母、绿泥石，少量碳屑和重矿物，少量自生矿物（黄铁矿和黏土矿物）。金属矿物含量 1% ~ 5%，不规则粒状，有黄铁矿、针铁矿、钛铁矿、褐铁矿等。

化学成分：属于铝硅酸盐型，铝硅酸盐可占 85% 左右，变化较大，其他元素变化不大。矿石中有机碳为 0.19% ~ 1.70%，变化大，多大于 0.4%，平均 0.71%，反映铀与有机碳正相关；硫为 0.06% ~ 2.21%，变化大，多大于 0.4%，平均 0.30%，反映铀与硫也是正相关关系。

矿化蚀变特征：氧化带砂体可见斑点状褐铁矿化，广泛发育在岩石中的碎屑物、胶结物，沿孔隙、裂隙甚至层理面中。所夹的钙质砂岩层内多见玫红色斑块、条带，局部见已钙化的泥砾也呈玫红色。长石和岩屑都有不同程度的黏土化、褐铁矿化、赤铁矿化强烈，岩石呈红褐、黄褐色。灰白色砂体炭屑、黄铁矿等还原介质发育。铀矿化主要产于灰白色砂体一侧。

铀的存在形式：主要以吸附状态存在于砂岩胶结物中，电子探针结果表明直罗组下段矿石中铀矿物主要为沥青铀矿、铀石，呈肾状、葡萄状集合体。另有少量以铀矿物形式存在，铀主要由 Fe-Ti 氧化物和黄铁矿吸附，少量云母、黏土质等吸附。

三、磁窑堡铀矿床

（一）成矿地质背景

矿区构造：位于西缘冲断带南段北部马家滩亚段构造单元内，构造变形相对较弱，找矿目标层中侏罗统直罗组、延安组得以较好保存。在北部磁窑堡一带以发育不对称（西陡东缓的）褶皱为特征，断裂构造不发育，褶皱东缓坡带有利于铀矿富集。

含矿地层特征：含矿目的层主要为中侏罗统直罗组下段，为一套辫状河沉积体系，岩性主要以灰白、浅灰色中粗砂岩为主，局部夹少量灰黑色泥岩透镜体；砂体稳定，厚度多在 60 ~ 100m，剖面上一般具有 1 ~ 3 个下粗上细的半韵律，形成多个泥—砂—泥岩性组合，每个组合中单层砂体厚度为 20～40m。其次为延安组上段，为一套辫状河相沉积体系，由灰白色长石石英砂岩与灰、灰黑色粉砂岩、泥岩及煤层组成，富含有机质、炭屑、黄铁矿等还原性介质。

砂体展布特征：中侏罗统直罗组下段和延安组上段为该区的主要含矿层位。直罗组下段主要由辫状河河道亚相和泛滥平原亚相组成。平面上呈近东西向展布，控制的河道长 3.5～25km；剖面上为多期辫状河河道叠加的复合河道砂体，其特点是河道砂体一般有 1～3 层，砂体厚度大，砂泥比大于 1；延安组上段主要为一套河流相沉积体系，河道砂体发育，还原介质丰富，岩相-岩性条件有利于铀还原富集。

（二）矿床特征

1. 矿体特征

磁窑堡铀矿体在平面上呈不规则状，这主要与砂体内部的非均质性有关，铀矿体主要分布于鸳鸯湖-冯记沟背斜两侧。鄂尔多斯盆地西缘的铀矿化（体）有很大一部分呈层状；铀矿化主要产于延安组 1～4 段和直罗组下段，含矿主岩为灰、灰白色粗砂岩和浅黄色中-细砂岩。空间上，铀矿化（体）主要分布在苏家井-大水坑一带，在褶冲带背斜翼部发育较多（郭庆银等，2010）。

含矿砂体特征：砂体从北向南有一定的变化，具有厚度渐增，而层数变少的趋势，直罗组下段在北部的冯记沟一带，有 1～4 层砂体，总厚度为 64～146m；南部金家渠一带变成了 1～2 层砂体，总厚度为 116～174m；延安组砂体厚度 10～30m（图 3.36）。

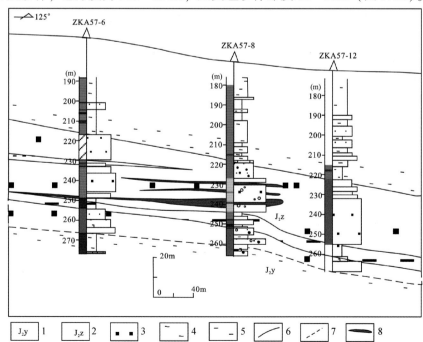

图 3.36　瓷窑堡地区 57 号勘探线产于直罗组下段的铀矿体（据核工业二〇八大队）

1. 中侏罗统延安组；2. 中侏罗统直罗组；3. 砂岩；4. 粉砂岩；5. 泥岩；6. 地层及岩性界线；
7. 地层平行不整合接触界线；8. 铀矿体

矿石品位特征：直罗组地层铀矿化厚度范围 0.20 ~ 22.30m，品位 0.0105% ~ 0.1328%，平方米铀量为 0.07 ~ 7.41kg/m²。延安组地层的铀品位 0.0118% ~ 0.0596%，厚度为 0.1 ~ 3.80m，平方米铀量为 0.28 ~ 4.98kg/m²。

2. 矿石质量

矿石矿物组分按照直罗组和延安组含矿层位分别进行描述（郭庆银，2010）：

直罗组含矿主岩为灰、深灰色砂岩。岩石分选、磨圆较差，以含砾粗砂岩和中粗砂岩为主，少量为中细砂岩。根据成分将砂岩定名为岩屑长石砂岩，石英含量为 20% ~ 50%，长石含量为 10% ~ 45%，岩屑含量为 9% ~ 49%，黑云母、白云母和绿泥石等矿物含量低。岩屑主要有蚀变岩屑、火山霏细岩屑和变质石英岩屑。碎屑颗粒以次棱状为主，少量棱角状。胶结类型以接触-孔隙式胶结为主，其次是基底式胶结，孔隙度为 1% ~ 10%。胶结物主要为黏土矿物，少量为碳酸盐（方解石为主，少量白云石）和黄铁矿。

延安组含矿主岩为灰白、灰色岩屑长石砂岩。碎屑颗粒中石英含量为 15% ~ 55%，钾长石和斜长石含量为 10% ~ 45%，岩屑含量为 15% ~ 35% 和少量云母（<1%）。岩屑主要是花岗岩岩屑、火山霏细岩屑和变质石英岩屑等，少量锆石等重矿物碎屑。碎屑颗粒也以次棱状为主，接触-孔隙式胶结，孔隙度小于 10%。胶结物主要为黏土、碳酸盐和黄铁矿，含量为 1% ~ 20% 不等。与直罗组砂岩相比，岩石中有机质含量相对较高，长石等矿物黏土化更强烈。

共伴生元素特征：直罗组下段矿石中的伴生元素主要为 Re、Se、Mo、V、Sc，而 Ga、Ge 与铀关系不密切。其中，Re、Se 含量已达综合利用指标。

铀的存在形式：该矿床侏罗系直罗组和延安组的贫矿石中铀主要以吸附态分布在杂基和胶结物中，富矿石中存在沥青铀矿和铀石等铀矿物，很少量的铀以类质同象的形式存在于锆石、独居石和榍石等富铀重矿物中。

铀成矿时代：前人用铀-铅同位素法测定直罗组和延安组样品中的沥青铀矿和铀石，获得 U-Pb 同位素表观年龄为 59.6Ma 和 21.9Ma，属于古新世末期和中新世早期[①]；郭庆银等（2010）对矿区内铀矿石进行了全岩铀-铅同位素年龄测定，获得直罗组砂岩型铀矿化的年龄为 52±2Ma，属古新世末期。

第三节　东南缘铀矿集区地质特征

一、黄陵铀矿区

（一）成矿地质背景

1. 矿区构造

矿区位于盆地东南缘伊陕斜坡（Ⅱ级）次级构造单元庆阳单斜（Ⅲ级）和渭北断隆

---

① 方锡珩等，2008，鄂尔多斯盆地西部成矿规律研究，核工业北京地质研究院报告。

（Ⅱ级）区。北部以单斜构造为主，断裂不发育。南部渭北断隆（Ⅱ级）区，构造形态为中生界构成的北西缓倾的大型单斜构造，在此单斜上产生一些宽缓而不连续的褶皱（图3.37）。区内构造作用总体不甚强烈，褶皱不明显、断裂不发育，但在店头、南峪口等地带仍有两组小的断裂存在。

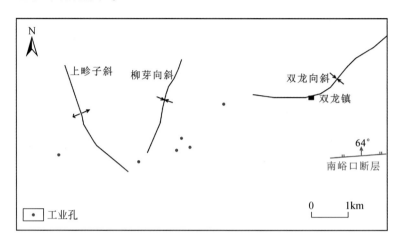

图3.37　黄陵地区构造简图

渭北隆起中生界以来明显受到燕山期渭北隆起断裂构造带形成的影响，在中部宁县正宁间略呈拗陷状态，向渭北隆起北部和黄陵方向隆起形成黄陵鼻隆，位于鼻隆一侧的店头地区地层总体向西缓倾，倾角一般小于5°。发育一系列北东向展布的舒缓开阔的小型褶皱，断裂构造不明显。

1）褶皱构造与铀矿化的关系

矿区直罗组下段总体呈现东高西低，由东向西倾斜的单斜构造。受燕山期及新构造运动的影响，单斜地层局部发生小的隆起和凹陷，在工作区内可见双龙向斜、柳芽向斜、上畛子背斜等褶皱构造（图3.38），这些次一级褶皱构造与铀矿化关系密切。

（1）双龙向斜：位于矿区东北部，呈喇叭状向西南延展，轴迹长约8km。由于向斜规模较小，对沉积厚度影响不大。铀矿化主要分布在向斜翼部、凹陷与隆起过渡的位置。

（2）柳芽向斜：位于矿区中部，近南北向延展，轴迹长约5km。规模较小，或称之为构造洼陷区。铀矿化主要分布在向斜东翼，洼陷与隆起过渡、地层陡倾的位置。

（3）上畛子背斜：位于矿区西部，呈北西-南东向延伸，轴迹长约7km。铀矿化主要分布在背斜两翼，背斜与向斜过渡位置。

综上所述，铀矿化主要分布在隆起与洼陷过渡部位，由于工作区铀成矿过程中油气还原作用较为明显，地层中水在下油气在上，遇到洼陷区时，水聚集于洼陷中，油气运移到隆起处聚集，隆起与洼陷过渡部位正好为油-水界面，此处形成较强的还原环境，铀矿容易在该位置富集。

2）断裂构造与铀矿化的关系

矿区内发育一组小型断裂，位于工作区东部南峪口附近，规模均较小，破碎带宽度为0.2～1.0m，最宽为5.0m，延伸0.5～1.0km，断裂面倾角50°～84°，断裂两侧岩层位移约15m。该组断裂构造对目的层下部的油气向上导通及地下水的排泄均起了重要作用，间接控制了铀矿化的再富集，但作用程度较弱，影响范围有限。

2. 矿区地层

矿区内黄土广覆，基岩出露差，仅在主要水系及其支沟两侧出露有侏罗系、白垩系。地层倾向北北西，倾角平缓，一般3°~4°。地层主要由中侏罗统延安组（J_2y）、直罗组（J_2z）、下白垩统洛河组（K_1l）、华池-环河组（K_1h）和新生界第四系（Q）构成（图3.38）。

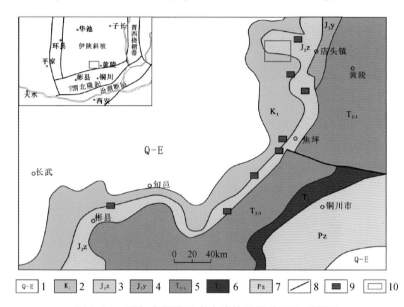

图3.38 鄂尔多斯盆地东南缘构造划分及地质简图

1. 第四系-古近系；2. 下白垩统；3. 中侏罗统直罗组；4. 中侏罗统延安组；5. 中、上三叠统；6. 下三叠统；
7. 古生界；8. 断层；9. 砂岩型铀矿（化）点；10. 黄陵研究区范围

中侏罗统延安组：该组假整合于三叠系之上，为河沼相含煤碎屑岩建造，岩性以灰色泥岩、粉砂岩为主，发育煤层，是该区主要的含煤岩系；砂岩中含大量的炭屑，烃源岩分布面积和厚度较大，总有机碳（TOC）可达3.89%。

侏罗系中统直罗组上段：为沉积晚期的干旱湖泊及曲流河沉积体系，岩性为紫红、棕红色泥岩、粉砂质泥岩及粉砂岩互层，中间夹有红褐色中细粒长石石英砂岩透镜体，可见薄层石膏夹层，砂岩-泥岩的二元结构，曲流河特征明显，未发育铀矿化（图3.39a、c）。

中侏罗系统直罗组下段：与延安组冲刷接触，为主要赋矿层位，俗称七里镇砂岩，全区稳定分布。岩性主要为褐-黄、灰、灰白色中粗粒砂岩，顶部为泥岩-细砂岩，局部夹有透镜状的砾岩薄层。其中该层下部黄铁矿化发育，局部地段可见"油浸、油斑"现象，铀背景含量（2.0~3.0）×10^{-6}，是该地区的主要赋铀层位（图3.39b）。

3. 含矿砂体特征

矿区含矿目的层为直罗组下段河流相含铀碎屑岩建造，又可细分为下段下亚段辫状河沉积体系和下段上亚段曲流河砂泥沉积体系，辫状河砂体为区内重要赋矿砂体。其中，直罗组下段具有以下特征：

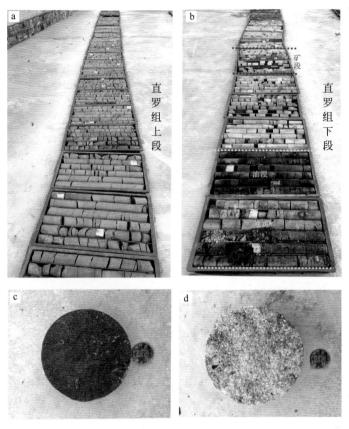

图 3.39　研究区直罗组岩心照片

a. 直罗组上段岩心；b. 直罗组下段岩心；c. 直罗组上段红色岩心断面；d. 直罗组下段矿心断面

（1）直罗组下段（J_2z^1）砂体形态呈面状、层状、似层状，在工作区分布较稳定。工作区内砂体厚度一般 32～81m，平均厚度约 60m，总体呈现西北厚东南薄（图 3.40）。

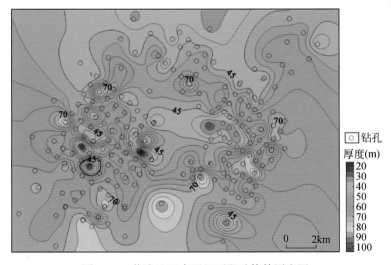

图 3.40　黄陵地区直罗组下段砂体等厚度图

（2）目的层砂体埋深受地形影响较大，总体埋藏适中，具东浅西深埋藏型层状结构。东边埋深最浅处100m左右，西北部埋深最深可达650m，一般在200～500m。

（3）岩相特征明显，总体以河流相沉积为主，而主要赋矿层位为辫状河砂体，粒度具下粗上细的正粒序结构。

（4）砂体中上部岩石的颜色多呈灰绿、绿灰色，夹杂部分红色残留，说明该层岩石可能发生了后期还原蚀变。该蚀变与铀矿化关系较密切，铀矿化主要发育在灰绿色砂岩尖灭后的灰色砂岩中。

4. 含矿含水层顶板、底板特征

含矿含水层顶、底板为直罗组上段和延安组隔水层，具有一定厚度、连续性较好的泥岩、粉砂质泥岩等透水性较差的岩层。隔水层对砂岩型铀矿的形成至关重要，有利的隔水层分布，可以保证含矿流体顺利地在砂体中迁移。隔水层与铀储层形成的"泥—砂—泥"结构，很好地约束了含矿流体在铀储层中的输导过程，这种结构为铀的富集创造了有利的条件。

含矿含水层顶板：由中侏罗统直罗组下段上亚段砂泥沉积体及直罗组上段泥砂互层联合构成，总厚度为60.6～115.1m，平均为90.2m；走、倾向均连续展布，总体表现出较好的区域稳定性和隔水性。其中，直罗组下段上亚段砂泥沉积体与含矿含水层呈过渡接触，构成含矿含水层直接顶板。岩石为孔隙式、接触式铁硅质胶结，结构坚硬致密，碎屑成分主要为石英、长石，次为岩屑，透水性差至极差（图3.41a）。

含矿含水层底板：为中侏罗统延安组，属含煤细碎屑岩建造河沼相沉积，两者呈平行不整合接触，在矿区范围内分布连续，厚度稳定。本次勘查揭穿厚度不大于15m。岩石以灰、深灰、灰黑色泥岩为主，夹粉砂质泥岩、泥质粉砂岩，见煤线及薄煤层，含大量炭屑、黄铁矿等还原性介质，岩石致密，区内隔水性能良好（图3.41b）。

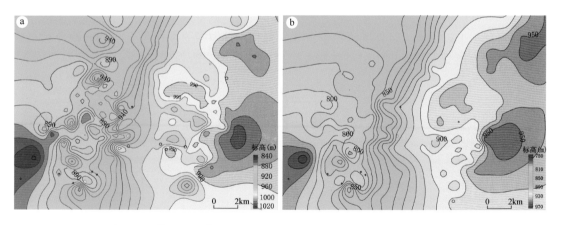

图3.41　黄陵地区直罗组下段顶板（a）和底板（b）标高等值线图

5. 放射性异常特征

收集排查黄陵地区煤田钻孔149个，发现潜在铀矿孔42个、潜在铀矿化孔34个，异常层位主要赋存于直罗组下段，岩性为灰色中粗、细粒砂岩、泥岩、粉砂岩，以中粗粒砂岩为主；r异常值在50~2000γ，厚度在0.3~21.38m；异常埋深介于200~600m，平均埋深300m左右。自然伽马异常主要位于侏罗系直罗组中，伽马强度极值等值线（图3.42），直罗组下段自然伽马异常主要呈不规则带状，沿北东-南西向展布；异常值介于100~600γ，异常值变化较大，异常厚度为0.5~20.0m。

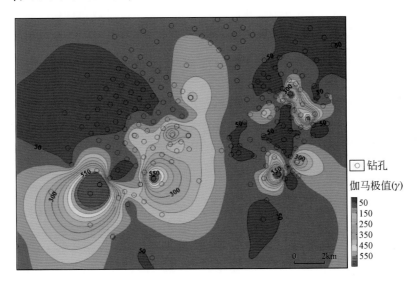

图3.42　黄陵地区直罗组下段自然伽马极值等值线图

（二）矿床特征

1. 矿体特征

该地区垂向颜色分带性明显（图3.43）。红色层一般埋深约为300~400m。主要由白垩系和直罗组上段组成。工作区绿色带主要发育在中侏罗统直罗组下亚段内，在原始沉积成岩的基础上遭受早期氧化作用经多期次后生蚀变作用改造为现在的绿色或浅绿色岩石，

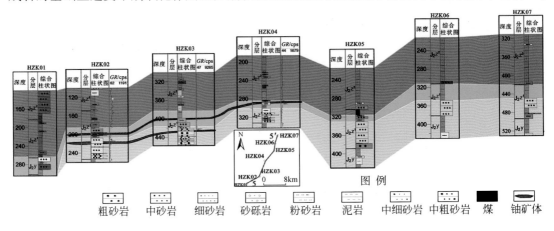

图3.43　黄陵地区含矿地层剖面图

并保留原始红色残留。厚度一般 30~50m，最厚接近 60m。顶板为直罗组上段，由厚度（50~105m）泥岩和粉砂岩组成，底板为延安组含煤层的泥岩，具有较为稳定的"泥—砂—泥"结构。砂体主要岩性为灰绿色中粗砂岩，局部含砾粗砂岩。岩石结构疏松，铀矿化发生在富含有机质及黄铁矿的灰绿色与灰色砂岩界面附近。灰色带为靠近直罗组下段底部的砂岩层。

矿区内共见到两层工业矿层，分别是直罗组下段上亚段分布的 I 号矿层和直罗组下段下亚段分布的 II 号矿层，矿层总厚度 0.60~9.90m，厚度分布不均，品位变化较大。

I 号矿层分布在直罗组下段上亚段砂泥岩互层中，分布范围小，只圈定 I$_1$ 号工业铀矿体，砂体规模有限。

II 号矿层位于直罗组下段下亚段灰白色砂岩中，区内分布范围广，垂向上分布于灰绿色砂体与灰色砂体接触界面，并且偏向灰色砂体的位置，未发现其与 I 号矿层之间的直接联系。II 号矿层在区内呈连续"蛇曲"状、平面上呈近东西向展布，矿化带长度约 10km，矿化带宽度约 500m，矿化带上圈定五个工业铀矿体（图 3.44）。

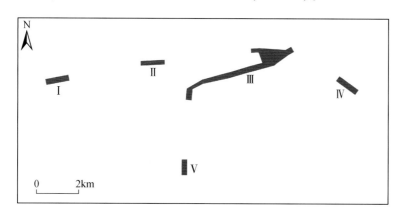

图 3.44 黄陵地区 II 号矿层工业矿体分布

2. 矿石质量

矿石类型：划分为砂岩型和泥岩型两类，以砂岩型为主。

结构构造：矿层为灰色中粗粒长石石英砂岩，呈中粗粒砂状结构，块状、厚层状构造。碎屑物形状不规则，粒径主要在 0.25~0.50mm 的中砂级，另有少量在细砂级，岩石总体为中粗砂级。磨圆度中等偏低，呈棱角状，分选程度中等，均匀分布。岩石由杂基物和碳酸盐共同胶结，呈孔隙式胶结。

矿物组分：碎屑物占 90% 以上，石英碎屑是主要成分约占 50%~65%，其中包括少量硅质岩屑；长石碎屑约占 15%~20%，以斜长石为主，其次有钾长石，有些斜长石已风化分解出绢云母；其他碎屑约占 5%~10%，成分有粉砂岩、酸性熔岩、蚀变岩等。

砂岩中含大量碳质碎屑和黄铁矿结核，碳质碎屑主要是沿疏松砂岩层面分布，少量区域可见黄铁矿与其共生。

共伴生元素特征：分析钒（V_2O_5）、镓（Ga）、钪（Sc）、钼（Mo）、铼（Re）、硒（Se）、锗（Ge）七个铀矿常见元素，大部分伴生元素的平均含量都大于地壳克拉克值，

其中 V_2O_5 元素六件样品、硒（Se）元素九件样品、锗（Ge）元素一件样品元素含量达到综合利用指标。

铀矿物特征：电子探针分析结果显示（图 3.45），黄陵矿区的铀矿物主要为沥青铀矿、铀石和少量钛铀矿。这三种铀矿物与黄铁矿呈共生关系赋存在有机质裂隙中，表明铀矿物的形成与砂岩中的有机质、黄铁矿有密切联系。钛铀矿的存在，可类比东胜大营铀矿，推断一般是交代含钛矿物生成。而高钛含量的钛铀矿一般产于高温条件下，形成温度约为 230～290℃，在一定意义上说明黄陵地区铀矿的形成与大营铀矿类似，可能与热液活动有一定关系。

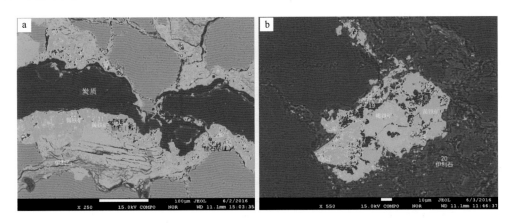

图 3.45　铀矿物及其共生矿物特征（电子探针彩色背散射图像）

铀矿石成矿时代：利用沥青铀矿物 U-Pb 同位素年龄测定方法，所得铀成矿年龄为 52.6±2.2Ma（图 3.46），成矿时代为始新世，与店头矿床属同期成矿。

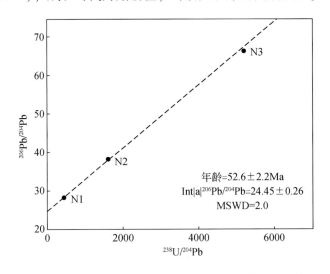

年龄=52.6±2.2Ma
Int|a|^{206}Pb/^{204}Pb=24.45±0.26
MSWD=2.0

图 3.46　矿物 U-Pb 同位素年龄测定拟合曲线图（据"陕西省黄陵地区铀矿地质调查报告"）

二、双龙铀矿床

（一）成矿地质背景

矿区构造：位于鄂尔多斯盆地南部伊陕斜坡与渭北隆起偏伊陕斜坡部位，黄陵–彬县铀成矿带北部。区内构造简单，发育一系列北东向展布的舒缓开阔的小褶皱，总体趋势为倾角平缓的西倾单斜构造，有利于大型河流沉积体系的发育，为后期氧化带的发育奠定了基础。

含矿地层特征：含矿目的层为中侏罗统直罗组下段，主要为一套温暖潮湿环境条件下形成的河流相粗碎屑岩沉积。含矿岩性为浅灰、褐红色和浅红色中–粗长石砂岩，浅灰、灰色细砂岩，砂岩碎屑物种钾长石和有机质含量较高，黄铁矿化、植物炭屑比较发育。

含矿砂体特征：双龙铀矿床直罗组下段下亚段为辫状河沉积，砂体横向上分布稳定、规模较大，具有较强的连通性。垂向上具下粗上细的正韵律特点，为区内重要含矿砂体。砂体呈北东向展布，具有西南厚北东薄特点，厚度一般为 38.4 ~ 81.7m，平均为 60.7m。岩性以（含砾）中粗砂岩为主，次为细砂岩，局部夹薄层状泥岩或粉砂岩，总体上有利于含铀矿液的运移。

（二）矿床地质特征

1. 矿体特征

双龙铀矿床由三条铀矿化带（Ⅰ、Ⅱ、Ⅲ）组成，共圈出六个工业铀矿体（Ⅰ-1、Ⅰ-2、Ⅰ-3、Ⅰ-2′、Ⅱ-1、Ⅲ-1）。铀矿化带呈连续"蛇曲"状，近东西向展布，严格受岩性岩相、古层间氧化带、隆起构造及继承性褶皱构造等因素控制（图3.47）。铀矿体形态简单，呈似层状（图3.48），泥硅质胶结，富含有机质、黄铁矿。

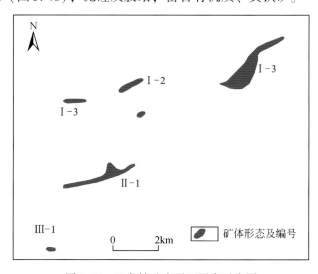

图3.47 双龙铀矿床平面展布示意图

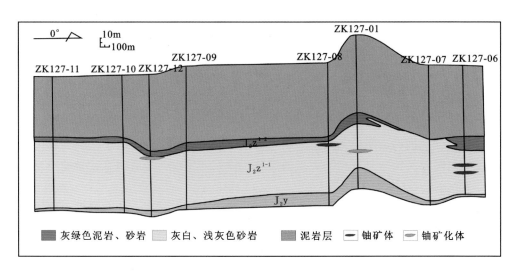

图 3.48　双龙矿床勘探线剖面示意图

矿石品位特征：Ⅰ号矿化带中单矿段矿石品位变化系数 248.3%。品位变化趋势线具高—低—略高的起伏状突变形态，总体具有西部最大、东部略大，中部最小的特点；Ⅱ号矿化带单矿段矿石品位变化系数 123.6%。以中品位矿石为主，占比达 53%，高、低品位矿石次之，占比各为 24%。其中，中品位矿石在矿带中均匀分布，低品位矿石分布于矿带东、西两端，高品位矿石主要集中于矿带东部。

2. 矿石质量

矿石矿物组分：含矿岩性主要为直罗组下段灰绿、灰色中、粗粒砂岩，下段底部往往发育砾岩，砾石主要为细粒的石英。砂岩分选中等–差，磨圆度为次棱角–次圆状，碳酸盐含量Ⅰ级；铀储层中发育较多的碳质条带，有时碳质条带与黄铁矿共生，局部可见油斑和沥青，碳质条带与油气为铀成矿关系密切。

铀共伴生元素特征：分析钒 V、硒 Se、镓 Ga、镉 Cd、钪 Sc、铼 Re 六种元素。其中矿段中伴生元素含量与铀含量呈正相关关系，围岩中伴生元素含量比较低。V、Ga、Re、Se 元素的部分样品含量达到综合利用价值。

铀的存在形式：双龙铀矿床铀矿物主要为沥青油矿，呈亮晶状和细晶结合体分布于矿石暗色物质内、暗色物质与围岩接触界线或直接呈脉状穿插于砂岩裂隙中。矿石中铀以吸附态为主，活化迁移的铀少量或为后期次生氧化所致，浅埋区铀元素具有一定的氧化特性，发生微弱活化，至深埋区呈现强的还原环境，铀元素以 U^{4+} 为主体发生集中沉淀、富集成矿。

铀成矿时代：利用沥青铀矿物 U-Pb 同位素年龄测定方法，所得铀成矿年龄为 47.2± 0.7Ma 和 52.4±0.7Ma，成矿时代为始新世。

第四节 西南缘铀矿带地质特征

一、环县矿化点

(一) 成矿地质背景

1. 矿区构造

环县工作区位于鄂尔多斯盆地西缘逆冲带东侧南段，沙井子断褶带中段。沙井子断褶带内有背斜构造 12 个，断裂构造 20 多个（图 3.49a）。褶皱包括沙井子背斜、刘园子西侧背斜、九条碛-杨咀子向斜和毛家岔-庞家渠背斜。断层包括沙井子逆断层和青龙山-彭阳逆断层（F5），其中沙井子逆断层对环县工作区构造起控制性作用，是东部的天然边界。断层多被新近系、第四系覆盖。

环县矿区由于两侧逆断层的作用，断褶带内地层总体表现为东高西低，东部处于上升地段，煤系地层埋藏较浅，西部处于下降地段，埋藏较深。断层多为高角度逆断层，靠近断层西侧，一般伴随背斜构造，背斜构造多具西翼缓、东翼陡的特征。基底起伏变化在总体东高西低的趋势下，又具有明显的波状起伏现象。

2. 矿区地层

环县工作区内黄土广覆，基岩出露差，仅在区内之马福川、兵草峪、杨胡套沟等下游地区有新近系干河沟组（N_2g），下白垩统上段（K_1zh^2）零星出露，其余沟谷、梁峁分别被第四系松散砂砾石层及黄土所覆盖。自老而新为：三叠系上统延长组（T_3y）、中侏罗统延安组（J_2y）、中侏罗统延安直罗组（J_2z）、中侏罗统安定组（J_2a）、上侏罗统芬芳河组（J_2f）、下白垩统志丹群（K_1zd）、新近系干河沟组（N_2g）和第四系（Q）。验证钻孔中揭露了中侏罗统延安组及以上地层。

3. 含矿砂体特征

仅在环县工区直罗组底部发育，整体稳定连续，呈东北-西南向厚、西北-南东薄，仅在工作区东北角砂体消失，厚度 0～30m 不等，平均厚度在 20m 左右，在研究区中部发育了一个北西-东南向条带状展布的厚度大于 26m 的较厚带。砂体埋深在 444～825m。砂体整体展布为北高南低，在原峁背斜部位凸起明显。根据钻孔揭露，砂体整体为灰、灰白色中细粒砂岩、粉砂岩为主，分选中等，见波状层理及砂纹交错层理，泥钙质胶结，中等透水。从研究区中部自西向东的纵剖面（图 3.49b）可以看出，直罗组下段辫状河道砂体空间分布比较稳定，呈板状分布。

4. 含矿含水层顶板、底板特征

环县工作区含矿含水层位于中侏罗系直罗组底部下段和延安组第四段顶部。顶板以浅灰、灰色泥岩、泥质粉砂岩、粉砂质泥岩为主，标高最小为 836.23m，最大为 1635.03m；底板为一套连续沉积的泥岩、粉砂质泥岩，标高最小为 824.94m，最大为 1632.56m；含

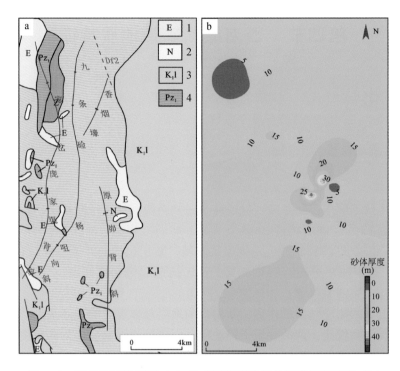

图 3.49　环县地区地质图（a）和直罗组下段砂体厚度等值线图（b）

水层厚度最小为 2.47m，最大为 40.57m，岩性以浅灰、灰、灰黄色中-细砂岩为主，泥质胶结，分选性中等，颗粒呈次棱角状-次圆状（图 3.50）。

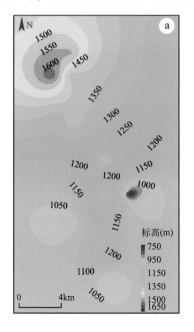

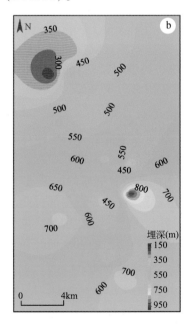

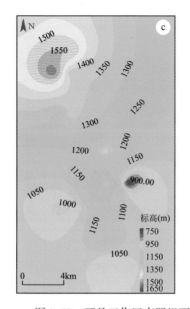
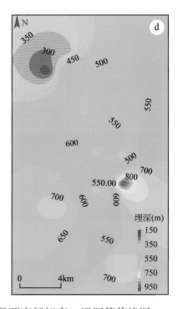

图 3.50　环县工作区直罗组下段顶底板标高、埋深等值线图

a. 直罗组下段顶板标高等值线图；b. 直罗组下段顶板埋深等值线图；c. 直罗组下段底板标高等值线图；
d. 直罗组下段底板埋深等值线图

5. 放射性异常特征

通过对 52 个煤田钻孔资料放射性异常资料的分析，发现铀异常主要分布在侏罗系直罗组（J_2z）及延安组第四段（J_2y^4）中。延安组（J_2y）共 39 个钻孔中见自然伽马异常，主要分布在延安组顶部，也就是第四岩性段顶部，最大值为 600API。直罗组（J_2z）在该区全区分布，该层位见到大量自然伽马异常，最大值 600API（图 3.51）。

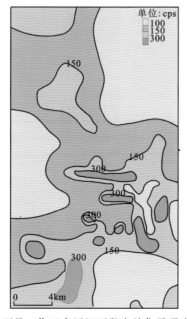

图 3.51　环县工作区直罗组下段自然伽马强度等值线图

（二）矿化地质特征

铀矿化体均赋存于背斜与向斜转换的斜坡带部位，与断层发育位置密切相关，推测断层是铀异常形成的流体通道。铀矿化体主要赋存在直罗组底部砂体中。在平面上，矿化层呈不规则蛇曲状分布；纵向上，呈多层状分布，但相差深度不大，多在 50m 范围内集中（图 3.52、图 3.53）。

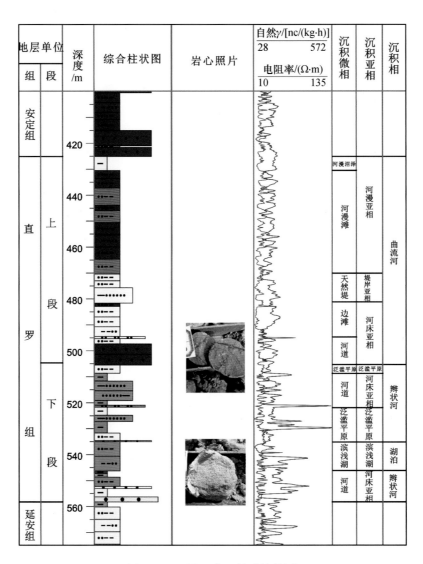

图 3.52　环县工作区钻孔柱状图

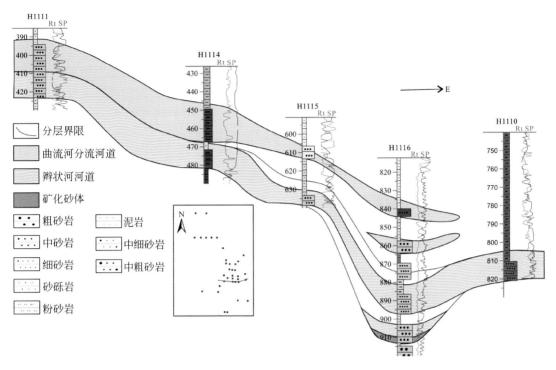

图 3.53　环县工作区钻孔剖面图

二、彭阳−泾川矿点

（一）成矿地质背景

1. 矿区构造

西缘断褶带从环县甜水堡到平凉以北长 200km、宽 50～60km 的区段是受陇西系干扰较少的脊柱部分，主要构造是由三条由西向东逆冲压性大断裂（稍具扭性）和一条近南北向张性大断裂划分的三个断褶带组成。自东而西依次为沙井子断褶带、青龙山断褶带和蟠龙坡断褶带。沙井子断褶带内有背斜构造 12 个，断裂构造 20 多条。背斜构造的共同点是：凡是由白垩系组成的背斜，一般幅度很小，两翼倾角平缓，轴向多为南北向，大小形状不一且呈孤独状出现；凡是由侏罗系及其以前地层所组成的背斜，一般幅度大，轴向近南北，两翼明显，且多呈西翼缓、东翼陡，大部分为长轴背斜，伴有向斜及断层。

2. 矿区地层

区内出露地层主要为白垩系下统志丹群泾川组、罗汉洞组和环河组，新近系甘河沟组和第四系沉积物。地表主要为甘河沟组和第四系沉积物，只有在冲沟和河谷中见白垩系。鄂尔多斯盆地西南部地区铀矿目的层主要为下白垩统。早白垩世志丹群在工作区为干旱−半干旱辫状三角洲相−河流−湖泊相碎屑岩沉积建造。自下而上分为宜君组、洛河组、华池−

环河组、罗汉洞组、泾川组，总厚度大于1872m。

　　白垩系洛河组为研究区的主要赋矿层位，在该地区主要表现为风成沙漠相、冲积扇及河流相，局部可见旱谷相沉积，底部可见少量砾岩。在区域上，按岩性组分，沉积韵律、岩相组合变化，以区域性灰质砂岩致密层及泥岩段为划分标志，其可分为上下两段。上段以风成长石石英砂岩为主，中细粒结构，杂基含量少，分选极好，颗粒表面有因搬运过程中彼此撞击遗留下不规则的显微凹坑，风成交错层理、大型斜层理和大型平行层理发育（图3.54b）。下段底部为含砾砂岩及砾岩，以往称"宜君砾岩"，属于盆缘和盆内古高地附近坡积、残积及冲积相沉积，呈楔状体局部分布，向盆内迅速变薄尖灭。下段上部仍以风成中细砂岩为主，风成沉积砂岩中还夹有湖相薄层或透镜状泥岩。

图3.54　鄂尔多斯西南缘野外地质现象

a. 野外露头白垩系洛河组和侏罗系接触界面；b. 白垩系洛河组高角度斜层理；c. 野外露头白垩系华池–环河组和洛河组接触界面；d. 钻孔岩心中白垩系罗汉洞组和华池–环河组界面；e. 野外露头白垩系泾川组和罗汉洞组界面；f. 白垩系泾川组平行层理

3. 含矿砂体特征

洛河组含矿含水层岩性以灰、浅灰绿、浅红色中细砂岩和灰色复成分砾岩等组成。结合区内含矿含水层厚度等值线图（图3.55a），认为含矿含水层整体厚度大，呈东西向展布，有两个厚度集中区，第一个厚度集中区在调查区中西部，呈西南-北东向，厚度在15～60m；第二个厚度集中区在调查区中部偏南东处，呈东西向展布，厚度在15～55m。其他地段有个别钻孔中厚度较大，呈单点状，不连续。

4. 含矿含水层顶板、底板特征

含矿含水层顶板由早白垩世洛河组上部少量泥岩层、泥质粉砂岩层、泥砂互层及砾岩构成，厚度在0.11～10.64m，走向、倾向上展布连续性相对较好。依据含矿含水层标高等值线图（图3.55b），可见该区含矿含水层顶板标高整体呈东南部和西北部高中部和东西部相对低低，也说明含矿含水层的埋深是中部和东西部较深。含矿含水层底板为洛河组砾岩和少量泥质粉砂岩等组成，厚度在0.13～79.50m，隔水性能较好，但根据验证钻孔和收集钻孔测井曲线判断连续性相对较差。

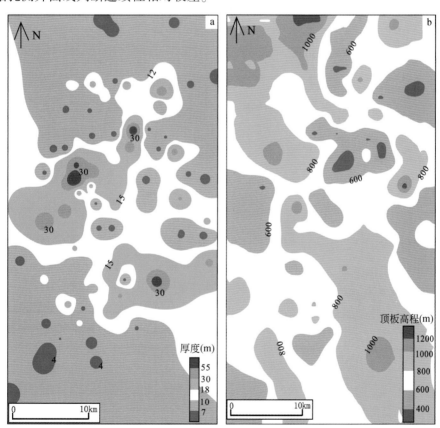

图3.55 泾川地区含矿含水层厚度（a）和顶板标高（b）等值线图

5. 放射性异常特征

根据该地区油田钻孔放射性异常的分布特征，大致圈定两处砂岩型铀矿找矿远景区两个，分为北部远景区和南部远景区（图3.56）。

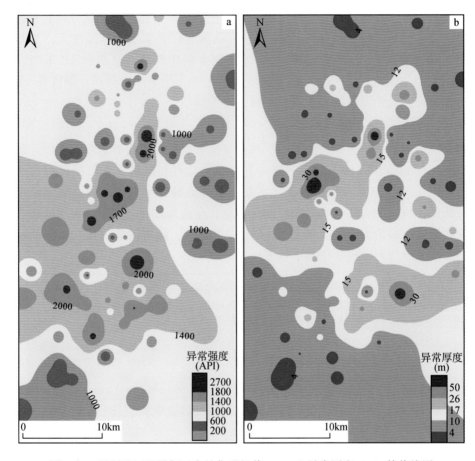

图 3.56　泾川地区Ⅰ号靶区自然伽马极值（a）和异常厚度（b）等值线图

（1）北部远景区内位于天环向斜一级构造单元内，南北长60.9km，东西宽33.5km，面积约2049.4km²。共排查111个油田孔，其中潜在铀矿孔26个、潜在铀矿化孔22个。

（2）南部远景区横跨伊陕斜坡和天环向斜两个一级构造单元，排查区内石油钻孔54个，其中潜在铀矿孔23个，异常非常集中，伽马测井值最高达3559API，最厚达19.375m。远景区内的放射性异常埋深一般在700～1200m，层位主要为早白垩世洛河组，异常岩性以中细砂岩、中砂岩及砂砾岩为主（图3.57）。

（二）矿体地质特征

1. 矿体特征

调查区内铀矿体目前均为单个验证钻孔控制，工程间距较大（图3.58），矿体平面空间展布暂时无法准确说清，垂向上矿体形态主要为单层板状。矿体主要分布于下白垩统洛河组灰色砂体中。矿体埋深为806～1142m（图3.59），品位0.011%～0.04%，厚度为9.1～16.3m，平方米铀量为3.05～9.3kg/m²。

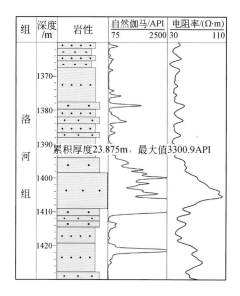

图 3.57 泾川-彭阳地区钻孔自然伽马测井曲线特征

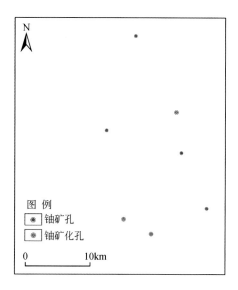

图 3.58 西南缘地区验证钻孔分布图

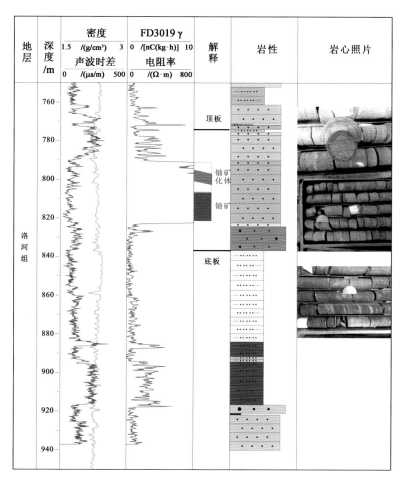

图 3.59 西南缘地区验证钻孔及岩心照片

2. 矿石质量

（1）矿石特征：通过岩心观察及薄片鉴定显示（图 3.60），含矿砂岩主要为浅灰色中细-中粗粒长石石英砂岩，岩石分选中等-差，磨圆度为次棱角-次圆状，具砂状结构、块状构造。碎屑物含量为 60%～95%，填隙物含量为 5%～40%。砂岩的矿物成分主要由石英、长石、岩屑、云母组成，岩屑的主要成分为石英岩；此外，还有少部分砂岩中含有砾石，呈次棱角-次圆状，成分主要为石灰岩、花岗岩、石英岩等，具不等粒砂状结构。岩石内部填隙物的主要成分为钙质、绿泥石和少量的铁质，岩石的胶结方式为孔隙式胶结。

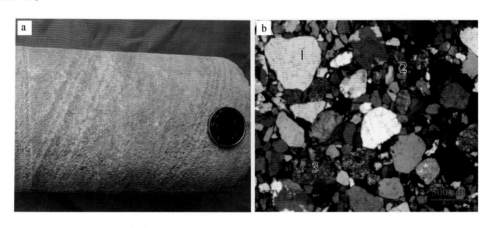

图 3.60　铀矿石岩石学特征

a. 灰色细粒含矿砂岩；b. 含矿砂岩碎屑及填隙物镜下显微特征。1. 石英；2. 斜长石（微斜长石）；3. 岩屑

（2）铀的存在形式：根据电子探针背散射图像测定和探针分析（图 3.61），铀矿石中铀矿物主要以独立铀矿物为主，呈粒状、斑点状、团块状、条带状、网状、环带状及分散显微颗粒、显微颗粒集合体，赋存在碎屑颗粒间、胶结物和岩屑颗粒中，或呈细脉状以沥青铀矿为主分布在不规则状黄铁矿中或呈环带状包裹黄铁矿。

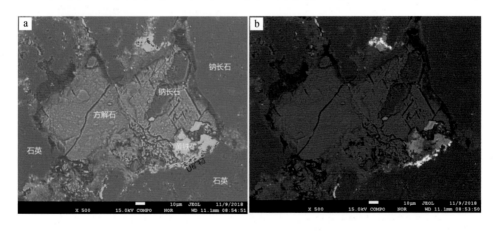

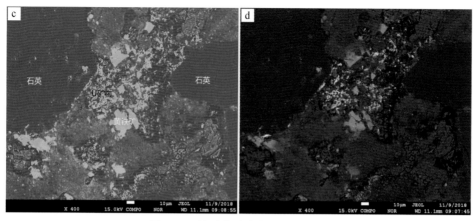

图3.61　铀矿物赋存状态背散射图

a、b中沥青铀矿呈团块、不规则粒状富集在岩屑颗粒间，沥青铀矿与不规则状黄铁矿及铁的氧化物共生；c、d中矿物
呈网状、粒状、团块状分布于碎屑颗粒之间或碎屑颗粒裂隙中。沥青铀矿围绕黄铁矿生长，局部形成环带状构造

第五节　中部金鼎地区铀矿化带地质特征

（一）成矿地质背景

1. 矿区构造

金鼎铀矿化点位于鄂尔多斯中生代盆地中东部，处于鄂尔多斯盆地二级构造单元伊陕斜坡内。区内出露地层有三叠系至白垩系陆相沉积，形成了一套含煤建造和红色碎屑岩建造。第四系黄土发育，覆盖面积较大（图3.62）。区内构造简单，断裂不发育，以鼻状构造为主，总体为一平缓的单斜构造，倾角为10°~20°。

2. 矿区地层

金鼎矿化点及周边地区黄土广覆，基岩出露差，仅在主要水系及其支沟两侧出露有侏罗系（J）、白垩系（K）。地层倾向北西—北，倾角平缓，一般3°~4°。中侏罗统是主要找矿目的层，自下而上可分为延安组（J_2y）、直罗组（J_2z）、安定组（J_2a）。下白垩统之上依次为下白垩统洛河组（K_1l）、华池-环河组（K_1h），上新统三趾马组（N_2），第四系（Q）。

3. 放射性异常特征

收集油田钻孔792个，发现潜在铀矿孔230个，潜在铀矿化孔67个。伽马异常厚度0.5~8.5m，异常深度普遍在650~800m，层位为安定组，异常分布较稳定，部分钻孔具有多层异常。圈定四片重点异常区段，编号为金Ⅰ区、金Ⅱ区、金Ⅲ区及金Ⅳ区。异常强度在西北部地区可达1289API，过渡到东南部地区减弱到300API左右；大于700API的异常厚度在西北部地区可达2.5m（图3.63、图3.64），而到东南部地区则减薄到0.7m左右。总体分布上异常厚度和强度一致性较强，厚度分布和强度平面分布规律性较弱，有西强东弱的趋势。显示矿化非均质性较强。

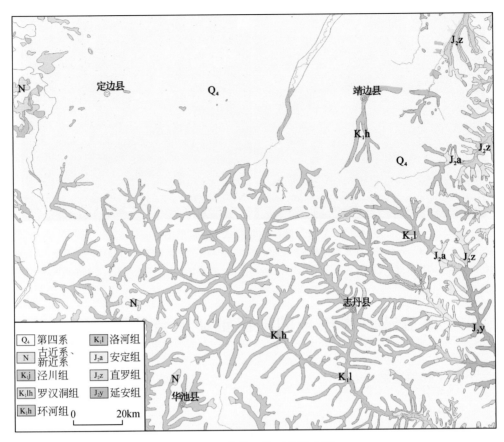

图 3.62　金鼎工作区地质略图

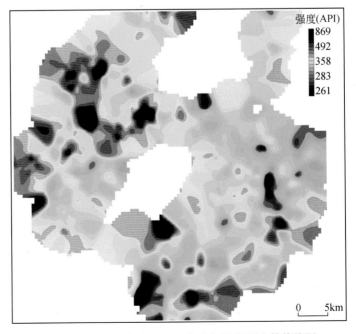

图 3.63　盆地中部志丹地区安定组异常强度等值线图

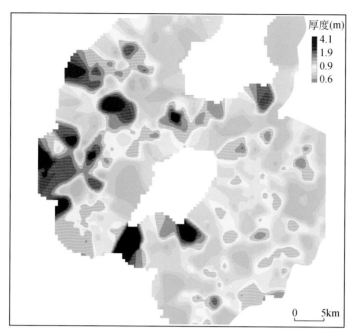

图3.64　盆地中部志丹地区安定组异常厚度等值线图

（二）铀矿化地质特征

1. 矿体特征

金鼎靶区铀矿体平面上呈板状，连续性较好，但富集程度变化大。在盆地中部志丹地区，石油钻孔异常验证已经证实安定组泥灰岩段存在放射性铀异常。从钻孔连井剖面图（图3.65）可以看出，安定组泥灰岩段规模大、横向连通性好。安定组为一套稳定的湖相沉积，静水环境下形成的泥灰岩在区域上较为稳定，构成了良好的赋矿层。其顶板岩性为灰白、白、淡紫红色钙质灰岩、白云质灰岩、泥灰岩，厚度20～25m；底板岩性为浅灰绿色粉砂岩、粉砂质泥岩，见星点状黄铁矿，厚度3～5m。

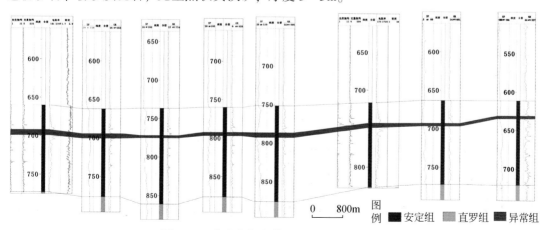

图3.65　盆地中部金鼎地区钻孔连井剖面图

2. 矿石质量

矿石矿物特征：矿化段岩性为安定组上部浅灰绿、浅灰色泥灰岩，由黏土质点与碳酸盐质点组成，显微镜下多为微晶质或隐晶质结构，粒径在 0.01mm 以下。岩石致密坚硬，渗透性差。发育水平层理和波状层理，并有少量沙纹状层理及小型透镜状、脉状层理（图 3.66）。

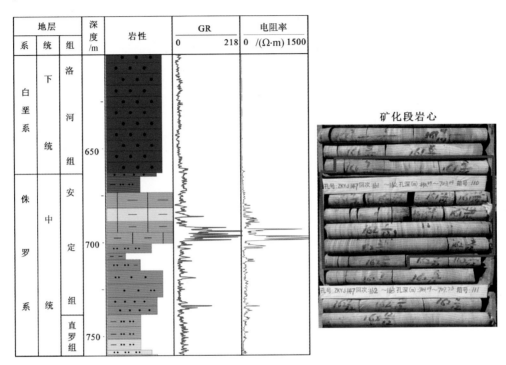

图 3.66　金鼎地区钻孔柱状图及矿化段岩心照片

矿化特征：电子探针结果表明安定组泥灰岩段含矿岩层中经常含有黄铁矿等还原环境下形成的自生矿物，说明沉积时及沉积后地层处于静水还原水体环境，具备形成铀矿床的地球化学环境。此外，微观特征还显示安定组泥灰岩段有受后期改造的证据，斜长石等矿物蚀变特征明显（图 3.67），具备铀矿物富集所必需的地球化学条件。

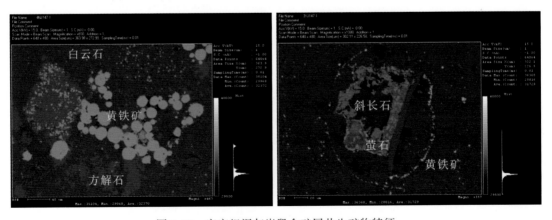

图 3.67　安定组泥灰岩段含矿层共生矿物特征

第六节　小　　结

（1）通过综合对比鄂尔多斯盆地东北缘、西缘、西南缘、东南缘、中部不同地区的典型矿床、新发现矿床、矿点的地质、构造、目的层砂体、顶底板构造、放射性异常特征来分析成矿地质背景，认为鄂尔多斯盆地的主要含铀层位为中侏罗统直罗组下段，岩性主要为灰色中粗粒砂岩，沉积体系主要为辫状河流相。其中西南缘泾川地区的主要含铀层位为白垩系洛河组，岩性以灰色砂岩为主；中部地区的主要含铀层位为上侏罗统安定组，岩性以灰黑色泥灰岩为主。

（2）矿体形态以板状为主，矿体分布与古河道砂体的空间展布和隆起带控矿构造关系密切。

（3）鄂尔多斯盆地典型铀矿床的铀矿赋存状态以吸附态为主，铀矿物以铀石、沥青铀矿、铀钍石为主，其中北部地区铀矿物以铀石为主，南部以沥青铀矿为主；各矿区的 Sc、Mo、Se、V、Re 等元素局部铀富集现象，部分元素达到综合利用品位。

（4）矿石中的煤质有机质呈脉状或碳质碎屑颗粒状分布于砂岩中，煤屑显微组分主要为镜质组和惰质组。煤屑热演化程度较低，铀含量偏高与煤屑有机质的具有较高吸附能力有关。

第四章　盆地铀成矿规律

第一节　铀矿产概况

铀矿床分布及钻孔资料异常研究表明，鄂尔多斯盆地砂岩型铀矿化主要分布在盆地周缘（图4.1），形成东北缘塔然高勒–东胜铀矿带、西缘宁东铀矿带、东南缘黄陵铀矿带、西南缘华亭–泾川铀矿（化）带四个铀矿（化）集区，主要含矿层位为中侏罗统直罗组，次要层位为延安组及白垩系志丹群。

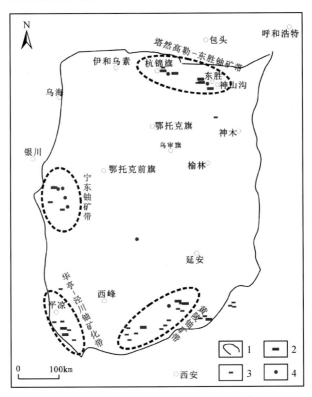

图4.1　鄂尔多斯盆地矿床、矿点分布简图
1. 盆地边界；2. 铀矿床；3. 铀矿点；4. 新发现矿产地、矿点

一、东北缘塔然高勒–东胜铀矿带

该成矿带主要由皂火壕、纳岭沟、大营等特大型、大型铀矿床及塔然高勒大型矿产地、柴登壕–罕台庙和巴音青格利铀矿产地等组成。铀矿带内各个铀矿床、矿产地，具有

相同的区域铀成矿条件及类似的铀成矿规律。具有相同的铀源条件、岩性-岩相条件、古气候条件、古水文地质条件及岩石地球化学环境。铀矿体主要产于近南北向展布的河道砂岩体的两侧。铀矿化层位主要为灰色砂岩和绿色砂岩的过渡部位。矿体的展布形态受古河道方向、河道砂体位置、砂体非均质性、砂体还原性及顶、底板厚度等综合因素控制。矿体埋深主要受目的层地层倾向、上覆地层厚度及地形控制，矿带内东部矿体埋藏较浅，均在 200m 左右，向西逐渐加深，西部大营铀矿床埋深均在 600m 以上，矿体厚度较稳定、品位变化较小，矿体形态以板状、似层状为主。

二、西缘宁东铀矿带

该铀矿带主要由过去发现的瓷窑堡、惠安堡中小型铀矿床及石槽村、麦垛山、金家渠、羊肠湾四个新发现矿产地和其他矿点、矿化点组成。受南北向逆冲断褶带构造控制，区内铀矿化总体呈南北向展布，矿体产在直罗组下段砂体及延安组中。平面上，铀矿（化）体发育于背斜翼部的灰白色氧化-还原过渡带内，矿体形态呈带状，连续性好，走向与背斜轴向一致；垂向上，矿化呈多层，主要赋存于中侏罗统直罗组底部灰白色粗砂岩中，部分分布在红褐色中砂岩中，形态呈似层状、板状为主，少数为透镜状。单个矿体规模大，一般矿体长度为 600~800m，宽度为 200~300m。

三、西南缘华亭-泾川铀矿带

该铀矿带主要由陇县国家湾（901）小型铀矿床、华亭（943）铀矿床、泾川矿点及其他地表矿化点组成。其中国家湾矿床位于鄂尔多斯盆地西南角六盘山断陷的南端，地层基本为北东倾向的单斜层。受后期构造影响，局部地层发生宽缓褶曲。铀矿化主要赋存在六盘山群马都山组滨湖三角洲相及河流相灰紫、灰绿色砂岩（层位约相当于盆地其他地区的洛河组，地层对比及表述体系有待进一步厘定）。含矿岩层倾角 8°~12°，厚 200~400m，砂地比值接近为 1，胶结较疏松，透水性好，具泥—沙—泥韵律结构等。铀矿体多呈卷状、透镜状、似层状。

四、东南缘黄陵铀矿带

该铀矿带主要由双龙中型铀矿床、店头小型铀矿床、焦坪、庙湾矿点及黄陵新发现中型规模矿产地、北极、彬县矿化点组成。主要分布于渭北隆起北缘构造斜坡带，盆地南缘秦岭造山带的秦岭群等变质岩和不同期花岗岩体蚀源区为铀成矿提供了丰富的铀源，有利于后生砂岩型铀矿化的形成。本区主要发育北东和北西向两组断裂，其中北东向断裂为主干断裂，铀矿床定位于这些断裂的两侧。断裂一方面表现为局部排泄区，是地下水补—径—排体系的重要组成部分；另一方面，断裂构造沟通了深部油气，本区直罗组下段的铀矿化与油气渗出改造作用关系密切。含矿层直罗组底板埋深在直罗镇-店头镇一带底板埋深较小（一般为 100~300m），构成一个向西倾斜的斜坡带。直罗组倾角一般小于 10°，直罗镇-店头镇一带砂体最厚，达 50~80m；在彬县地区，砂体呈朵形分布，厚为 20~50m；

边缘其他地区的砂体较小，厚约5～20m。黄陵一带的铀矿体埋深在400m左右，矿体厚度较稳定，宽度相对较小，矿体形态以板状、似层状为主。

<h1 style="text-align:center">第二节　控矿要素及找矿标志</h1>

砂岩型铀矿是经过漫长的地质演化的产物，是受多种地质条件综合控制的产物。通过总结前人的工作成果和本次工作经验、成果基础上，认为控矿因素包括了古沉积环境（铀源、沉积建造、地层结构、砂体特征、沉积相、含矿层位、古气候条件等），流体（表生、深部）作用，构造（盆缘隆起、深大断裂叠加）等综合因素。它们对砂岩型铀矿的控制作用具有一定的相互制约性。

一、控矿要素

（一）铀源条件

该盆地具有多种铀源特点。

1. 盆外蚀源区

通过系统编制鄂尔多斯盆地及周缘地球化学异常图，并对局部与铀相关元素高异常区进行了野外地质勘查，进一步梳理了鄂尔多斯盆地周缘铀源问题。盆地北部的乌拉山-大青山地区、狼山东部地区及盆地南部秦岭等高铀丰度值区可能为盆地的后生成矿提供丰富的铀源。

其中鄂尔多斯北缘阴山地区大桦背岩体具有较高的异常分布，南缘的秦岭灰池子岩体周缘具有较高的放射性异常分布（图4.2）；这些异常分布特征都很好的切合了周围铀矿床的空间展布。

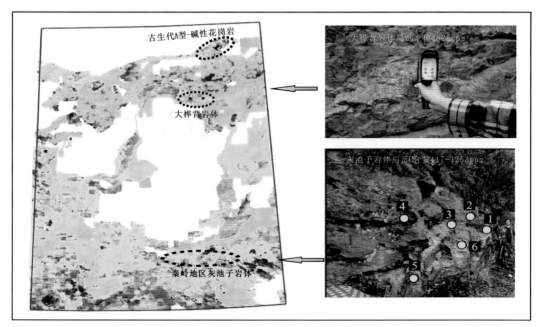

图4.2　鄂尔多斯盆地铀源分析（左图为盆地周缘地球化学图；右图为周缘露头放射性测量）

2. 盆内预富集作用

鄂尔多斯盆地侏罗系和白垩系尤其是直罗组砂岩沉积期发生了明显的铀元素预富集作用，通过伽马曲线初步对比统计，直罗组砂体存在自身铀被迁出现象，可能构成重要的铀源。

3. 含矿目的层

盆地中、新生代盖层发育齐全，其中盆地内侏罗系直罗组下段为重要的含矿层位，西缘的延安组，西南缘的下白垩统华池-环河组、洛河组也是重要的含矿目的层。

（二）构造控矿

1. 正向构造控制矿集区和矿体就位

鄂尔多斯盆地总体为一构造相对稳定的大型克拉通盆地。尽管斜坡带各处有利于铀成矿的条件基本相同，但铀矿床或矿点往往并不连续出现，而总是呈间隔性、选择性地分布在构造斜坡带的某个部位。究其根本原因，在于斜坡带各地段局部构造不尽相同，最终导致铀矿化就位和发育的巨大差异。矿床、矿点的就位几乎总是选择背斜、褶皱等正向构造，铀矿床的定位受其控制十分明显（图4.3）。

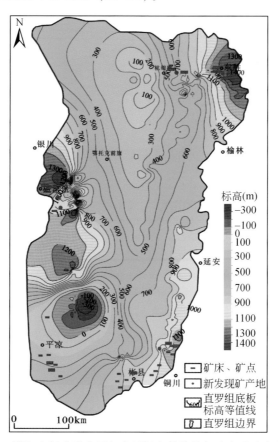

图4.3　鄂尔多斯盆地直罗组底板标高等值线与矿产地矿点分布图

1）鄂尔多斯盆地东北缘

鄂尔多斯盆地北部隆起（断隆构造）区：根据杨君等编者利用大量的煤田、油田钻孔资料编制的直罗组底板标高等值线图，发现盆地边缘和中部分布多处背斜构造，大营、纳岭沟、塔然高勒铀矿床的分布受北东东向展布的杭锦旗富油气的隆起构造（窗）控制，长大于100km。皂火壕铀矿床及其外围的柴登南、铜匠川、乌兰西里及布尔台矿点位于皂火壕隆起构造带。原理是早白垩世晚期，断隆南缘断裂形成，并发生力学性质的压张转换，导致深部油气流体（以气为主）上升。一方面改造了早期形成的铀矿，另一方面有深部物质参与了成矿作用，形成了另一期与酸化强还原作用有关的铀矿化。

2）鄂尔多斯盆地西缘

鄂尔多斯盆地西缘冲断带：由一系列走向北北西或近南北向的宽缓褶皱群及与之相伴的断层组成，延伸长度大于50km。宁东的石槽村铀矿位于鸳鸯湖背斜东，麦垛山和金家渠铀矿床的矿体分别位于周家沟背斜和金家渠背斜两翼，枣泉煤田钻孔放射性异常带位于碎石井背斜两翼。铀矿层走向与褶皱构造方向基本一致，含矿地层为延安组顶部2煤上部粗砂岩和直罗组下段粗砂岩。且周边发育深断裂，使深部油气向上运移，在含铀储层的上部发育一套储油层，为铀矿的发育提供了良好的氧化还原障。由于该地区的断裂褶皱作用过于强烈，使得铀矿化体连续性相对较差（图4.4）。

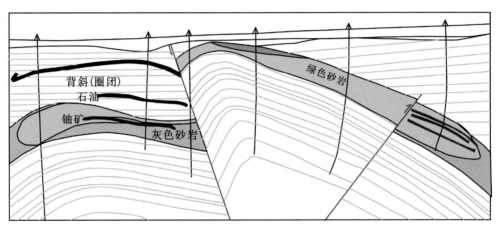

图4.4　西缘金家渠铀矿区5号勘查线剖面图

3）鄂尔多斯盆地南缘

即黄陵-双龙铀矿集区：位于鄂尔多斯盆地南部伊陕斜坡和渭北隆起（图4.5），伊陕斜坡地层总体为向北西倾斜、倾角平缓的单斜构造。矿集区受北东向建庄褶皱隆起带（构造窗）控制，建庄瓦窑坪隆起带深部实际上是一个油储构造带。该隆起带长40km，宽13km，中部剥蚀，出露三叠系构成天窗。中侏罗统直罗组下段下亚段是主要含矿层位，出露于天窗两侧。矿床（点）有沿天窗两侧分布的趋势。

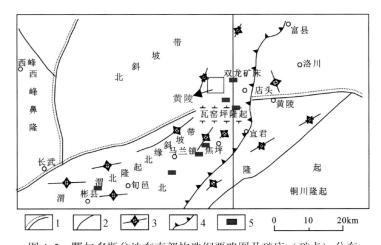

图 4.5　鄂尔多斯盆地东南部构造纲要略图及矿床（矿点）分布

1. 一级构造界线；2. 二级构造界线；3. 背斜；4. 直罗组剥蚀界线；5. 砂岩铀矿床、矿点

2. 地层微褶皱控制矿床、矿体分布和矿化分段富集

通过编制含矿目的层顶底板等高线图、砂体厚度等值线图等图件，反映含矿目的层局部微构造与铀富集的空间关系。微褶皱的倾没端、翼部、轴部的油、气水界面处为铀的重要赋存部位。塔然高勒井田北部的北东向微隆与纳岭沟矿床和西部多个铀矿床的分布有一定的联系，同时在局部地层微缓隆起部位同样具有铀的有利赋存条件（图 4.6）。

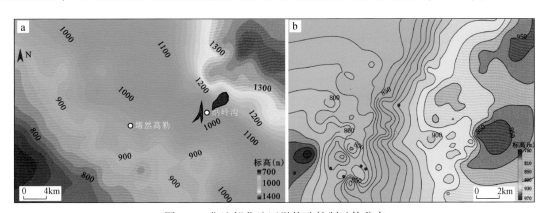

图 4.6　盆地部分地区微构造控制矿体分布

a. 塔然高勒地区直罗组下段底板标高与铀矿体（红色区域）空间分布；b. 黄陵地区直罗组下段底板标高与铀矿工业孔（红色圆圈）空间分布

3. 断裂构造与成矿作用

断裂对铀矿化的控制作用主要表现为建设性作用和破坏性作用两个方面。建设性作用表现为：因断裂的切割作用，使得深部还原性流体向上运移，在断裂附近形成高的还原障。当含氧含铀地下水迁移至断裂附近时，被还原沉淀并富集形成铀矿床（如宁东地区矿产地）。同时因断裂上隆和剥蚀作用，可将原来的埋深较大的矿体抬升甚至剥露地表，有

利于地浸开采。破坏性作用表现为：断层发展晚期，因受盆地北东向挤压，使得断裂体系发生左旋走滑，造成断层东盘矿体向北错动，并遭受剥蚀破坏。

（三）流体作用

古流体作用实际上表现为控制、约束矿体（放射性异常）、蚀变矿物的空间分布。包括表生流体和深部还原性流体。通过本次调查发现，除了表生流体作用外，深部还原性流体（气体）与铀成矿作用关系密切。

1. 深部还原性流体作用

鄂尔多斯盆地既是产铀盆地，也是含油气盆地（昵称"南部油，满盆气"），铀成矿作用与油气关系十分密切。在鄂尔多斯盆地纳岭沟铀矿床和塔然高勒地区的方解石胶结物中发现大量油气包裹体，如图 4.7、图 4.8 所示，通过透射偏光及 UV 激发荧光显示蓝色，有凝析油气包裹体的存在（侯惠群等，2016）。同时在皂火壕铀矿床对包裹体激光拉曼分析表明，存在以甲烷和二氧化碳为主的天然气包裹体（图 4.9）。总体来说，油气主要对地浸砂岩型铀矿有以下三方面作用：

吸附作用：是指还原性流体（气体）通过断裂构造向上运移至含矿砂体中，含氧溶液里的铀离子被吸着在油气表面上；由于有机质含量的增加，砂体吸附铀离子的能力也相应提高。此外，油气的主要成分（烃类）在一定条件下能与砂体中的硫酸根离子相互作用，生成具有很强吸附性的沥青、有机酸。盆地东南缘黄陵地区发现沥青和铀富集关系密切。

还原作用：还原容量的高低是评价砂体是否有利于铀成矿的重要指标之一。鄂尔多斯盆地深部有良好的储油、储气构造，油气田广泛分布于盆地中。当断裂沟通深部储油、储气构造时，则易逸出强还原气体（H_2，CH_4，CO，H_2S 等），并沿断裂向上迁移，在其与含氧含铀地下水相遇时，将高价铀离子还原沉淀。还原容量高，则砂体还原能力强。西缘宁东地区冲断褶皱带铀富集成矿和流体的这种还原作用有关。

保矿作用：主要表现在早期形成的铀矿体受后期油气渗出还原影响而使氧化还原障与渗入水氧化相反的方向迁移，矿体处于还原环境中，避免了再次活化迁移遭受破坏的可能，对铀矿体具有保矿作用。

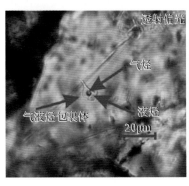
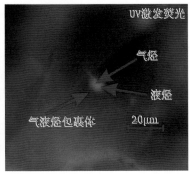

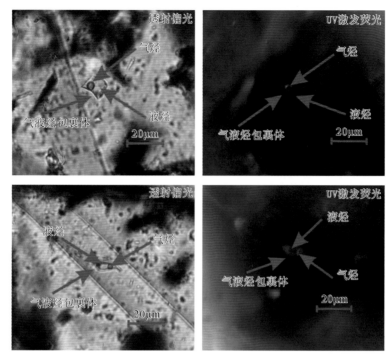

图 4.7 纳岭沟铀矿床方解石胶结物中（凝析）油气包裹体特征

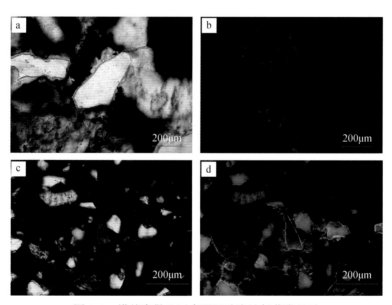

图 4.8 塔然高勒地区直罗组砂岩油气荧光显示

a，b. 塔然高勒地区钻孔单偏光照片和 UV 激发荧光照片，部分砂岩粒间孔隙中含油气，
显示蓝、黄、黄褐色荧光；c，d. UZK13 号钻孔单偏光照片和 UV 激发荧光照片，
部分砂岩粒间孔隙中显示黄、黄褐、褐色荧光

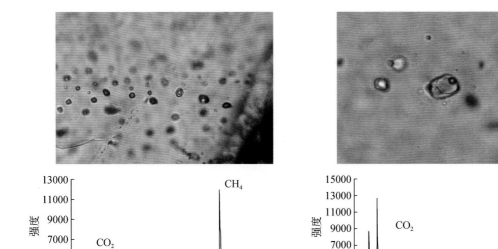

图 4.9　皂火壕铀矿床天然气包裹体特征

2. 流体作用形成的矿体特征

鄂尔多斯盆地东北缘、西缘、南缘矿集区的铀矿体形态基本都是以板状、似层状为主，暂未发现真正的卷状矿体。板状矿体的形态特征为：水平方向为面状，剖面上呈板状、似层状、透镜状，与上下隔水层均有一定距离，具有一定的层控特征。除了鄂尔多斯盆地，东部的二连盆地、松辽盆地的数个典型铀矿床大部分也都是板状、似层状产出。

矿体的形态和形成机理一方面可能是砂体非均质性对成矿流体运移状态的影响结果，另一方面可能与沉积环境相变导致还原性物质的增加有关。砂体中的低渗透层–细粒沉积物、钙质或铁质（成因）、泥砾和植物碎屑等不同隔挡层改变矿体的形态（焦养泉等，2005）。

3. 板状矿体成因的初步解释

俄罗斯学者别洛娃 1985 年进行了流体障机制的定量数学和实验计算，开展了层间氧化渗入水与上升还原流体相互作用形成铀矿化机制研究。史维浚（1990）进一步开展流体障铀矿床形成的实验和数学模拟（图 4.10），根据结果认为形成板状矿体的成因是持续强的含氧含铀水和较弱的深部还原性流体作用。当含氧含铀水和深部还原性流体二者相互作用产生的蚀变分带、铀矿化体，在容矿主砂体中呈现面状，剖面上呈似层状、板状、透镜状分布，且含氧含铀水氧化能力远大于深部还原性气体的还原能力，导致矿体呈平缓的板状、似层状产出（李西得等，2017）。

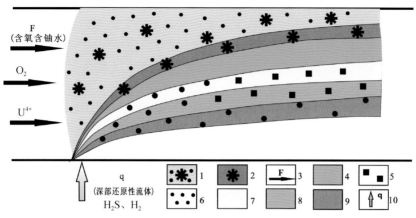

图4.10 鄂尔多斯盆地板状矿体的形成机理（据李西得等，2017，修改）

1. 氧化砂岩；2. 强针铁矿化褐铁矿化带；3. 下降含氧含铀流体流；4. 褪色带（砂岩）；5. 强硫化物化带；
6. 弱硫化物化带；7. 富铀矿体；8. 贫铀矿体；9. 原生灰色砂岩；10. 上升还原流体

（四）古气候、沉积环境对铀成矿的制约

侏罗纪是鄂尔多斯盆地煤层和铀储层的重要层位。古气候是煤层形成的前提和决定性因素，同时也是铀成矿氧化-还原地化环境形成的重要条件。古气候的主要作用是提供有利于植物生长、繁殖的环境。大量的文献将潮湿温暖的气候称为成煤的有利气候，而且利用植物群的面貌来确定古气候的性质。古气候变化由温湿向干旱变化既有利于氧化-还原序列的形成，也有利于形成铀成矿的地化环境。侏罗系煤分布在中—下侏罗统，聚煤区围绕盆地沉降中心呈环带状分布（李思田等，1990；张弘等，1998）。东胜地区侏罗系的煤层发育齐全，厚度最大的主要可采煤层位于含煤岩系上部。煤层的分布受古气候和构造活动性的双重控制。煤层是在从印支期的挤压上升向燕山期的沉降转化过程中形成的。构造活动性的强弱程度对煤层的厚度控制明显。

古气候变化由温湿向干旱转变既有利于氧化-还原序列的形成，也有利于形成后生铀矿床，尤其是在温湿-半干热古气候条件有利于富有机质、黄铁矿等还原性砂体的形成及铀的预富集作用，为后生改造叠加铀成矿创造了前提。半干旱-干热气候有利于后生氧化作用发育及铀成矿，潮湿气候条件不利于形成后生铀矿床。岩石在旱季强烈机械风化，有利于地表水的淋滤，植被发育差，黏土矿物少，水中的铀免于分散，地下水位较低，氧化作用和水的淋滤作用较强，大量铀转入地下水中，并能以较稳定的铀酰碳酸络合物进行大距离迁移。由于蒸发作用水中铀含量增高，当高铀含量的水溶液进入潮湿气候下形成的还原性砂体，经过长期持续作用形成后生铀矿床。鄂尔多斯盆地东胜地区砂岩型铀矿赋存于直罗组下段辫状河道沉积砂体中，中侏罗世直罗组下段沉积形成于温湿-干旱过渡气候条件下，直罗组下段的辫状河沉积为一套灰色夹紫红色碎屑沉积建造，沉积碎屑以粗砂至中粗砂为主，砂岩层中含有大量的煤屑及黄铁矿，这表明当时的沉积环境为富含有机质碎屑的还原性环境，直罗组上段以红色碎屑沉积为主，形成于干旱氧化的沉积环境，这一氧化-还原沉积背景形成了铀成矿有利的地球化学环境。

鄂尔多斯盆地神山沟剖面延安组—直罗组岩石组合、岩石元素地球化学、古植物化石、孢粉组合及黏土矿物组合分析，认为鄂尔多斯盆地延安组到直罗组存在从潮湿向干旱演化的古气候旋回，旋回的潮湿期有利于形成煤层和原生还原性的地层，而干旱期有利于形成原生氧化性的红色岩层。古气候由温湿向干旱变化的时期既有利于氧化还原带的形成，也有利于铀矿物质迁移和聚集，为铀矿的形成创造了条件。沉积期相对潮湿的古气候为砂体及围岩中还原介质形成提供了有利条件，干旱–半干旱气候为铀成矿时期常见的，干旱条件有利于铀从源区氧化，并在搬运途中避免损失。中侏罗统直罗组下部恰好处于干旱–半干旱气候条件，有利于铀矿的形成。

因此，古气候变化对铀矿的形成都具有重要的意义。

（五）炭屑、有机质控矿

煤炭与砂岩型铀矿的关系主要体现在有机质与砂岩型铀矿的关系。研究表明，有机物中聚铀能力最强的是腐殖质，其次是腐泥质。腐殖质是由各种简单有机化合物（CH_4、NH_3、H_2S 等）经过聚合而形成的一种成分及结构都十分复杂的高分子化合物。它主要由三种组分构成：腐殖酸、富里酸和腐黑物。对土壤、泥炭及碳质页岩中腐殖质各组分所进行的一系列实验证实，铀同腐殖酸的关系最为密切（曾江萍等，2016）。

大营、纳岭沟铀矿床的煤质有机质脉呈透镜状或细脉状广泛分布（图 4.11），方向性明显（侯惠群等，2016）。在偏反光显微镜下对煤岩进行观察，其显微组分多为镜质组和惰质组，镜质组以结构镜质体为主。直罗组含矿层位中的碳质碎屑总体演化程度较低，处于低成熟阶段，R_o 成熟度为 0.37% ~ 0.58%。该类有机质活性大，孔隙度高，比表面积大，常具有多种活性官能团分布，因此具有较强的吸附能力。采用 DCR-e 等离子体质谱仪对砂岩中分离出煤屑进行铀、钍、钾的元素分析，结果表明，赋矿层位的煤屑有机质都具有较高的铀含量，铀矿化与煤屑的存在有密切关系。

铀在有机物质中富集的机理相当复杂，据研究，促使铀在其中富集的主要因素是还原作用、吸附作用和形成有机化合物的化学反应。

图 4.11　纳岭沟矿床矿石中分布广泛的呈透镜状或细脉状煤质有机质

（六）重磁场特征与铀矿分布的关系

重磁资料综合解释是研究铀矿形成规律和找矿规律的重要一环。初步研究表明，已发现的铀矿床、矿点基本上都分布在局部重力高的边缘部位，只有个别的铀矿床点分布于局部的重力低异常区。已发现的铀矿床（点）区域构造上都分布在盆地边缘地带的隆起区或者是盆地内构造单元的分界线附近，由此推测矿床和盆地局部隆起之间有密不可分的关系。断裂在铀成矿过程中是必不可少的因素，从铀成矿所需的铀源供给到富铀沉积的形成，再到含铀流体的还原、后生渗入、氧化作用的发生，到最后铀富集、沉淀聚集成矿的整个过程，断裂都是重要的因素。而不同级别的断裂构造在重磁场中有着与之相对应的显示。一般而言重力梯级带变化较大的、等值线两边差异比较大的是深断裂的体现，在剩余重力异常中的次级的重力异常分界线是次一级断裂反映，而已发现的矿床点主要分布在次一级的断裂的交汇处。剩余重力异常既是沉积盆地的重要指示标志，也是断层存在的重要标志。因此也是寻找铀矿床的重要标志。

利用航磁、重力资料可圈定隐伏、半隐伏岩体和老基底的形态、展布，推断火山构造，分析确定有利于铀成矿的地质构造。大多数铀矿床分布在由高磁异常向低磁异常过渡的地带。理论上说，铀成矿过程中，需要强还原性物质才会使铀沉积下来，磁黄铁矿等磁性物质在成矿流体中是作为还原性物质存在的，最终它们会被氧化成黄铁矿和其他铁矿物，这种去磁作用在航磁图上可形成明显的负磁异常区，而在负磁异常的边缘，磁性矿物得到补充，继续使流体达到强还原状态，这样才使铀不断发生沉淀，最终聚集成矿。故铀矿（床）点大多形成在高磁异常向低磁异常过渡的区域（图4.12）。

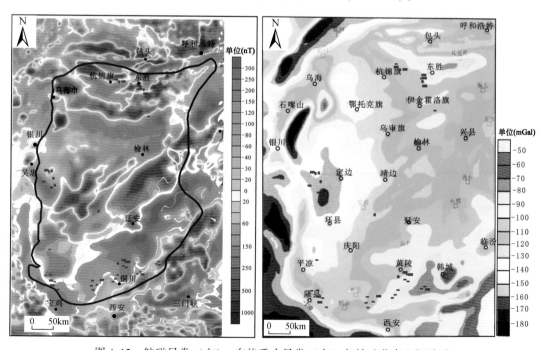

图4.12　航磁异常（左）、布格重力异常（右）与铀矿分布空间关系

铀矿寄主岩石砂岩基本上是无磁性的，所以在以往的铀矿勘查中，磁法往往是间接的方法，主要是用来研究铀成矿相关的地质背景问题的。现在资料研究表明，在一定地质条件下磁化率和铀含量间成反比关系，即含矿砂岩的 U 含量越高，其相应的磁化率越低。这是由于砂体中大量碎屑铁钛氧化物（包括磁铁矿）转换为铁的硫化物，致使磁化强度降低。通过弱信息提取方法获取找矿目的层中磁化强度减弱的微变地段，可作为区域预测的重要依据。

（七）控矿要素综合

通过对盆地典型铀矿床和新发现矿产地的地质特征、矿体特征等控矿要素汇总，建立相应的综合信息表（表4.1）。

表4.1　鄂尔多斯盆地典型矿床控矿要素综合信息

矿床情况	名称	区域构造位置	铀源	含矿层位	沉积相	沉积建造特征	砂体展布	矿体特征	矿化蚀变特征
已知矿床	皂火壕	伊蒙隆起南缘缓倾斜坡带	阴山褶皱带、盆地基底岩石	中侏罗统直罗组下段亚段	辫状河-辫状河三角洲相	矿体位于绿色层和灰色层界面上下	发育一个泛连通的宏大砂体，北西-南东向展布，长约150km，宽度20~30km	平面呈板状，呈北东-南西向缓倾斜，剖面上矿体形态以板状、似层状为主；顶板埋深为67.05~209.55m，矿体底板埋深74.20~219.25m；倾向南西	吸附态铀（与黏土矿物、粉末状黄铁矿、碳质碎屑密切相关）和铀矿物（沥青铀矿和铀石）
已知矿床	纳岭沟	伊蒙隆起南缘缓倾斜坡带	阴山褶皱带、盆地基底岩石	中侏罗统直罗组下段亚段	辫状河-辫状河三角洲相	矿体位于绿色层和灰色层界面上下	砂体总体呈北西-南东向展布，南西侧呈近南北向（图5-2-6），砂体厚度变化较小，多在120~140m	平面上，矿体呈北东-南西向展布，剖面上，矿体呈板状、似层状；矿体顶界埋深为315.00~630.00m	以铀石为主，见少量的晶质铀矿、沥青铀矿、铀钍石、方钍石及次生铀矿物
已知矿床	大营	伊蒙隆起南缘缓倾斜坡带	阴山褶皱带、盆地基底岩石	中侏罗统直罗组下段上、下亚段	辫状河-辫状河三角洲相	矿体位于绿色层和灰色层界面上下	砂体总体呈北东-南西-南东向展布	直罗组下段下亚段铀矿带呈北西-南东向展布，长约15km，宽800~2km；矿体顶板埋深647.45~733.25m。直罗组下段上亚段铀矿带总体呈北东-南西-南东向展布，呈向北东开口的"U"形，长约20km，宽400~2km不等	以吸附形式（吸附于高岭石、伊利石等黏土矿物）、独立矿物（铀石、沥青铀矿）为主，其次为含铀矿物（含钛铀矿）

续表

矿床情况	名称	区域构造位置	铀源	含矿层位	沉积相	沉积建造特征	砂体展布	矿体特征	矿化蚀变特征
本次发现	塔然高勒	伊蒙隆起南缘缓倾斜坡带	阴山褶皱带、盆地基底岩石	中侏罗统直罗组下段亚段	辫状河	矿体位于绿色层和灰色层界面上下	砂体总体呈近南北向	平面上总体呈北东-南西向或近南北向板状展布,剖面上呈板状	以吸附形式为主,独立矿物(铀石为主)
已知矿床	双龙	渭北隆起偏伊陕斜坡部位	南侧的秦岭造山带广泛发育富铀花岗岩体	中侏罗统直罗组下段亚段	辫状河	矿体位于绿色层和灰色层界面上下	砂体呈北东向展布展布,具有西南厚北东薄特点,厚度一般为38.4~81.7m,平均60.7m	呈连续"蛇曲"状,近东西向展布,剖面上呈板状	以吸附态为主,独立矿物(沥青铀矿)为主
本次发现	黄陵	渭北隆起偏伊陕斜坡部位	南侧的秦岭造山带广泛发育富铀花岗岩体	中侏罗统直罗组下段亚段	辫状河	矿体位于绿色层和灰色层界面上下	砂体形态呈面状。砂体厚度一般32~81m,平均厚度约60m,总体呈现西北厚东南薄	Ⅱ号矿层在区内呈连续"蛇曲"状,平面上呈近东西向展布,矿化带长度约10km,矿化带宽度约500m,矿化带上圈定五个工业铀矿体	铀矿物主要为沥青铀矿、铀石和少量钛铀矿
已知矿床	磁窑堡	西缘褶断带	西部蚀源区,前寒武系、古生代地层和各时期侵入岩体	中侏罗统直罗组下段	辫状河	矿体位于绿色层和灰色层界面上下	砂体从北向南有一定的变化,具有厚度渐增	平面上呈不规则状,剖面形态以简单卷状	贫矿石以吸附态形式,富矿石以沥青铀矿和铀石等铀矿物存在
本次发现	宁东	西缘褶断带中的背斜轴部和侧翼	西部蚀源区,前寒武系、古生代地层和各时期侵入岩体	中侏罗统直罗组下段、延安组	辫状河	矿体位于绿色层和灰色层界面上下,部分位于绿色层	共发育三条辫状河河道,主河道在马家滩一带发生分叉,沿张家圈方向向东继续延伸。平均砂体厚度110.7m	羊肠湾圈定铀矿体八个,矿体长度0.72~2.2km,宽度200~650m。矿体形态呈层(板)状	以吸附态为主,独立矿物(以沥青铀矿为主,铀石少量)

二、找矿标志

鄂尔多斯盆地各调查区不同地段由于其成矿条件、控矿因素不同,具有不同的找矿标志。

(1)地层标志:中侏罗统直罗组下段为主,延安组、白垩系志丹群次之。

(2)沉积相标志:辫状河三角洲沉积体系是最有利的沉积体系。三角洲前缘砂体、三角洲平原分流河道砂体是最有利的容矿砂体。目的层应具有良好的泥—砂—泥结构层,砂体发育具有泛连通性;河道砂体的边缘部位、拐弯部位和分叉部位是找矿最有利的部位,成矿砂体的最佳厚度是 20~40m，最有利的岩性是中粒砂岩，次为中细粒、中粗粒砂岩。

（3）古气候条件标志：温湿气候条件下形成的灰色目的层和干旱气候条件下形成的红色层界面附近是区域找矿的重要标志（宏观颜色标志）。

（4）构造标志：目的层形成之后，隆升形成的斜坡带是成矿的有利部位，且该斜坡在地质时期具有一定的稳定性，形成有利成矿的古地下水动力改造条件。

（5）油气、有机质标志：目的层中含有一定量的有机质、黄铁矿、炭屑等还原介质，有利于铀的富集。岩心含有油斑、油迹、沥青等油气侵染现象（目测、荧光识别）。灰色层上部的黄色砂岩（油浸），为重要找矿标志，如宁东石槽村地区铀矿体主要位于黄色砂岩下部，即油水界面处。

（6）地球物理标志：

①物探测井标志：收集的钻孔资料（煤田、石油、水文部门）中目的层的自然伽马测井曲线异常均值是本底值的三倍以上，峰值大于 300API；且测井曲线形态呈厚大单峰或较厚的多峰特征，厚度一般大于 2m，岩性对应为砂岩。

②航放标志：

蚀源区：高 U、Th、K 和 Th/U 值（>4），反映蚀源区铀源丰富，且发生向盆地的迁移。

径流区：U、Th、K 一般呈现为低值区。

排泄区：一般为 K 的线状高值区。

矿体：一般具 U 高、Th 低、K 低等特点，U 与 Th、K 呈负相关关系。

③重力异常标志：补给区为重力异常高值区；径流区为重力异常的相对低值区，其形态反映着径流方向；排泄区主要重力异常标志是重力异常梯度带；铀矿化较多分布于重力高向重力低过渡的区域，即都分布在重力高的边缘部位；在磁力异常图上位于高磁异常向低磁异常过渡的区域。

④磁异常标志：补给区一般呈现高值的磁异常；径流区的磁异常值迅速降低，多数呈现负磁异常；排泄区的磁异常值又略有回升；在铀矿床矿体的上方，呈现局部的高值磁异常。

磁化率和铀含量存在正相关关系，砂体还原容量越大，流经砂体的氧化水中的三价铁离子被还原成低二价铁离子的量就越多，生成的磁铁矿越多，磁化率就越高，铀被还原沉淀亦越多，所成铀矿也相对富大（付锦等，2017）。

（7）遥感标志：遥感解译表现的断裂构造特征反映补-径-排体系。盆地内发育的北西西向隐伏线性构造，具有切割盖层及控制富水带的特点，形成排泄区或局部排泄区。这些特征在遥感图像上有明显的表现，补给区的水系进入盆地后多以潜水或层间水的形式径流，在径流区地表水系不发育，多为扇状冲沟或干沟的水系影纹，在盆地内，排泄区表现为受断裂构造控制的线状分布的富水带、盐碱沼湖等。

遥感解译的环形构造，其中与成矿有关的内环色调明显较浅，可能为褪色蚀变。因此，"断裂+环形构造+古河道"是砂岩型铀矿找矿的重要遥感标志。

第三节　成　矿　规　律

鄂尔多斯盆地发育于华北克拉通之上，具有丰富的矿产资源和找矿潜力。矿产资源包括了石油、天然气、煤炭、煤层气、铀矿、油砂、油页岩、铝土矿、岩（钾）盐等。空间位置上，油气、石盐主要为盆中心分布，煤、油砂、油页岩、铝土矿具有盆地边缘分布的特点；赋矿地层上，油气、油页岩主要分布于石炭系、二叠系、三叠系等层位，煤、铀矿以侏罗系为主，白垩系次之；石盐分布于奥陶系；铝土矿分布于石炭系下统。

目前发现的铀矿主要分布于盆地边缘的侏罗系下段中，与煤的空间分布非常密切（刘池洋、吴柏林，2016）；另外近几年在盆地中部的志丹、定边油气地区侏罗系安定组中发现了铀矿化线索，进一步拓宽了铀矿分布领域和找矿空间。铀矿的分布从盆地边缘向盆地中心延伸。鄂尔多斯盆地具有良好的砂岩型铀矿成矿条件，在盆地周围已经发现了一批较大规模的砂岩型铀矿床和众多铀矿点和矿化点，表明该盆地具有非常好的铀矿成矿远景。

（一）时间分布规律

鄂尔多斯盆地铀矿成矿具有多层赋矿，多期次成矿的特点。目前初步查明该盆地含矿目的层为侏罗系直罗组下段、延安组、安定组及下白垩统洛河组；其中以中侏罗统直罗组下段为主要的含矿层位，在鄂尔多斯盆地的边缘均有分布。

通过总结前人开展的成矿时代研究和结合本轮对典型矿床、新发现矿产地调查，获得一批成矿年龄数据，发现该盆地的铀矿成矿时代具有明显的多期多阶段性，主要分布于晚侏罗世—早白垩世末、晚白垩世—上新世（表4.2）。

表4.2　鄂尔多斯盆地典型矿床和新发现矿产地成矿年龄

地区	矿床名称	目的层	成矿时代/Ma							备注
			J_1 (185~208)	J_2 (160~185)	J_3 (135~160)	K_1 (100~135)	K_2 (65~100)	E_1—E_3 (23~65)	N_1—N_2 (2.5~23)	
东北缘	孙家梁	J_2z	177±16			120±11	80±5		20±2；8±1	刘汉彬等，2012
	大营	J_2z								
	纳岭沟	J_2z					84±1	38.1±3.9；61.7±1.8；56		郭虎科等，2015
	沙沙圪台	J_2z				124±6	84±3；76±3；			鄂尔多斯铀潜力评价报告
	新庙壕	J_2z J_1y	186±13	161±32	137±40		96±14			
	中鸡地段	J_1y	195±20							
	白水	T_3y	190					25		

续表

地区	矿床名称	目的层	成矿时代/Ma							备注
			J_1 (185~208)	J_2 (160~185)	J_3 (135~160)	K_1 (100~135)	K_2 (65~100)	E_1—E_3 (23~65)	N_1—N_2 (2.5~23)	
西缘	磁窑堡	J_2z						59；52±2	21	（郭庆银等，2007）全岩 U-Pb 年龄
	惠安堡	J_2z					77	59	6.8；6.2	（李保侠等 2013）U-Pb 表观年龄
	宁东羊肠湾	J_2z							11.83±0.53	本次工作
	宁东金家渠	J_2z							3.42±0.91	
西南缘	国家湾	K_1				98			18.6	刘汉彬等，2012；鄂尔多斯铀潜力评价报告
	红井	罗汉洞组					77			
东南缘	黄陵							52.6±2.2		沥青铀矿 U-Pb 表观年龄
	双龙							47.±0.7；52.4±0.7		
	店头	J_2z				110；98		41.8±9.3；51.0±5.8		鄂尔多斯铀潜力评价报告
	焦坪	J_2z				109				

其中，鄂尔多斯盆地东北缘皂火壕等地区中侏罗统延安组上部、直罗组下段发育富含有机质和植物炭屑等还原介质的辫状河灰色砂体，对铀进行吸附形成初始预富集，为后期的铀成矿提供铀源，U-Pb 同位素测定盆内部分矿区成矿年龄为 177±16Ma、186±13Ma、195±20Ma。

铀主成矿阶段：晚侏罗世—早白垩世末，鄂尔多斯盆地经过持续的构造抬升运动，携带含氧、含 U^{6+} 的地下水顺层下渗，在遇到河道两侧的中侏罗统延安组煤层产生的烃类气体和下伏地层产生的油气时，还原卸载富集成矿。成矿作用发生在晚白垩世—始新世，U-Pb 同位素测定年龄为 149±16Ma、120±11Ma、85±2Ma 和 51.0±5.8Ma、41.8±9.3Ma 等。另外一期的新铀矿化作用发生在新近纪的中新世和上新世（图 4.13）。

尽管铀矿化采用铀铅等时线的数据误差较大，但预示着鄂尔多斯盆地砂岩型铀矿集中在燕山—喜马拉雅期，即存在早—晚白垩世、古近纪和新近纪的铀矿化作用，而且矿化层位涵盖了中侏罗统的延安组、直罗组和下白垩统志丹群。

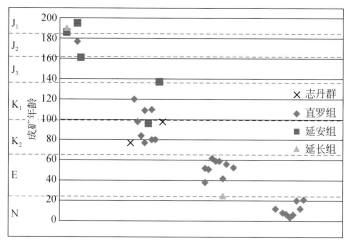

图 4.13　鄂尔多斯盆地砂岩型铀矿床、矿点成矿年龄（根据表 4.2 编制）

（二）空间分布规律

鄂尔多斯盆地已知典型铀矿床、矿点、矿化点主要分布于盆地边缘，盆地内部志丹-定边和泾川部分油田区也发现铀工业矿（化）体。

区域上，鄂尔多斯盆地可划分出五个铀矿集区，即东北缘杭锦旗塔然高勒-红庆梁地区、柴登南-布尔台地区、西缘宁东地区、西南缘平凉-泾川地区及东南缘黄陵-义门地区。

（1）东北缘杭锦旗塔然高勒-红庆梁地区：是鄂尔多斯盆地的重要矿集区，分布有大营、纳岭沟大型铀矿床，巴音青格利矿点，塔然高勒和乌定布拉格新发现矿产地、库计沟矿点、红庆梁矿化点。矿体的分布与现代近南北向继承性河流空间关系密切，主要位于河床的边缘或主河床的分支河道。铀矿带东西长 40km，南北延伸 20km，含矿目的层为中侏罗统直罗组下段砂岩。其中大营铀矿体平面上呈北东-南西-南东向展布，呈向北东开口的 U 形，长约 20km，宽 400m～2km 不等。自下而上分为五个矿层，下亚段砂体中存在三层矿体，上亚段两层矿体，矿体形态整体呈板状；纳岭沟矿床矿体在平面上呈北东-南西向展布，沿走向长约 9.0km，沿倾向最大长度约 2.0km。剖面上，铀矿体、矿化体呈板状、似层状。

（2）东北缘柴登南-布尔台地区：分布皂火壕大型铀矿床、阿不亥中型铀矿床，柴登壕、农胜新矿点及柴登南新发现矿产地。铀矿带东西长 60km，南北延伸 40km，含矿目的层以中侏罗统直罗组下段砂岩为主。其中皂火壕（东胜）铀矿床位于东西向河道，其他铀矿点位于河流分支或辫状河主河道与分支河道的分叉部位。纳岭沟矿床矿体在平面上呈北东-南西向展布，沿走向长约 9.0km，沿倾向最大长度约 2.0km。剖面上，铀矿体、矿化体呈板状、似层状，产于绿色氧化砂体和灰色还原砂体过渡部位的灰色砂体中（王贵等，2017；李西得等，2017）。皂火壕矿床矿体平面上呈近东西向断续带状分布，剖面上主要呈板状，少数呈透镜状，矿化层主要有 1～2 层，以下部矿层发育最好。

（3）西缘宁东地区：分布瓷窑堡、惠安堡中小型矿床，石槽村、金家渠、麦垛山、羊肠湾新发现矿产地，叶庄子矿点等；矿体空间就位受南北向冲断带控制，具有期次多、矿化分散、层数较多、翼部成矿作用强等特点。含铀岩系以中侏罗统直罗组为主，延安组也是重要含矿层位。

（4）西南缘平凉–泾川地区：分布有国家湾中型铀矿床，另外还有崇信、柴火沟、武村铺、焦家汇等矿点、矿化点十余个。矿化层位为下白垩统六盘山群为主（相当于志丹群），崇信地区发现中侏罗统直罗组也分布矿化异常。另外泾川油田区的华池组和洛河组发现了铀工业矿体。矿体的分布主要受河流相控制。

（5）东南缘黄陵–义门地区：分布双龙中型铀矿床，黄陵新发现矿产地及焦坪、庙湾、彬县等矿点。矿体主要分布于渭北隆起北部、铜川隆起构造斜坡带，矿体走向由南南西向南西西方向转变。含矿层位主要为中侏罗统直罗组下段。

因此，鄂尔多斯盆地边缘（东北缘，西缘、西南缘、东南缘）的煤田勘查区和盆地内部部分油田区砂岩型铀矿分布广泛，具有多层位、多期成矿特点。含矿层位以中侏罗统直罗组下段为主，中侏罗统延安组、下白垩统志丹群次之。

第四节 小　　结

（1）通过总结前人和本次在鄂尔多斯盆地的工作成果，系统梳理出砂岩型铀矿的控矿因素和找矿标志，认为控矿因素主要包括了铀源、沉积建造、地层结构、砂体特征、沉积相、含矿层位、古气候条件等，以及流体（表生、深部）作用、构造（盆缘隆起、深大断裂叠加）等综合因素。它们对砂岩型铀矿的控制作用具有一定的相互制约性。同时建立相应的找矿标志。

（2）鄂尔多斯盆地铀矿成矿具有多层赋矿，多期次成矿的特点。通过总结前人开展的成矿时代研究和结合本轮对典型矿床、新发现矿产地调查，获得一批成矿年龄数据，发现该盆地的铀矿成矿时代具有明显的多期多阶段性，主要分布于晚侏罗世—早白垩世末、晚白垩世—上新世，铀主成矿阶段为晚侏罗世—早白垩世末。空间上，鄂尔多斯盆地已知典型铀矿床、矿点、矿化点主要分布于盆地边缘，盆地内部志丹–定边和泾川部分油田区也发现铀工业矿（化）体。

第五章 找矿方法、预测模型和成矿预测

第一节 找矿技术方法

通过近几年的砂岩型铀矿地质调查工作，在综合集成固体矿产勘查的相关规范和核行业标准、技术要求基础上，依靠煤田和石油勘查钻孔资料"二次"开发的创新性思路，天津中心铀矿团队初步建立了利用煤（油）田勘查资料寻找铀矿的技术方法体系，在调查实践的过程中不断优化和完善，编制了《北方砂岩型铀矿调查与勘查示范子项目设计书编写技术要求（试行）》、《子项目地质报告编写指南（试行）》、《北方砂岩型铀矿调查与勘查示范子项目报告编写技术要求》、《地浸砂岩型铀矿地质调查工作技术要求（第四版）、（第五版）》、《地浸砂岩型铀矿调查规范》等系列技术标准，并广泛应用于各子项目的铀矿地质调查工作中，统一了砂岩型铀矿调查技术方法管理体系，形成合力共同促进鄂尔多斯盆地及其北方其他主要盆地的砂岩型铀矿找矿突破。综合找矿技术方法指导快速有效圈定了铀矿找矿靶区，缩短了铀矿调查评价工作周期，调动了不同行业的工作积极性，极大减少了国家财政投入，使尘封的煤田、油田勘查资料再次服务于社会。产生了十分显著的找矿效果和巨大的社会经济效益。

铀矿找矿技术路线：通过收集煤田、油田勘查区的勘查、开发钻孔资料，以及区域地质、矿产、物探、化探、遥感及水文地质等资料，开展铀矿战略选区和区域铀资源潜力评价工作；编制工作区的铀矿地质矿产图、含矿砂体厚度等值线图、含矿层顶底板标高等值线图、放射性异常厚度和强度极值等值线图、工作区工程分布及找矿预测图等系列图件，分析铀矿成矿地质条件，圈定找矿靶区；通过对调查区优选的放射性异常钻孔进行少量钻探工程验证及配套的地球物理测井、编录（物探、地质、水文）、取样及分析测试等工作，初步了解放射性异常和找矿目的层的空间位置和厚度以及矿体分布、矿石质量等特征；提交新发现矿产地、矿点；同时根据矿产地的成矿地质条件和规模，相应开展勘查示范；建立典型盆地或重点地区的找矿预测模型，初步评价鄂尔多斯等北方主要盆地的铀资源潜力（图 5.1）。

关键地质问题调查技术路线：瞄准制约铀矿找矿和成矿理论突破关键技术问题开展研究，通过开展铀矿集区颜色分带、孢粉化石、砂体展布特征和沉积相空间展布特征研究分析沉积环境，建立重要矿集区三维地质模型；厘定鄂尔多斯盆地晚白垩世以来的主要构造-抬升事件活动；建立鄂尔多斯盆地及北方产铀盆地重要煤田、油田钻孔数据库平台。

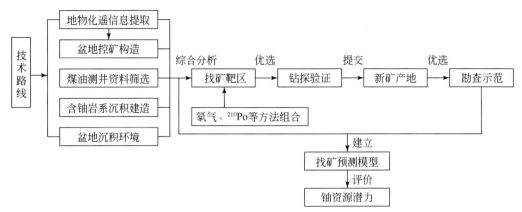

图 5.1　砂岩型铀矿调查与勘查示范技术路线框架图

一、战略选区

(一) 异常筛选与选区评价

(1) 放射性异常钻孔判别：以往煤田或油气勘查的地球物理测井时没有进行放射性强度标定，观测数据误差较大，不能作为铀矿存在的可靠依据。依据钻孔中砂岩的放射性强度 γ 值大小，将钻孔类型划分为正常孔、潜在铀矿化孔和潜在铀矿孔。其中，将钻孔中 $\gamma>A$ 的砂岩层定义为潜在铀矿层 [按照不同的测量仪器和单位，$A=3.5PA/kg$ 或 150api 或 50γ 或 12.6nC/ （kg·h）]。当钻孔中砂岩的 $\gamma<A$ 时，为无放射性异常，定义为正常孔。当钻孔中潜在铀矿层的 $A<\gamma<2A$ 时，定义为潜在铀矿化孔。当潜在铀矿层的 $\gamma>2A$ 时，定义为潜在铀矿孔。

(2) 找矿靶区或找矿远景区：利用煤田、油田的勘查资料尤其是钻孔测井资料，进行筛选和放射性异常统计，分析其强度和厚度及赋矿层位等特征，圈定放射性异常和砂体的分布范围；钻孔中潜在铀矿层厚度大于 0.7m 的区域，且潜在铀矿化孔或潜在铀矿孔在平面上成片或成带分布时，推断为铀矿找矿靶区。

(二) 煤、油测井参数对沉积相的响应

基于测井曲线的幅度特征、形态特征、变化特征响应可以直接或间接地反映地层的粒度、泥质含量、分选性和垂向组合等沉积环境的变化特征，因此通过测井曲线特征客观地反映沉积相特点，并识别出不同的测井相，进而研究其垂向序列特征，达到重建沉积环境的目的 (黄智辉，1986)。

曲线形态为钟形，则代表水流能量逐渐减弱和物源供应越来越少，在垂直粒序上是正粒序的反映，是进积叠加型沉积旋回。曲线形态为漏斗形，是水流能量逐渐增强和物源供应越来越多的表现，在垂直粒序上是逆粒序的反映；曲线为箱形、对称齿形及平直形，代表了沉积过程中物源供应丰富与较强的水动力条件的结果，是沉积环境基本相同的快速沉

积的表现。

曲线光滑程度：曲线光滑程度是次一级的曲线形态特征，它反映了水动力环境对沉积物改造持续时间的长短。曲线越光滑，表示沉积时的水动力作用强，持续时间长，砂岩分选性好；曲线为微锯齿状的，则说明沉积物改造不充分；曲线呈锯齿状，则是间歇性沉积的反映。

尤其是自然伽马测井曲线是泥质含量的指示曲线，能够反应沉积地层的变化情况。地层中泥质含量的升高，自然伽马值升高，代表沉积水动能变化小，表现为水进的沉积环境。反之，砂质含量增高，自然伽马值降低，表示水体变浅；而沉积物中砂泥交互频繁是沉积环境不稳定的表现。因此，自然伽马曲线值变化的频率和振幅间接地反映了沉积环境的变化状况（杨平等，2003；谢小国等，2015）。

（1）辫状河河道相主要发育于盆地直罗组下段中下部，除了西南缘环县地区外，以发育横向分布稳定、厚度大的河道砂坝为主要特征，其测井曲线响应的特征为：自然电位曲线呈顶底突变的箱状负异常，测井曲线幅值变化明显，界面形态为底部突变型，顶部渐变型。视电阻率曲线形态为锯齿状中、低阻特征（图5.2），表现为泥砂互层，整体上沉积物在垂向上以心滩沉积的砂岩和砂质砾岩为主，缺乏加积的河漫沉积物。泛滥平原的幅值低而平缓，以含砂泥岩为主。

在密度曲线上呈较高密度低异常响应，岩屑粒度较大，其中东南缘地区直罗组下段砂岩胶结程度相对较好，硅质、钙质胶结，密度值相对其他地区偏高。在三侧向电阻率曲线上呈高阻响应，随岩性粒度增大，胶结越好，电阻率越高，呈多峰状。

由于在部分地区的含铀岩心矿段附近发现油斑、油浸现象，铀矿经常富集于油水界面，而含水饱和度越高的砂岩电阻率越小，含油的砂岩电阻率会上升，因此，通过判断同一砂岩层的垂向上电阻率变化，可作为寻找油水界面的重要标志。

自然伽马曲线在砂岩层中出现了高值尖峰和锯齿状多峰，比上部的泥岩层伽马异常幅值高、厚度大，这种现象不符合自然伽马幅值与沉积岩颗粒大小成反比的规律，说明铀元素在该段的富集引起的放射性异常特征，这一特征也正是砂岩型铀矿找矿标志。

（2）曲流河相：主要发育于直罗组上段，为薄层灰绿、红色砂岩、砂质泥岩和泥岩互层。在测井曲线上，自然电位、自然伽马曲线呈齿状负异常，视电阻率曲线为齿状中、低阻。由于河道侧向沉积形成粗-细二元结构的沉积序列。

（3）湖泊相：主要发育于西缘宁东地区的直罗组上段和西南缘的安定组。湖相沉积岩性主要为灰绿、紫红色泥岩与泥质粉砂岩互层，湖泊沉积显示自然电位低幅度微齿形态，电阻率曲线表现为低平的基线上出现砂岩层的锯齿状尖峰等特征。反映水动力能量较弱，沉积物粒度较细，且无粒序的沉积特征。

（4）冲积扇相：主要发育于东北缘和西南缘的白垩系志丹群（六盘山群）中，扇根电阻率测井曲线多呈块状形态，自然电位曲线显示钟形特征；扇中在电阻率测井和自然电位曲线上均表现为中等幅度的带齿边的钟形曲线，幅度较大。界面曲线形态为顶、底突变型。

东北缘地区钻孔综合柱状图

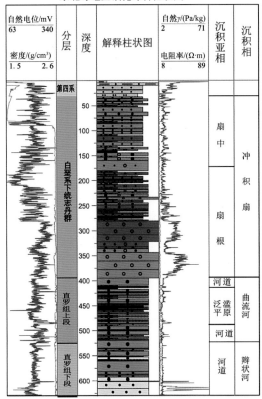

东南缘地区钻孔综合柱状图

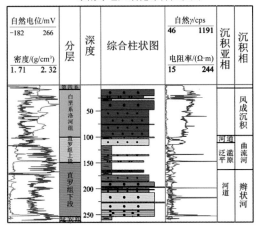

西南缘地区钻孔综合柱状图

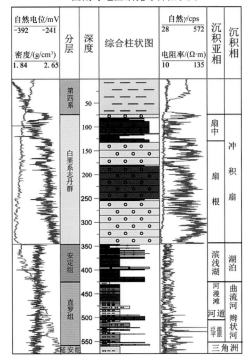

西缘地区钻孔综合柱状图

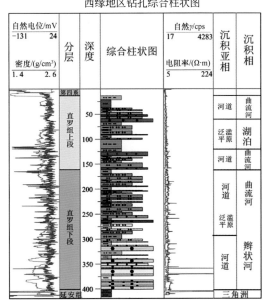

图 5.2　鄂尔多斯盆地钻孔测井相特征

（三）测井曲线分析在铀矿找矿中需要重视的几个问题

1. 伽马放射性对岩性解译的影响

利用煤田资料"二次"开发进行砂岩型铀矿调查的技术思路主要是对筛选的煤田自然伽马放射性异常钻孔开展原位验证并进行定量伽马测井，筛选的指标为自然伽马大于7Pa/kg或300API或100γ或25.2nC/（kg·h）；电阻率值相对偏大、密度值偏小、自然电位为负异常；推断经钻探验证有可能见到可地浸砂岩型铀工业矿体的钻孔。

前人在煤田勘查时，一般只重视对煤层测井曲线的读取，而对砂岩段的伽马曲线不够重视，或者是故意调低伽马曲线的数值，以致错误解释了砂岩层伽马异常段的岩性。另外20世纪60~70年代的煤田钻孔中，测井参数较少，往往缺少密度、井径、声波时差等测井参数的对比，由于泥岩的伽马背景值比砂岩高，也就出现了砂岩中的伽马异常被判读为砂岩中出现了泥岩夹层（图5.3），而实际情况是对于钻孔中伽马值较高的砂岩段，自然伽马曲线在砂岩层中出现了高值尖峰和锯齿状多峰特征，比泥岩层伽马异常幅值高、厚度大，则可以确定砂岩中的伽马异常为放射性异常。因此，根据该盆地大量煤田钻孔岩性柱状图与验证钻孔录井时的岩性对比，认为具有放射性异常的砂岩段粒度应提高1~2个级别。

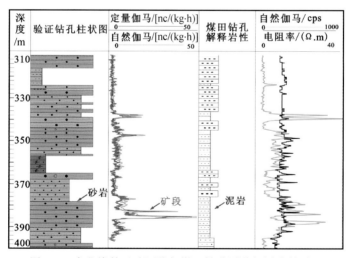

图5.3 东北缘某区验证孔与煤田钻孔测井解译岩性对比

2. 电阻率曲线对油水界面控矿的指示

由于在实际工作过程中，发现部分地区的铀矿段及围岩岩心中出现油斑、油浸等与油气活动相关的现象，部分学者认为铀矿的富集与油水界面的空间变化有密切关系（司马献章，2017），而在均质性较好的砂岩储层中，含水饱和度越高的砂岩电阻率越小，含油的砂岩电阻率会上升。因此，通过判断同一砂岩层的垂向上电阻率变化，可作为寻找油水界面的标志之一。

3. 测井曲线与黏土矿物分布的关系

另外研究表明，黏土矿物组合类型对砂岩的物性也有明显的影响，以高岭石组合为主的砂岩物性最好，以伊利石组合为主的砂岩物性最差（伏万军，2000）。对于蚀变的直罗组沉积碎屑岩，骨架矿物（长石等）蚀变为含水较多导电性较强的伊利石、高岭石等，骨架具有导电性，蚀变后会导致电阻率降低，且随着蚀变程度的增强，孔隙度增大，高岭石增多，密度、电阻率测井值有降低的趋势。根据前人对该盆地已知矿区的蚀变矿物研究，认为高岭石主要发育在矿段灰白色砂岩中（张龙等，2015），砂岩中溶蚀孔隙发育。

二、钻探验证及效果

1. 钻探验证部署原则

为保证验证钻孔的可靠程度，验证钻孔位置均为原煤田勘探孔所在井场位置，孔口相对被验证孔 5m 左右距离，方位根据井场空间位置选择。验证孔孔径与被验证煤田勘探孔一致，验证孔均为直孔，验证孔孔深为揭穿目的层砂体 20m 左右。

2. 钻探验证效果

鄂尔多斯盆地钻探验证工作以验证原煤田钻孔为主，配合布置一些推测调查孔。2012~2017 年，该盆地共施工验证钻孔 219 个，发现铀矿工业孔 46 个，铀矿化孔 88 个，见矿率为 61%，验证效果显著。

3. 验证钻孔与煤田钻孔测井结果对比

鄂尔多斯盆地验证钻孔与相邻煤田钻孔测井曲线对比，验证钻孔与煤田钻孔矿化层位与异常层位能吻合也有差异，其特点为：煤田异常钻孔经验证其异常强度高、厚度大的吻合度较好，反之吻合度较差；验证钻孔与煤田钻孔距离相近时其地层层位、矿化与异常位置及强度吻合度较好，反之则吻合度较差（图 5.4）。同时建立了验证孔铀品位与煤田钻孔放射性异常强度对比表（表 5.1）。

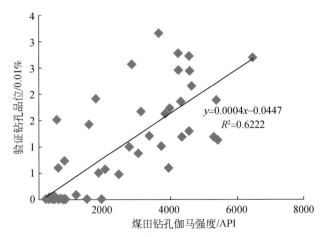

图 5.4　铀矿验证钻孔铀品位与煤田放射性钻孔异常强度离散图

表5.1　鄂尔多斯盆地验证孔铀品位与煤田钻孔放射性异常强度对应表

钻孔类别	验证孔铀品位/%	煤田钻孔异常强度/API
潜在矿化孔	0.005 ~ 0.01	1200 ~ 2000
潜在铀矿孔	0.01 ~ 0.03	2000 ~ 6000
潜在高铀矿孔	≥0.03	≥6000

三、找矿技术方法组合的确定

除了对筛选的放射性异常钻孔进行原位钻探验证，还需要通过对收集的调查区地质、物探（航放、航磁、重力、地震）、化探、遥感及煤田勘查资料进行综合分析并编制系列编图，建立等时地层格架与沉积体系，分析目的层的地层结构和含矿目的层砂体发育特征；利用地、物、化、遥信息综合解译反映盆地和矿集区尺度目的层隆起和断裂构造特征。同时在缺少煤田、油田钻孔资料的成矿远景区部署氡气、地面伽马测量等方法圈定放射性异常区，综合约束调查区成矿类型、蚀变分带特征及矿体（矿化体）空间分布特征，并最终精确定位找矿靶区。

（1）沉积体系分析：通过利用煤田、油田勘查钻孔资料编制目的层顶底板标高、含矿砂体厚度、砂地比等系列等值线图及开展重要矿集区的三维可视化建模，精细刻画含铀岩系地层格架、砂体展布和沉积相变特征。目前综合分析认为砂体分散体系突变区域或沉积相变部位，诸如分流河道和分流间湾交界处或主河道边沉积物粒径变细、泥质和有机质含量增高处等，是有利的成矿部位。

（2）重力、航磁、航放、遥感等信息综合解译：通过布格、剩余重力异常资料能基本反映深部地层的隆起构造分布特征，矿体主要分布盆地边缘隆起斜坡带和盆地中部的隆起带边缘；另外隆起带作为油气聚集的圈闭产所，为铀矿沉淀富集提供了重要还原障。航磁异常中高低过渡部位及遥感解译的"断裂+环形构造+古河道"部位均认为是成矿有利部位。

（3）地面伽马（能谱）、氡及其子体测量：为了扩大煤田、油田勘查空白区的铀矿找矿空间，通过开展浅覆盖区（小于300m）的地面伽马（能谱）、土壤氡气测量或^{210}Po或活性炭吸附氡测量，初步了解调查区内隐伏地质体伽马背景值和放射性异常分布特征，研究异常与地层、构造和铀矿化的关系，为圈定铀找矿远景区和找矿靶区提供依据

四、择优勘查示范

为了提高我国铀资源保障程度，本次优选找矿潜力较大的地区，适当提高铀矿调查工作程度，开展重点靶区的勘查示范，提交新发现矿产地，初步估算铀远景资源量，推广勘查示范经验。

本次在鄂尔多斯盆地东北缘塔然高勒、西缘宁东石槽村地区、东南缘黄陵地区，根据各调查区的成矿地质条件和成矿类型，在已发现铀工业矿体的外围选择成矿有利地段部署

推测性钻探，力争扩大矿体规模，形成新发现矿产地，为扩大和支撑铀资源基地的建设提供资源基础。同时进一步了解矿体和矿石质量特征，初步分析矿床开采技术条件和进行矿床概略性经济评价。

五、煤田、油田资料"二次"开发技术体系

在"煤铀兼探"、"油铀兼探"找矿思路基础上，本书初步建立了煤田、油田资料铀矿"二次"开发技术体系，创新了四步工作阶段的铀矿找矿技术路线和四个统一工作原则的工作机制。

（1）四步工作阶段：即①"筛选钻孔，确定'远景区'、'靶区'；②优选'靶区'进行钻探验证；③确定成矿类型，选择找矿技术方法组合；④优选矿点进行勘查示范，将矿点变成矿产地"四步工作阶段。

（2）四个统一工作原则：建立了"统一工作思路"、"统一工作部署"、"统一技术路线与方法"、"统一技术标准"四个统一工作原则。

一是统一工作思路：提出了以煤田、油气田勘查资料"二次开发"为主的找铀工作思路，瞄准北方系列含煤、含油气盆地开展砂岩型铀矿调查。各承担单位积极开展对已有的煤田、油田资料的排查工作，圈定找矿靶区，优选进行钻探验证。二是统一工作部署：天津中心项目团队定期组织专家组对各盆地的项目工作进行统一部署，坚持地调与科研工作的统筹协调，坚持"三边原则"的调查工作及时进行调整。由中心组织专家负责对每一个钻探验证方案进行认证和调整，对重大进展项目定时进行跟踪指导。三是统一的技术路线与方法：建立了项目的统一技术路线，即铀矿战略选区、择优钻探验证、提交新发现矿产地及适当开展勘查示范工作。在工作中根据不同情况配套设计了氡气测量、地震解译、数据库建设等系列工作手段。四是统一技术标准：通过收集整理固体矿产勘查的相关规范和核行业标准、技术要求，在铀矿调查工作基础上，相继印发了《北方砂岩型铀矿调查与勘查示范子项目设计书编写技术要求（试行）》、《子项目地质报告编写指南（试行）》、《北方砂岩型铀矿调查与勘查示范子项目报告编写技术要求》、《地浸砂岩型铀矿地质调查规范》，推广应用到各子项目的调查评价工作中。

第二节　找　矿　预　测

一、控矿要素的综合评估

已知矿床的控矿要素总结正确与否，是外围找矿能否成功的关键。通过简单明了的控矿要素组合，在新区勘查工作中，往往容易抓住工作的要点、难点，着力于瓶颈问题的解决。矿集区成矿与区域地质、地球物理、地球化学、遥感等背景、异常有相似的关联规律（图5.5），也有独有的规律，综合特征见表5.2。

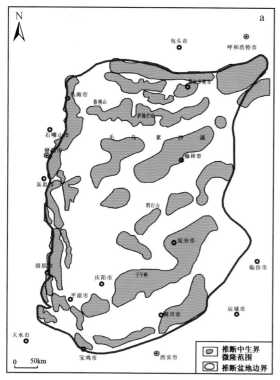

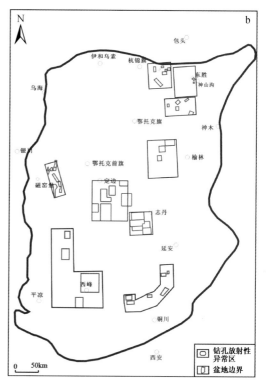

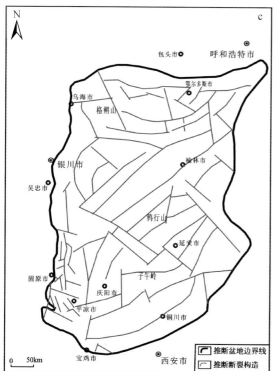

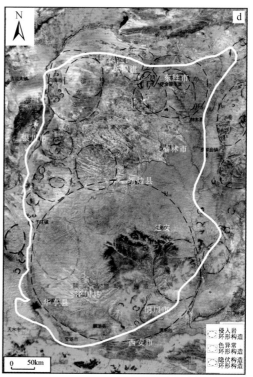

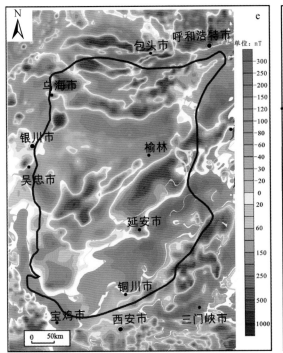
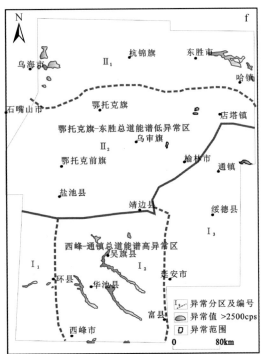

图 5.5　鄂尔多斯盆地控矿因素综合信息

a. 重力反演微隆起；b. 放射性异常圈定靶区范围；c. 断裂构造特征；

d. 遥感解译特征；e. 航磁异常特征；f. 航放异常特征

表 5.2　鄂尔多斯盆地不同铀矿集区控矿要素

控矿要素		矿集区			
类别	要素	东北缘	西缘	东南缘	西南缘
矿床类型		砂岩型	砂岩型	砂岩型	砂岩型
成矿地层时代		中侏罗世	中侏罗世	中侏罗世	中侏罗世
矿体形态	平面	湾状、月牙状、枝杈状、毛虫状、土豆状	湾状、月牙状、枝杈状、毛虫状、土豆状	湾状、月牙状、枝杈状、毛虫状、土豆状	湾状、月牙状、枝杈状、毛虫状、土豆状
	剖面	板状（层状）	板状（层状）	板状（层状）	板状（层状）
层位	主要	直罗组下段	直罗组下段	直罗组下段	洛河组
	次要		延安组	安定组	直罗组下段
赋矿层位颜色		灰、灰绿色	灰、灰绿色	灰、灰绿色	灰、灰绿色
赋矿母岩		交错层理砂岩	交错层理砂岩	交错层理砂岩	交错层理砂岩
区域构造背景	华北陆块	北缘	近北缘	南缘	西南缘
	阴山造山带	近	近	远	远
	秦岭造山带	远	远	近	近

续表

控矿要素		矿集区			
类别	要素	东北缘	西缘	东南缘	西南缘
大地构造位置	鄂尔多斯地块	东北缘	西缘	中南缘	西南缘
	盆地二级构造单元	北部隆起带南缘	西部冲断带中部	建庄隆起带北缘	西部冲断带南部
水文特征	现代地貌	荒漠区	（黄）河谷漫滩	丘陵区，黄土地貌区	丘陵区，黄土地貌区
	侏罗纪内陆湖	边缘	边缘	边缘	边缘
重力场	区域背景	太行梯度带西侧，近梯度带	青藏负场和太行梯度带之间	太行梯度带西侧，低缓场	近青藏高原负场区
	环状异常（剩余异常）	内侧边缘	内侧边缘	中部	内侧边缘
	局部异常（剩余异常）	东西向异常南侧，北东向异常北侧	南北向异常	北东向异常	南北向异常
	异常组合特征	环带北缘东西向北东向交汇	环状异常西缘南北异常带中部	环形异常中部北东向异常	环带异常西南缘南北异常与北东向异常交汇
航磁场	区域背景	北部正异常带东部正异常带交汇	北部和西南缘正异常带东侧	区域三大正异常带的中部	西南缘正异常带边缘
	区域异常	东西向异常	南北向异常	北东向异常	南北向异常
	局部异常	低缓东西向异常	北东向、南北向条带异常交汇	低缓负异常	北东向异常北西向异常交汇
	异常组合特征	东西向区域异常叠加东西向局部低缓异常	南北向区域异常叠加北东向北西向异常	北东向区域异常叠加北东向局部异常及负缓场	北西向区域异常叠加交汇北东向局部异常
铀元素地球化学	区域	低背景区	低背景区	低背景区	低背景区
	异常	局部较强异常	低缓异常	无资料	局部低缓异常
放射性	总道背景	低背景区	低背景区	低背景区	高背景区
	总道异常	高区域异常	高局部异常	低缓正异常	低缓正异常
	铀背景	低背景区	低背景区	低背景区	高背景区
	铀异常	高区域异常	高局部异常	低缓正异常	低缓正异常
遥感	色调	（河道）浅紫色	（河道）绿、浅绿色	绿色环中浅紫色	浅绿色
	环状构造	中小型环交汇	中型串珠状环带边部，环边部	巨型环中部，中型环边部	巨型环边部
	线性构造	东西向	南北向	北西向	北西向、东西向

二、找矿预测模型

根据区内前人已发现和本次发现的砂岩型铀矿分布特征和成矿规律的解剖研究，建立了该盆地砂岩型铀矿的"232"方法体系模型（表5.3，图5.6）。"2"即控矿要素识别和综合信息特征两大类找矿信息研究思路和方法组合；"3"即沉积环境、控矿构造、成矿流体三大控矿要素的综合研究方法技术组合；"2"即成矿背景和成矿地质体两类工作目标体的具体工作方法组合。通过沉积序列、氧化还原序列研究古沉积环境；通过矿体特征、蚀变矿物特征等研究成矿流体；通过古构造特征分析矿体的空间就位；利用煤田、油田资料建立铀矿找矿技术方法指标直接寻找铀矿化线索。

从中可以看出，砂岩型铀矿床与沉积环境、流体作用、古构造等条件有密切的关系。因此，该盆地砂岩型铀矿床找矿模式的建立可以指导该地区进一步的找矿工作，为其他盆地的找矿部署和成矿规律研究提供借鉴。

表5.3　鄂尔多斯盆地砂岩型铀矿综合信息找矿模型表

预测要素		主要指标	描述内容	重要性
成矿地质环境	沉积环境	铀源	蚀源区有富铀变质岩系或花岗岩体；含矿建造——延安组、直罗组等富铀岩系	必要
		沉积建造	红黑岩系沉积建造背景	重要
		地层结构	"泥—沙—泥"结构稳定	必要
		含矿砂体特征	以中细砂岩为主，富含有机质、黄铁矿、炭屑、黏土矿物等，砂体厚度20～60m	必要
		沉积相	以辫状河河道亚相为主	必要
		含矿层位	以中侏罗统直罗组为主，延安组、白垩系志丹群次之	重要
	流体作用	矿体、异常形态	板状、似层状、带状矿体或放射性异常	必要
		蚀变特征	黄铁矿、钛铁矿、铀石、沥青铀矿、钛铀矿、碳酸盐化、黏土化	必要
	构造控矿	斜坡带或正向构造	盆地边缘斜坡带、盆内局部正向构造倾没端、侧翼部位；地层产状较缓（5°～20°）	必要
		断裂	深大断裂及作为排泄区的重要断裂	重要
找矿技术方法	以往煤田、油田放射性异常	物探测井曲线判定指标	自然伽马测井曲线峰值为本底值的3～7倍，API大于300API；异常厚度大于2m	必要
			自然伽马测井曲线峰值形状呈锯齿状、箱形，且岩性对应为砂岩	
		异常钻孔平面分布形态	放射性异常钻孔成片、成带	
	物化遥异常	重力异常	重力高异常的边部	次要
		航磁异常	高磁异常向低磁异常过渡区域	次要
		遥感解译	"断裂+环形构造+古河道"解译有利部位	次要
		地震反演刻画含矿砂体	精细反演的含铀储层砂体及古河道展布有利部位	次要

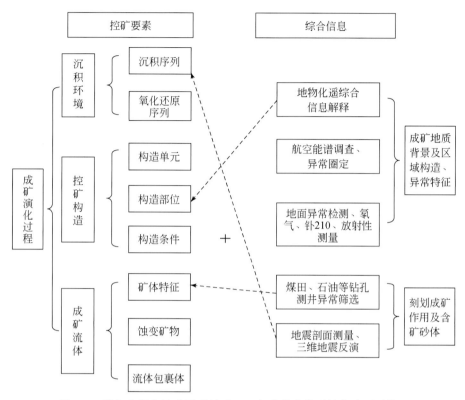

图 5.6 鄂尔多斯盆地砂岩型铀矿 232 方法技术体系的找矿预测模型

第三节 成矿预测分析

一、远景区圈定原则

成矿远景区：具有找矿远景的地区。有一定的成矿、找矿标志。或没有直接找矿标志，但有间接找矿标志（物–化–遥异常），或推断有含矿层位或具有其他重要找矿线索，面积较大、成矿条件有利的地区，可以作为近期安排铀矿远景调查或预查子项目工作的地区，成矿远景区内可以圈定若干找矿靶区。

根据鄂尔多斯盆地的铀成矿地质条件、控矿因素、盆地铀矿调查工作程度及找矿成果，结合全国砂岩型铀矿潜力预测评价标志，对鄂尔多斯盆地开展成矿远景预测，需要依据的预测因素包括盆内构造、含矿建造、水动力及水文地球化学、煤油钻孔放射性异常等，具体如下：

（1）构造：盆地边缘的单斜构造斜坡带和宽缓背、向斜及盆内的隆起带边部；深断裂及作为排泄区的重要断裂。

（2）含矿建造：埋深以小于 700m 为主，大于 700m 可作为深部资源调查对象；沉积建造以灰、灰黑色碎屑岩建造为主,部分红色建造经后期流体还原改造也有利;地层产状平缓,以2°～10°最有利;发育规模大、连通性好的河流相砂体,平均厚度以10～40m有利,砂体中富含有机质、黄铁矿等还原介质;具有稳定的泥—砂—泥结构,且固结程度相对较低。

(3)水文地质:盆地边缘发育的渗入型自流水斜坡区,并且在沉积期及随后的成矿期具有统一稳定的补、径、排水动力系统;除区域排泄源外,局部排泄源也很重要,铀矿化往往富集在局部排泄源附近;地下水集中补给的区段是形成铀矿床的最有利地段,主干沟系有明显的继承性,发育时间长、流向稳定、切割深度大、持续作用时间长,有利于富集成矿;地下水分带越好、越完善,有利于铀成矿,蚀源补给区低矿化度、重碳酸盐型水为主,含氧量较高,铀含量也较高。

(4)放射性异常:地表存在已知铀矿点或物化探异常,深部有钻孔揭露的铀矿化;煤田、石油勘查钻孔测井自然伽马显示高于本底值3～7倍以上的砂岩层。

根据铀成矿地质条件、预测依据的充分程度、已知矿化信息的显示强度、以往铀矿地质工作程度和自然地理条件等对铀找矿预测区进行分类级。在煤和石油盆地铀成矿规律图上划分找矿预测区,包括找矿远景区和找矿靶区,可进一步分为A、B、C三类。

成矿远景区分类:

A类:成矿地质条件十分有利,有铀矿床存在(特别是存在大中型矿床),各种控矿因素存在并且套合好。

B类:成矿地质条件有利,有铀矿点存在,各种控矿因素存在。

C类:具有成矿地质条件,有铀矿化信息,各种控矿因素存在但不明显。

二、远景区特征

根据鄂尔多斯盆地的铀成矿地质条件及成矿远景区划评价准则,通过收集排查全盆地煤田、油田勘查钻孔放射性测井资料,发现了一大批放射性异常,目前初步查明盆地的主要找矿目的层为直罗组下段,部分为中侏罗统延安组、安定组及下白垩统志丹群的华池—环河组。

根据成矿地质条件的差异,鄂尔多斯盆地共圈定远景区9个,其中A类5个,B类1个,C类3个(图5.7)。具体见表5.4。

铀成矿远景区具体包括:

东北缘:塔然高勒-红庆梁(A-1)、柴登南-布尔台(A-2)、察哈素-中鸡(B-1),含矿层位以直罗组为主。

西缘:宁东(A-3),含矿层位以直罗组为主,延安组次之。

西南缘:环县-泾川(A-4),含矿层位以白垩系志丹群为主,直罗组、延安组次之。

东南缘:黄陵-北极(A-5),含矿层位以直罗组为主。

中东部:榆林-横山(C-1),含矿层位以安定组为主,直罗组次之。

中部:志丹(C-2)、定边(C-3),含矿层位以安定组为主。

表5.4　鄂尔多斯盆地成矿远景区分布情况表

序号	地区	成矿远景区名称及编号	找矿目的层	区域上代表性矿床、矿点
1		塔然高勒–红庆梁（A-1）		大营、纳岭沟、巴音青格利、
2	东北缘	柴登南–布尔台（A-2）	直罗组下段	皂火壕、柴登壕、农胜新
3		察哈素–中鸡（B-1）		
4	西缘	宁东（A-3）	直罗组下段、延安组	瓷窑堡、惠安堡堡
5	西南缘	环县–泾川（A-4）	直罗组下段、白垩系洛河组	国家湾
6	东南缘	黄陵–北极（A-5）	直罗组下段	双龙、店头、旬邑
7	中东部	榆林–横山（C-1）	直罗组下段	
8	中部	志丹（C-2）	安定组	金鼎
9		定边（C-3）		

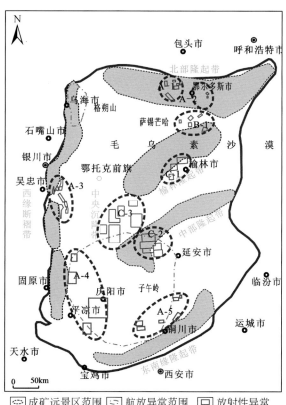

图5.7　鄂尔多斯盆地成矿远景区分布

各远景区的成矿地质特征如下：

1. 塔然高勒–红庆梁（A-1）远景区

该远景区隶属内蒙古鄂尔多斯市管辖，呈北西–近东西向展布，找矿目的层为中侏罗统直罗组下段。

（1）构造特征：该远景区处于伊盟隆起与伊陕斜坡过渡部位，在直罗组沉积时及其后构造演化中为向南微倾的斜坡带，具有相对稳定的构造环境，为该区直罗组砂岩的稳定连续展布和成矿期含氧含铀水向盆内稳定运移创造了有利成矿构造条件。

（2）铀源条件：远景区北临河套古隆起，隆起上的富铀岩体（层）不仅为目的层的沉积提供丰富的物源及初始铀源，而且在后期成矿过程中也提供丰富的含氧含铀水补给；另外，该区中侏罗统延安组、直罗组沉积时形成铀的预富集，在后期成矿过程中也可提供二次铀源，所以该区成矿的铀源条件好。

（3）找矿目的层砂体特征：远景区内找矿目的层直罗组下段下亚段辫状河砂体发育，辫状河从北西向南东方向展布，长约100km，宽26～48km，展布规模大，连通性好，且存在有利成矿的泥—砂—泥结构。砂体由灰、灰绿色中粒、中粗粒、中细粒砂岩组成，且灰色砂岩中含丰富的有机质、黄铁矿等还原介质，泥质胶结，固结程度低、渗透性较好；砂体厚度变化区间为15～180m，且在河道两侧及下游分叉处存在适中的砂体厚度（20～40m）；砂体形态简单，为单一倾斜砂体，产状1°～3°，与地层的产状一致，为后期铀成矿提供了有利的岩性-岩相条件。

（4）地下水补、径、排体系：在直罗组沉积后的成矿期内，该区古地下水系统仍继承了由北向南或由北西向南东的补、径、排方向，含氧含铀水保持了长期稳定的运移系统，并且与岩相的展布方向基本一致，铀得以长期稳定迁移和富集，因此该区古水文地质条件有利于成矿。新构造运动后盆地整体地下水补、径、排系统遭到破坏，工作区内水动力减弱，并以还原环境为主，对早期所形成的矿体起保护作用。

（5）远景区煤田（油田）钻孔放射性异常特征及钻探验证情况：该远景区共排查煤田钻孔375个，筛选出潜在铀矿孔81个，潜在铀矿化孔26个，异常形态特征总体呈近东西或北西向，通过钻探验证在该远景区已发现工业铀矿孔16个，铀矿化孔30个。矿体主要呈板状，分布于中侏罗统直罗组下段，矿石类型较为单一，主要为砂岩型，矿化岩性主要为灰色中砂岩、粗砂岩及中细砂岩。

（6）远景区矿床、矿点分布特征：远景区分布了前人发现的大营特大型、纳岭沟大型等铀矿床及巴音青格力矿产地，另外还包括了本书发现的塔然高勒大型规模矿产地、乌定布拉格矿产地和纳林西里、库计沟矿点。大营矿床、塔然高勒矿产地的矿体延伸走向为近南北向，纳岭沟矿床矿体走向为北东向或近东西向，库计沟、纳林西里矿点目前钻孔控制程度较低，无法判断矿体展布特征。

（7）远景区找矿潜力分析：以上特征说明，该远景区成矿地质条件非常有利，找矿目的层直罗组下段含矿性好，煤田钻孔放射性异常特征成片、成带特征明显，东北缘大营、塔然高勒、纳岭沟、红庆梁地区有望形成世界级铀矿床规模的找矿潜力。

2. 柴登南-布尔台（A-2）远景区

区位于鄂尔多斯盆地东北部鄂尔多斯市东胜区东南部，行政区划隶属东胜区铜川镇、准格尔旗准格尔召乡、伊金霍洛旗纳林陶亥镇等乡镇管辖。呈矩形展布，找矿目的层为中侏罗统直罗组下段。

（1）构造特征：该远景区处于东胜-靖边单斜区，向西南倾斜，构造简单，地表断裂构造极不发育。下白垩统底标高呈北高南低，而直罗组下段则总体表现为北东高，南西低，由北东向南西近平行展布的特征，平均地层倾角为 1°～3°。相对稳定的构造环境，为该区直罗组砂岩的稳定连续展布和成矿期含氧含铀水向盆内稳定运移创造了有利成矿构造条件。

工作区位于鄂尔多斯向斜伊盟隆起区南部，构造形态总体为一向南西倾斜的单斜构造，褶皱、断层不发育，但局部有小的波状起伏，无岩浆岩侵入，总体为一向南西倾斜的近水平产状的单斜构造，平缓的构造有利铀的沉淀和富集，对本区铀矿的形成较为有利。

（2）铀源条件：远景区北临河套古隆起，隆起上的富铀岩体（层）不仅为目的层的沉积提供丰富的物源及初始铀源，而且在后期成矿过程中也提供丰富的含氧含铀水补给；另外，该区中侏罗统延安组、直罗组沉积时形成铀的预富集，在后期成矿过程中也可提供二次铀源，所以该区成矿的铀源条件好。

（3）找矿目的层砂体特征：远景区内找矿目的层侏罗统直罗组下段下亚段砂体大致呈北西-南东相展布，砂体主要为辫状河三角洲平原亚相沉积，发育大型分流间湾，砂体厚度（或累计厚度）多在 20m 左右，泥—砂—泥结构发育，具有较好的连通性和渗透性。同时，分流河道和分流间湾的交界部位是典型的相变地带，地下水动力条件随之发生变化，有利于铀的沉淀富集。

（4）地下水补、径、排体系：该区中侏罗统含水岩组地下水存在两种补给方式：①大气降水；②上覆下白垩统含水层补给。地下水运动的控制因素主要受河流相砂体的展布和地层产状控制，即地下流体（水）的储层空间分布和储层空间的产状、埋深控制着地下水的分布和运移。区内地下水总体流向从北西向南东径流，但由于地层倾角较小，水动力相对较弱，径流缓慢。位于乌家庙-杭锦旗水文地质单元南东部的乌兰木伦河流域，具备地下水出露条件，中侏罗统含水层地下水径流至出露地段排泄到黄河。

（5）远景区煤田（油田）钻孔放射性异常特征及钻探验证情况：该远景区共排查煤田钻孔 450 个，筛选出潜在铀矿孔 45 个，潜在铀矿化孔 50 个，异常形态特征总体呈近东西或北西向，通过钻探验证在该远景区共发现工业铀矿孔 3 个，铀矿化孔 11 个。矿体主要呈板状，分布于中侏罗统直罗组下段，矿石类型较为单一，主要为砂岩型，矿化岩性主要为灰色中砂岩、粗砂岩及中细砂岩。

（6）远景区矿床、矿点分布特征：远景区分布了前人发现的皂火壕特大型矿床、阿不亥中型铀矿床、柴登壕铀矿产地以农胜新铀矿产地，另外还包括了本项目发现的乌兰西里矿产地。皂火壕特大型矿床的矿体延伸走向为近东西向，阿不亥中型铀矿床、柴登壕铀矿产地以农胜新铀矿产地的矿体走向为北西向，乌兰西里矿产地目前钻孔控制程度较低，无法判断矿体展布特征。

（7）远景区找矿潜力分析：以上特征说明，该远景区成矿地质条件较为有利，找矿目的层直罗组下段含矿性好，煤田钻孔放射性异常相对分散，目前，除了在皂火壕地区矿体较为连续，其他地区的工业矿体大部分为数个孔或单孔控制。该地区的找矿潜力有待进一步查明。

3. 察哈素-中鸡（B-1）远景区

该远景区位于内蒙古鄂尔多斯市南部，隶属内蒙古自治区鄂尔多斯市乌审旗、伊金霍洛旗及陕西省神木县中鸡镇管辖。呈东西向展布，找矿目的层为中侏罗统直罗组下段。

（1）构造特征：该远景区主体为鄂尔多斯稳定地块伊陕斜坡北部，靖边单斜中东部，地层总体为向西缓倾的单斜，倾角1°左右，地层呈缓波状起伏，断层较为稀少，且延伸范围较小。具有相对稳定的构造环境，为该区直罗组砂岩的稳定连续展布和成矿期含氧含铀水向盆内稳定运移创造了有利成矿构造条件。

（2）铀源条件：远景区北临河套古隆起，隆起上的富铀岩体（层）不仅为目的层的沉积提供丰富的物源及初始铀源，而且在后期成矿过程中也提供丰富的含氧含铀水补给；另外，该区中侏罗统延安组、直罗组沉积时形成铀的预富集，在后期成矿过程中也可提供二次铀源，所以该区成矿的铀源条件好。

（3）找矿目的层砂体特征：远景区内找矿目的层直罗组下段下亚段多发育辫状河砂体，南部为主河道沉积，向北西部逐渐演变为河流边滩沉积，该段砂体中富含炭屑、有机质、黄铁矿等还原介质，且上部多为粉砂岩或泥质粉砂岩，下部多为延安组上部煤层、泥岩层，存在有利成矿的泥—砂—泥结构，具备后生成矿的岩性条件。

（4）地下水补、径、排体系：区内地下水补给条件主要靠两种方式，分别为大气降水渗入补给和区域侧向补给；地下水径流方向较为复杂，径流方向总体为自东北向西南，与区域上地势较为一致；地下水排泄方式有三种分别为蒸发排泄、地下径流排泄、人工开采排泄。

（5）远景区煤田（油田）钻孔放射性异常特征及钻探验证情况：该远景区共排查煤田钻孔511个，筛选出潜在铀矿孔38个，潜在铀矿化孔40个。通过钻探验证在该远景区共发现工业铀矿孔1个，铀矿化孔3个。矿体主要呈板状，分布于中侏罗统直罗组下段，矿石类型较为单一，主要为砂岩型，矿化岩性主要为灰色中砂岩、粗砂岩及中细砂岩。

（6）远景区矿床、矿点分布特征：远景区目前钻孔控制程度较低，无法判断矿体展布特征。仅通过对煤田放射性异常钻孔验证发现矿化孔。

（7）远景区找矿潜力分析：以上特征说明，该远景区成矿地质条件较为有利，找矿目的层直罗组下段，煤田钻孔放射性异常特征多为透镜状，成片、成带特征不明显，找矿潜力有待进一步查明。

4. 西缘宁东（A-3）远景区

该远景区隶属灵武市、吴忠市利通区及盐池县管辖，呈北北西-近南北向展布，找矿目的层为中侏罗统直罗组下段下亚段粗砂岩。

（1）构造特征：该远景区处于鄂尔多斯盆地西缘褶皱冲断带，在直罗组沉积时及其后构造演化中为一由西向东倾斜的单斜构造，具有相对稳定的构造环境，为该区直罗组砂岩的稳定连续展布和成矿期含氧含铀水向盆内稳定运移创造了有利成矿构造条件。

（2）铀源条件：远景区西部为隆起的贺兰山、罗山，隆起上的富铀岩体（层）不仅为目的层的沉积提供丰富的物源及初始铀源，而且在后期成矿过程中也提供丰富的含氧含铀水补给；另外，该区三叠系上田组、中侏罗统延安组、直罗组沉积时形成铀的预富集，在后期成矿过程中也可提供二次铀源，所以该区成矿的铀源条件好。

（3）找矿目的层砂体特征：远景区内主要找矿目的层为直罗组下段下亚段，次要找矿目的层为直罗组下段上亚段和延安组。

直罗组下段下亚段辫状河砂体发育，辫状河从北向南展布，长约100km，宽10～30km，展布规模大，连通性好，且存在有利成矿的泥—砂—泥结构。砂体由黄绿、浅灰、灰白、灰绿色中粒、粗粒、细粒砂岩组成，且灰色砂岩中含丰富的有机质、黄铁矿等还原介质，泥质胶结，固结程度低、渗透性较好；砂体厚度变化区间为30～160m，且在河道两侧及下游分叉处存在适中的砂体厚度（20～40m）；砂体形态简单，为单一倾斜砂体，产状5°～14°，与地层的产状一致，为后期铀成矿提供了有利的岩性−岩相条件。

直罗组下段上亚段曲流河相砂体发育，规模大，连通性好，且存在有利成矿的泥—砂—泥结构。砂体由灰、灰绿、灰绿色带紫斑细粒、中粒砂岩组成，泥质胶结，固结程度低、渗透性较好；砂体厚度变化区间为30～94.8m；砂体形态简单，为单一倾斜砂体，为后期铀成矿提供了有利的岩性−岩相条件。

延安组曲流河−湖泊相砂体发育，规模大，连通性好，且存在有利成矿的泥—砂—泥结构。砂体由灰、灰白、灰绿、浅白、白色、局部黄色夹红斑中粗粒、含砾粗砂岩组成，且灰色砂岩中含丰富的有机质、黄铁矿等还原介质，泥质胶结，固结程度低、渗透性较好；砂体厚度变化区间为250.23～429.09m；砂体形态简单，为单一倾斜砂体，为后期铀成矿提供了有利的岩性−岩相条件。

（4）地下水补、径、排体系：在直罗组沉积后的成矿期内，该区古地下水系统仍继承了整体由西向东的补、径、排方向，含氧含铀水保持了长期稳定的运移系统，并且与岩相的展布方向基本一致，铀得以长期稳定迁移和富集，因此该区古水文地质条件有利于成矿。新构造运动后盆地整体地下水补、径、排系统遭到破坏，工作区内水动力减弱，深大断裂构造成为深部油气的运移通道，致使该区以还原环境为主，对早期所形成的矿体起到了保护作用。

（5）远景区煤田钻孔放射性异常特征及钻探验证情况：该远景区共排查煤田钻孔1432个，筛选出潜在铀矿孔201个，潜在铀矿化孔107个，异常形态特征总体呈北北西−近南北向，通过钻探验证在该远景区共施工验证钻孔51个，发现工业铀矿孔16个，铀矿化孔14个。矿体主要呈层（板）状、卷状，主要产于直罗组下段下亚段，其次产于直罗组下段上亚段和延安组顶部，矿石类型较为单一，主要为砂岩型，矿化岩性主要为灰色中砂岩、粗砂岩及中细砂岩。

（6）远景区矿床、矿点分布特征：本项目在远景区内新发现铀矿产地四个，分别为羊肠湾、石槽村、金家渠和麦垛山，新发现叶庄子矿点一处，枣泉、清水营及金凤矿化点三处。羊肠湾铀矿产地矿体发育于碎石井背斜东翼，延伸走向为北北西向或北东向；石槽村铀矿产地矿体发育于鸳鸯湖背斜东翼，延伸走向为北北东向或近南北向；金家渠铀矿产地矿体发育于尖儿庄背斜两翼，延伸走向为北东向或近南北向；麦垛山铀矿产地矿体发育于于家梁−周家沟背斜两翼，延伸走向为北西向或北北西向；叶庄子铀矿点矿体发育于积家井背斜西翼，延伸走向为北北西向或近南北向；枣泉、清水营及金凤矿化点目前钻孔控制程度较低，无法判断矿体展布特征。

（7）远景区找矿潜力分析：以上特征说明，该远景区铀成矿地质条件非常有利，经钻孔验证主要找矿目的层直罗组下段下亚段含矿性好，煤田钻孔放射性异常特征成片、成带特征明显，羊肠湾、石槽村、金家渠和麦垛山铀矿产地有望形成中−大型铀矿床规模的找矿潜力。

5. 黄陵（A-5）远景区成矿地质特征

该远景区隶属内蒙古延安市管辖，呈南北－近北东向展布。找矿目的层为中侏罗统直罗组下段。

（1）构造特征：该远景区处于伊陕斜坡与渭北隆起过渡部位，中生界构成的北西缓倾的大型单斜构造，在此单斜上产生一些宽缓而不连续的褶皱，断裂不发育，具有相对稳定的构造环境，为该区直罗组砂岩的稳定连续展布和成矿期含氧含铀水向盆内稳定运移创造了有利成矿构造条件。

（2）铀源条件：远景区与祁连－秦岭褶皱带相邻，隆起区古老的变质岩系及花岗岩系为铀元素的主要来源；另外，中元古界和古生界在盆地周边蚀源区有不同程度的出露，为盆地盖层提供了丰富的物源和铀源。

（3）找矿目的层砂体特征：远景区内找矿目的层直罗组下段下亚段直罗组下段砂体为辫状河－曲流河砂体发育，主要由不同粒度的砂岩及少量的砾岩、粉砂岩构成。砂体平面形态上呈面状、似层状，厚度比较稳定，发育大型槽状交错层理，具有泛联通特征，垂向上具有下粗上细的正粒序结构，砂体总体西南厚东北薄，埋深东部浅西部深。黄陵一带的含矿层直罗组底板埋深在400m左右，直罗镇－店头镇－瑶曲镇一带底板埋深较小（一般为100~300m），构成一个向西倾斜的斜坡带，直罗组地层倾角一般小于10°，直罗镇－店头镇一带砂体最厚，达50~80m；在郴县地区，砂体呈朵形分布，厚20~50m；边缘其他地区的砂体较小，厚约5~20m。砂体内发育黄铁矿、有机质碎屑、薄煤层，砂体中上部可见油浸砂岩，为铀矿富集与成矿提供了丰富的还原介质。

（4）地下水补、径、排体系：远景区水质类型重碳酸硫酸型为主，地处区域水文地质单元径流区偏向排泄区。地下水主要依靠大气降水和地表水补给，径流运动主要以大小分水岭为界向沟谷汇集，泉水是该区主要排泄方式。

（5）远景区煤田（油田）钻孔放射性异常特征及钻探验证情况：该远景区共排查煤田钻孔753个，筛选出潜在铀矿孔139个，潜在铀矿化孔119个，异常形态特征总体呈近东西或北东向，通过钻探验证在该远景区共发现工业铀矿孔8个，铀矿化孔9个。工业铀矿体呈"鱼尾"板状和单一似层状展布，分布于中侏罗统直罗组下段，矿石类型较为单一，主要为砂岩型，矿化岩性主要为灰色中砂岩、粗砂岩及中细砂岩。砂体内发育黄铁矿、有机质碎屑、薄煤层，砂体中上部可见油浸砂岩。

（6）远景区矿床、矿点分布特征：远景区分布了前人发现的双龙中型砂岩型铀矿床、店头小型铀矿床和旬邑矿点，另外还包括了本项目发现的黄陵矿产地、王村沟矿点。黄陵矿产地延伸走向为矿床矿体走向为北东向或近东西向，王村沟矿点目前钻孔控制程度较低，无法判断矿体展布特征。

（7）远景区找矿潜力分析：以上特征说明，该远景区成矿地质条件非常有利，找矿目的层直罗组下段含矿性好，煤田钻孔放射性异常特征成片、成带特征明显，尤其是黄陵地区铀矿找矿潜力巨大。

6. 榆林－横山（C-1）远景区

该远景区隶属陕西省榆林市管辖，呈北西－近东西向展布，找矿目的层主要为中侏罗统直罗组下段，其次为安定组下段。

（1）构造特征：该远景区处于鄂尔多斯盆地伊陕斜坡之东胜-靖边单斜，在直罗组和安定组沉积时及其后构造演化中为向北西西向微倾的斜坡带，具有相对稳定的构造环境，为该区直罗组和安定组砂岩的稳定连续展布和成矿期含氧含铀水向盆内稳定运移创造了有利成矿构造条件。

（2）铀源条件：该远景区北部隆起带发育大量太古宇及元古宇界变质岩系，太古宇由麻粒岩相、角闪岩相的变质岩和混合花岗岩组成，元古宇主要岩性为角闪岩相和绿片岩相，变质岩的原岩可能为酸性岩浆岩或长石砂岩，各层位的 Th/U 值在 1.6 ~ 6.4，说明岩石中铀迁出明显，可为上部层位提供丰富的铀源。而显生宙以来阴山构造带发育了大量古生代的火成岩，也是重要的铀源。另外，该区中侏罗统延安组、富县组及之前地层沉积时形成铀的预富集，在后期成矿过程中也可提供二次铀源。

（3）找矿目的层砂体特征：远景区内找矿目的层主要为直罗组下段，其次为安定组下段。直罗组下段可进一步分为下亚段和上亚段。下亚段厚 30 ~ 40m，为辫状河沉积，下部为延安组泥岩，底部具明显冲刷面，该亚段发育 2 ~ 4 层砂岩，总厚 20 ~ 35m，为灰、灰绿色中粗粒长石砂岩。该砂岩展布范围大，连通性好，往往含丰富的有机质、黄铁矿等还原介质，黄铁矿含量在局部可达 10%，泥钙质胶结，固结程度较低、渗透性较好。直罗组下段上亚段厚 30 ~ 40m，为辫状河或曲流河沉积，总体表现为砂岩层数明显增加，单层厚度减小，砂岩层数可达到 4 ~ 6 层，总厚度一般 10 ~ 30m，为灰绿色中细粒长石砂岩，砂岩一般较疏松。安定组下段为辫状河或曲流河沉积，发育一套中细粒紫红色或灰绿色长石砂岩，单层厚度一般 10 ~ 30m，底部具冲刷面，下部为直罗组泥岩，上部为安定组紫红色泥岩或粉砂岩，岩石一般较疏松，往往可见到从上到下紫红色砂岩向灰绿色砂岩的变化。

（4）地下水补、径、排体系：直罗组—安定组沉积后的晚侏罗纪沉积间断期形成自流水盆地，渗入地下水作用持续的时间长，直罗组渗透性好，加之古气候干燥，是潜水氧化带和层间氧化带形成的最有利时期。古地下水主要由盆地的东、北、西缘补给区向盆地内流动。白垩纪水文地质旋回随着燕山中晚期及早喜马拉雅构造运动盆地周边上升，形成统一的汇水盆地和渗入型承压水动力体系，并一直持续到新近纪末。由于气候干旱易形成含铀、含氧水渗入作用，对层间氧化带和铀矿化形成十分有利。古地下水主要由盆地的北缘补给区向南南西流动。

（5）远景区煤田钻孔放射性异常特征及钻探验证情况：该远景区共排查煤田钻孔 376 个，筛选出潜在铀矿孔 26 个，潜在铀矿化孔 157 个，异常形态特征总体呈北东向或近南北向，通过钻探验证在该远景区共发现铀矿化孔 1 个，异常孔 1 个。矿体呈板状，分布于中侏罗统安定组下段，矿石类型为砂岩型，矿化岩性为灰绿色中砂岩。

（6）远景区矿床、矿点分布特征：远景区尚未发现大中型铀矿床，仅本项目发现了铀矿化线索。

（7）远景区找矿潜力分析：以上特征说明，该远景区成矿地质条件较为利，找矿目的层直罗组下段和安定组下段具有放射性异常，煤田钻孔放射性异常特征成片、成带特征明显，但异常厚度偏小，找矿潜力有待进一步查明。

7. 环县–泾川（A-4）远景区

该远景区隶属甘肃省庆阳市管辖，找矿目的层为中侏罗统直罗组、延安组、白垩系志丹群。

（1）构造特征：该远景区处于西缘逆冲带东侧南段，沙井子断褶带中段，该断褶带内有背斜构造12个，断裂构造20多条。背斜构造的共同点是：凡是由白垩系组成的背斜，一般幅度很小，两翼倾角平缓，轴向多为南北向，大小形状不一且呈孤独状出现。凡是由侏罗系及其以前地层所组成的背斜，一般幅度大，轴向近南北，两翼明显，且多呈西翼缓、东翼陡，大部分为长轴背斜，伴有向斜及断层。背斜和向斜的转换部位是有利的成矿部位。

（2）铀源条件：远景区与祁连–秦岭褶皱系相邻，隆起区古老的变质岩系及花岗岩系可以作为铀元素的主要来源，沉积基底与沉积地层本身亦可作为铀源，基底及地层含铀性好，铀源充足。

（3）找矿目的层砂体特征：远景区内找矿目的层直罗组下段河流相砂体发育，整体稳定连续，呈东北–西南向厚，西北–南东薄，平均厚度在20m左右，在该区中部即原煤田11～14号勘探线处最厚。砂体埋深在444～825m。砂体整体展布为北高南低，在原崾背斜部位凸起特征。根据钻孔揭露，砂体整体为灰、灰白色中细粒砂岩、粉砂岩为主，分选中等，见波状层理及砂纹交错层理，泥钙质胶结，中等透水。

（4）地下水补、径、排体系：在工作区，在中侏罗世延安组—直罗组沉积时期，形成西深东浅的古地形特征，此时地下水的总体流向由北东向南西，在工作区受西缘逆冲带影响为西北向南西，补、径、排条件成熟。当时气候较为干燥，地表有广泛的沙漠化现象，氧化作用较强，有利于含铀流体运移成矿。

（5）远景区煤田（油田）钻孔放射性异常特征及钻探验证情况：该远景区共排查环县–华亭等地区煤田钻孔742个，筛选出潜在铀矿孔30个，潜在铀矿化孔55个，异常形态特征总体呈南北向蛇曲状展布，通过钻探验证在该远景区共发现铀矿化孔四个。在平面上，呈不规则蛇曲状分布，在纵向上，呈多层状分布，但相差深度不大，多在50m范围内集中。矿化为两层，一层集中在直罗组，另一层赋存在延安组四段。分布在直罗组岩性较多，在砂岩中见到了铀异常，延安组四段零星分布，多为泥、煤层中铀异常。另外在泾川地区排查油田钻孔发现白垩系洛河组具有较好找矿线索。

（6）远景区找矿潜力分析：该远景区成矿地质条件非常有利，找矿目的层志丹群含矿性好，油田钻孔放射性异常特征成片、成带特征明显，验证铀工业矿体存在；在环县煤田区直罗组钻探验证发现铀矿化线索。因此，该远景区砂岩型铀矿具有较好找矿潜力。

8. 志丹成矿（C-2）远景区

该远景区隶属陕西省延安市管辖，找矿目的层为中侏罗统安定组。

（1）构造特征：该远景区位于鄂尔多斯盆地伊陕斜坡东部，区域构造为一平缓的西倾单斜，地层倾角小于1°，千米坡降为7～10m，内部构造简单，局部具有差异压实形成的低幅度鼻状隆起。

（2）铀源条件：鄂尔多斯盆地具有新老双重基底结构特征，盆地的间接基底为太古宇及元古宇变质岩系，太古宇（Ar）由麻粒岩相、角闪岩相的变质岩和混合花岗岩组成，元古宇（Pt₁）主要岩性为角闪岩相和绿片岩相。结晶基地的原岩可能为酸性岩浆岩或长石砂岩，各层位的 Th/U 值在 1.6~6.4，说明结晶基地铀迁出明显，可为上部层位提供丰富的铀源。直接基底由中元古界和古生界组成。中元古界为浅变质的碎屑岩-石英岩建造；下古生界为碳酸盐建造-复理石和类复理石建造。上古生界有海陆交互相含煤建造、陆相含煤建造，复陆屑建造和红色建造，这些地层在盆地周边蚀源区有不同程度的出露，为盆地盖层提供了丰富的物源和铀源。

（3）找矿目的层砂体特征：远景区内找矿目的层安定组湖相沉积发育，该套地层横向上连续、稳定，展布规模大。岩性主要为灰、绿灰色泥灰岩，且地层中含丰富的有机质、黄铁矿等还原介质；该套地层厚度在 0.5~8.5m，均质性较强。

（4）地下水补、径、排体系：燕山中晚期（J₃、K₂）—喜马拉雅早期（E—N₁）水文地质演化阶段，直罗组和志丹群含水层组具有成矿有利的水文地质环境。直罗组—安定组沉积后的晚侏罗世沉积间断期形成自流水盆地，渗入地下水作用持续的时间长，直罗组渗透性好，加之古气候干旱，是潜水氧化带和层间氧化带形成的最有利时期。古地下水主要由盆地的东、北、西缘补给区向南西、南南东流动。石炭-二叠系内生成的天然气沿断裂裂隙向上逸散，溶于含水层中，进行还原蚀变作用，形成潜育化型铀矿化。白垩纪水文地质旋回随着燕山中晚期及早喜马拉雅构造运动盆地周边上升，形成统一的汇水盆地和渗入型承压水动力体系，并一直持续到新近纪末。由于气候干旱易形成含铀、含氧水渗入作用，对层间氧化带和铀矿化形成十分有利。古地下水主要由盆地的西、西南缘补给区向北东东、北东流动。同时，延长组—延安组油田最终形成，油气组分沿断裂、裂缝向含水层中运移，发生还原蚀变作用，可形成潜育化型铀矿化。

（5）远景区油田钻孔放射性异常特征及钻探验证情况：该远景区共排查煤田钻孔4600 个，筛选出潜在铀矿孔 622 个，潜在铀矿化孔 259 个，异常形态特征总体呈近东西，通过钻探验证在该远景区共发现铀矿化孔两个。矿体主要呈板状，分布于中侏罗统安定组，矿化岩性主要为灰、绿灰色泥灰岩。

（6）远景区找矿潜力分析：该远景区成矿地质条件较有利，找矿目的层安定组地层横向上连续，油田钻孔放射性异常特征成片、成带特征明显。

9. 定边成矿（C-3）远景区

该远景区隶属陕西省延安市管辖，找矿目的层为中侏罗统安定组。

（1）构造特征：该远景区位于鄂尔多斯盆地伊陕斜坡东部，区域构造为一平缓的西倾单斜，地层倾角小于 1°，千米坡降为 7~10m，内部构造简单，局部具有差异压实形成的低幅度鼻状隆起。

（2）铀源条件：鄂尔多斯盆地具有新老双重基底结构特征，盆地的间接基底为太古宇及元古宇变质岩系，太古宇（Ar）由麻粒岩相、角闪岩相的变质岩和混合花岗岩组成，元古宇（Pt₁）主要岩性为角闪岩相和绿片岩相。结晶基地的原岩可能为酸性岩浆岩或长石砂岩，各层位的 Th/U 值在 1.6~6.4，说明结晶基地铀迁出明显，可为上部层位提供丰富的铀源。直接基底由中元古界和古生界组成。中元古界为浅变质的碎屑岩-石英岩建造；下古生界为碳酸盐建造-复理石和类复理石建造。上古生界有海陆交互相含煤建造、陆相含煤建造，复陆屑建造和红色建造，这些地层在盆地周边蚀源区有不同程度的出露，为盆地盖层提供了丰富的物源和铀源。

（3）找矿目的层砂体特征：远景区内找矿目的层安定组湖相沉积发育，该套地层横向上连续、稳定，展布规模大。岩性主要为灰、绿灰色泥灰岩，且地层中含丰富的有机质、黄铁矿等还原介质；该套地层厚度在 0.5 ~ 8.5m，均质性较强。

（4）地下水补、径、排体系：燕山中晚期（J_3、K_2）—喜马拉雅早期（$E—N_1$）水文地质演化阶段，直罗组和志丹群含水层组具有成矿有利的水文地质环境。直罗组—安定组沉积后的晚侏罗世沉积间断期形成自流水盆地，渗入地下水作用持续的时间长，直罗组渗透性好，加之古气候干旱，是潜水氧化带和层间氧化带形成的最有利时期。古地下水主要由盆地的东、北、西缘补给区向南西、南南东流动。石炭-二叠系内生成的天然气沿断裂裂隙向上逸散，溶于含水层中，进行还原蚀变作用，形成潜育化型铀矿化。白垩纪水文地质旋回随着燕山中晚期及早喜马拉雅构造运动盆地周边上升，形成统一的汇水盆地和渗入型承压水动力体系，并一直持续到新近纪末。由于气候干旱易形成含铀、含氧水渗入作用，对层间氧化带和铀矿化形成十分有利。古地下水主要由盆地的西、西南缘补给区向北东东、北东流动。同时，延长组—延安组油田最终形成，油气组分沿断裂、裂缝向含水层中运移，发生还原蚀变作用，可形成潜育化型铀矿化。

（5）远景区油田钻孔放射性异常特征及钻探验证情况：该远景区共排查煤田钻孔196个，筛选出潜在铀矿孔138个，潜在铀矿化孔36个，该远景区尚未开展钻探验证。

（6）远景区找矿潜力分析：该远景区成矿地质条件较有利，找矿目的层安定组地层横向上连续，油田钻孔放射性异常特征成片、成带特征明显。

第四节 小 结

（1）创新利用煤田、油田资料"二次"开发建立了砂岩型铀矿找矿技术方法体系，在我国主要盆地砂岩型铀矿选区和找矿工作中得到了很好的应用，示范引领了我国新一轮的砂岩型铀矿找矿，开创了我国砂岩型铀矿调查新局面；并在调查实践的过程中不断优化和完善，产生了极大的社会效益。

（2）确定了①"筛选钻孔，确定'远景区'、'靶区'；②优选'靶区'进行钻探验证；③确定成矿类型，选择找矿技术方法组合；④优选矿点进行勘查示范，将矿点变成矿产地"四步工作阶段。建立了"统一工作思路"、"统一工作部署"、"统一技术路线与方法"、"统一技术标准"四个统一工作原则。

（3）综合评估盆地内典型铀矿床和本次新发现矿产地的控矿要素，建立了该盆地砂岩型铀矿的综合找矿预测模型，即古沉积环境、成矿流体作用、构造控矿"三位一体"和勘查技术方法综合指导找矿的"三位一体"找矿模式。通过沉积序列、氧化还原序列研究古沉积环境；通过矿体特征、蚀变矿物特征等研究成矿流体；通过古构造特征分析矿体的空间就位；利用煤田、油田资料建立铀矿找矿技术方法指标直接寻找铀矿化线索。

（4）根据鄂尔多斯盆地的铀成矿地质条件及成矿远景区划评价准则，综合圈定成矿远景区九个，为后续铀矿找矿部署提供重要依据。

参 考 文 献

蔡根庆，黄志章，李胜祥．2006．十红滩地浸砂岩铀矿层间氧化带蚀变矿物群．地质学报，（01）：119～125，173

陈戴生．1994．我国中新生代盆地砂岩型铀矿研究现状及发展方向的探讨．铀矿地质，10（4）：203～206

陈晋镳，武铁山．1997．全国地层多重划分对比研究（10）——华北区区域地层．武汉：中国地质大学出版社．12

陈全红，李文厚，胡孝林，李克永，庞军刚，郭艳琴．2012．鄂尔多斯盆地晚古生代沉积岩源区构造背景及物源分析．地质学报，86（7）：1150～1162

陈庸勋，戴东林，杨昌贵．1981．岩相古地理研究方法——鄂尔多斯盆地为例．北京：地质出版社．96～115

楚泽涵，高杰，黄隆基等．2007．地球物理测井方法与原理：下册．北京：石油工业出版社

伏万军．2000．黏土矿物成因及对砂岩储集性能的影响．古地理学报，2（3）：59～68

付锦，赵宁博，刘涛．2017．高精度磁测预测砂岩铀矿氧化带前锋线．物探与化探，41（1）：45～51

高瑞祺，赵传本，乔秀云等．1999．松辽盆地白垩纪石油地层孢粉学．北京：地质出版社．1～373

郭庆银．2010．鄂尔多斯盆地西缘构造演化与砂岩型铀矿成矿作用．中国地质大学（北京）博士研究生学位论文

郭庆银，李子颖，于金水，李晓翠．2010．鄂尔多斯盆地西缘中新生代构造演化与铀成矿作用．铀矿地质，26（3）：137～144

郭召杰．2006．中新生代陆内造山过程与砂岩型铀矿成矿作用．北京：地质出版社

侯惠群，李言瑞，刘洪军，韩绍阳，王贵，白云生，吴迪，吴柏林．2016．鄂尔多斯盆地北部直罗组有机质特征及与铀成矿关系．地质学报，90（12）：3367～3374

胡亮．2010．鄂尔多斯盆地东胜铀矿区主要后生蚀变的地质地球化学特征及成因探讨．西北大学硕士研究生学位论文

黄昌杰，张金川，丁文龙，雷华蕊，范慧达．2016．基于孟塞尔系统岩石颜色定量分析研究．科学技术与工程，16（25）：1671～1815

黄智辉．1986．煤田物探资料解释的最优化方法．煤田地质与勘探，（04）：46～51

贾立城．2005．鄂尔多斯盆地南部中生界演化与砂岩铀矿地质信息研究．中国地质大学（北京）硕士研究生学位论文

焦养泉，陈安平，王敏芳，吴立群，原海涛，杨琴，张承泽，徐志诚．2005．鄂尔多斯盆地东北部直罗组底部砂体成因分析——砂岩型铀矿床预测的空间定位基础．沉积学报，（03）：371～379

雷开宇，刘池洋，张龙，吴柏林，王建强，寸小妮，孙莉．2017．鄂尔多斯盆地北部中生代中晚期地层碎屑锆石 U-Pb 定年与物源示踪．地质学报，91（7）：1522～1541

李建华，申旭辉．2001．青藏高原东北隅弧束断裂与南鄂尔多斯环形构造．地震地质，23（1）：116～121

李思田，杨士恭，解习农，李全海．1990．鄂尔多斯延安组湖泊三角洲沉积体系的演化以及这一体系与赣江三角洲的比较沉积学研究．地质科学译丛，92～93

李西得，刘军港，易超．2017．鄂尔多斯盆地北东部纳岭沟铀矿床红色蚀变矿石成因及其地质意义．地质通报，36（04）：511～519

李西得，易超，高贺伟，陈心路，张康，王明太．2016．鄂尔多斯盆地东北部直罗组古层间氧化带形成机制探讨．现代地质，30（04）：739～747

李振宏，冯胜斌，袁效奇，渠洪杰．2014．鄂尔多斯盆地及其周缘下侏罗统凝灰岩年代学及意义．石油与天然气地质，35（5）：729～741

李子颖, 方锡珩, 陈安平, 欧光习, 孙晔, 张珂, 夏毓亮, 周文斌, 陈法正, 李满根, 刘忠厚, 焦养泉. 2009. 鄂尔多斯盆地东北部砂岩型铀矿叠合成矿模式. 铀矿地质, 25 (2): 65 ~ 70

李明, 高建荣. 2010. 鄂尔多斯盆地基底断裂与火山岩的分布. 中国科学 (D辑): 地球科学, (08): 1005 ~ 1013

刘池洋, 吴柏林. 2016. 油气煤铀同盆共存成藏 (矿) 机理与铀富集分布规律. 北京: 科学出版社

刘晓雪, 汤超, 司马献章, 朱强, 李光耀, 陈印, 陈路路. 2016. 鄂尔多斯盆地东北部砂岩型铀矿常量元素地球化学特征及地质意义. 地质调查与研究, 39 (3): 169 ~ 183

柳益群, 冯乔, 杨仁超, 樊爱萍, 邢秀娟. 2006. 鄂尔多斯盆地东胜地区砂岩型铀矿成因探讨. 地质学报, 80 (5): 761 ~ 769

吕成奎. 2010. 定量伽马测井与自然伽马测井关系探讨. 河南理工大学学报 (自然科学版) 29 卷增刊: 61 ~ 63

马杏垣. 1986. 中国岩石圈动力学——1: 400万中国及邻近海域岩石圈动力学图. 北京: 地质出版社

马杏垣, 吴正文, 谭应佳, 郝春荣. 1979. 华北地台基底构造. 地质学报, 4: 293 ~ 304

马宗晋, 郑大林. 1981. 中蒙大陆中轴构造带及其地震活动. 地震研究, 4 (4): 421 ~ 237

苗爱生, 焦养泉, 常宝成, 吴立群, 荣辉, 刘正邦. 2010. 鄂尔多斯盆地东北部东胜铀矿床古层间氧化带精细解剖. 地质科技情报, 29 (3): 55 ~ 61

漆富成, 秦明宽, 刘武生, 肖树青, 王志明, 邹顺根, 黄净白. 2007. 鄂尔多斯盆地直罗组赋铀沉积相与油气蚀变带的时空配置. 铀矿地质, 23 (2): 65 ~ 70

任纪舜. 1990. 论中国南部的大地构造. 地质学报, 4: 275 ~ 288

任纪舜, 王作勋, 陈炳蔚. 2000. 1: 500万中国及邻区大地构造图. 北京: 地质出版社

时毓, 于津海, 徐夕生, 邱检生, 陈立辉. 2009. 秦岭造山带东段秦岭岩群的年代学和地球化学研究. 岩石学报, 25 (10): 2651 ~ 2670

史维浚. 1990. 铀水文地球化学原理. 北京: 原子能出版社

司马献章. 2017. 沉积盆地对砂岩型铀矿成矿的控制作用. 第六届全国沉积学大会摘要, 9 ~ 16

宋春晖, 白晋锋, 赵彦德, 金洪波, 孟庆泉. 2005. 临夏盆地 13 ~ 4.4Ma 湖相沉积物颜色记录的气候变化探讨. 沉积学报, 23 (3): 507 ~ 513

孙立新, 张云, 张天福, 程银行, 李艳峰, 马海林, 杨才, 郭佳成, 鲁超, 周晓光. 2017. 鄂尔多斯北部侏罗纪延安组、直罗组孢粉化石及其古气候意义. 地学前缘, 24 (1): 32 ~ 51

滕吉文, 王夫运, 赵文智等. 2008. 鄂尔多斯盆地上地壳速度分布与沉积建造和结晶基底起伏的构造研究. 地球物理学报, (6)

王贵, 王强, 苗爱生, 焦养泉, 易超, 张康. 2017. 鄂尔多斯盆地纳岭沟铀矿床铀矿物特征与形成机理. 矿物学报, 37 (04): 461 ~ 468

王鸿祯, 朱鸿, 贾维民等. 1987. 震旦纪世界构造格局——应用微型计算机自动生成图对古大陆位置的再造. 见: 《岩相古地理文集》编辑部编. 岩相古地理文集 (3). 北京: 地质出版社

王蓉, 沈后. 1992. 孢粉资料定量研究古气候的尝试. 石油学报, 13 (2): 184 ~ 190

王世称. 2003. 山东省金矿床及金矿床密集区综合信息成矿预测. 北京: 地质出版社

王双明. 1996. 鄂尔多斯盆地聚煤规律及煤炭资源评价. 北京: 煤炭工业出版社

王同和. 1995. 晋陕地区地质构造演化与油气聚集. 华北地质矿产杂志, (3): 283 ~ 398

王正邦. 2002. 国外地浸砂岩型铀矿地质发展现状与展望. 铀矿地质, 18 (1): 9 ~ 21

谢小国, 陈光胜, 杜蛟, 刘洋, 叶恒, 罗兵, 何卫峰. 2015. 测井曲线分析宝秀盆地晚新生代古气候与沉积环境. 四川地质学报, 35 (3): 323 ~ 325

谢渊, 王剑, 江新胜, 李明辉, 谢正温, 罗建宁, 候光才, 刘方, 王永和, 张茂省, 朱桦, 王德潜, 孙永明,

曹建科. 2005. 鄂尔多斯盆地白垩系沙漠相沉积特征及其水文地质意义. 沉积学报, 23 (1): 73~84

邢作云, 赵斌, 涂美义等. 2005. 汾渭裂谷系与造山带耦合关系及其形成机制研究. 地学前缘, 12 (2): 247~262

熊小辉, 肖加飞. 2011. 沉积环境的地球化学示踪. 地球与环境, 39 (3): 405~414

徐亚军, 杜远生, 杨江海. 2007. 沉积物物源分析研究进展. 地质科技情报, 26 (3): 26~32

徐钰林, 张望平. 1980. 侏罗纪孢子花粉. 见: 中国地质科学院地质研究所编. 陕甘宁盆地中生代地层古生物. 北京: 地质出版社. 144~186

严永耀, 安聪荣, 苗运法, 宋友桂, 杨胜利, 蔡晓敏. 2017. 新疆青海地区现代地表沉积物颜色指标与气候参数关系. 干旱区地理, 40 (2): 355~364

杨平, 陈晔, 刘泽纯. 2003. 柴达木盆地自然伽马曲线在古气候及沉积环境研究中的应用. 古地理学报, 5 (1): 94~102

杨晓勇, 凌明星, 赖小东. 2009. 鄂尔多斯盆地东胜地区地浸砂岩型铀矿成矿模型. 地学前缘, 16 (02): 239~249

易超, 高贺伟, 李西得, 张康, 陈心路, 李静贤. 2015. 鄂尔多斯盆地东北部直罗组砂岩型铀矿床常量元素指示意义探讨. 矿产地质, 34 (4): 801~813

曾江萍, 安树清, 徐铁民, 刘义博, 张莉娟. 2016. 腐殖酸对 U (VI) 的吸附性能研究. 地质学报, 90 (12): 3563~3569

张必敖, 董治平, 韩友诊. 1987. 南北地震带北段地温场的初步探讨. 西北地震学报, 9 (1): 26~32

张福礼, 黄舜兴, 杨昌贵, 张志才. 1994. 鄂尔多斯盆地天然气地质. 北京: 地质出版社

张弘, 李恒堂, 熊存卫等. 1998. 中国西北侏罗纪含煤地层与聚煤规律. 北京: 地质出版社. 1~317

张金带, 李子颖, 徐高中, 彭云彪, 王果, 李怀渊. 2015. 我国铀矿勘查的重大进展和突破——进入新世纪以来新发现和探明的铀矿床实例. 北京: 地质出版社. 1~429

张抗. 1980. 鄂尔多斯断块及其西侧石炭纪古地理和古构造. 煤田地质与勘探, 8~14

张立平, 王东坡. 1994. 松辽盆地白垩纪古气候特征及其变化机制. 岩相古地理, 14 (1): 12~16

张龙, 刘池洋, 赵中平等. 2015. 鄂尔多斯盆地杭锦旗地区砂岩型铀矿流体作用与成矿. 地学前缘, 22 (3): 368~381

张龙, 吴柏林, 刘池洋, 雷开宇, 侯惠群, 孙莉, 寸小妮, 王建强. 2016. 鄂尔多斯盆地北部砂岩型铀矿直罗组物源分析及其铀成矿意义. 地质学报, 90 (12): 3441~3453

张青海. 2010. 呼斯梁地区地层测井参数和测井相分析. 河南理工大学学报 (自然科学版), 29 (增刊): 41~47

张天福, 孙立新, 张云, 程银行, 李艳锋, 马海林, 鲁超, 杨才, 郭根万. 2016. 鄂尔多斯盆地北缘侏罗纪延安组、直罗组泥岩微量、稀土元素地球化学特征及其古沉积环境意义. 地质学报, 90 (12): 3454~3472

张字龙, 范洪海, 贺锋, 刘红旭, 贾立城, 衣龙升, 杨梦佳. 2017. 鄂尔多斯盆地南缘彬县地区水文地球化学及铀成矿作用特征. 地质通报, 36 (4): 503~510

赵红格, 刘池洋. 2003. 物源分析方法及研究进展. 沉积学报, 21 (3): 409~415

赵俊峰, 刘池洋, 梁积伟, 王晓梅, 喻林, 黄雷, 刘永涛. 2010. 鄂尔多斯盆地直罗组—安定组沉积期原始边界恢复. 地质学报, 84 (4): 553~568

赵显令, 王贵文, 周正龙, 王迪, 冉冶, 孙艳慧, 张晓涛, 李梅. 2015. 地球物理测井岩性解释方法综述. 地球物理学进展, 30 (3): 1278~1287

赵秀兰, 赵传本, 关学婷等. 1992. 利用孢粉资料定量解释我国第三纪古气候. 石油学报, 13 (2): 215~225

赵振宇, 郭彦如, 王艳, 林冬娟. 2012. 鄂尔多斯盆地构造演化及古地理特征研究进展. 特种油气藏, 19 (5): 15~22

周文戈, 宋绵新, 张本仁, 赵志丹, 谢鸿森. 1999. 秦岭造山带碰撞及碰撞后侵入岩地球化学特征. 地质地球化学, 27 (1): 27~32

朱照宇, 丁仲礼, 汉景泰. 1994. 新构造活化与气候恶化. 第四纪研究, 84 (4): 56~66

Adams S S, Smith R B. 1981. Geology and recognition criteria for sandstone uranium deposits inmixed fluvial-shallowmarine sedimentary sequences South Texas. Colorado: U S Department of Energy Grand Junction Office

Algeo T J, M aynard J B. 2004. Trace-element behavior and redox facies in core shales of Upper Pennsylvanian Kansas-type cyclothems. Chemical Geology, 206: 289~318

Bhatia M R. 1983. Plate tectonics and geochemical composition of sandstones. The Journal of Geology, 91 (6): 611~628

Calvert S E, Pedersen T D. 1993. Geochemistry of recent oxic and anoxicmarine sediments: Implications for the geological record. Marine Geology, 113: 67~88

Colombo F. 1994. Normal and reverse unroofing sequences in syntectonic conglomerates as evidence of progressive basinward deformation. Geology, 22 (3): 235~238

Dypvik H. 1984. Geochemical compositions and depositional conditions of Upper Jurassic and Lower Cretaceous Yorkshire clays, England. Geological Magazine, 121 (5): 489~504

Francois R. 1988. The study on the regulation of the concentrations of some tracemetals (Rb, Sr, Zn, Cu, V, Cr, Ni, Mn, and mo) in Saanich inlet sediments, British Columbia, Canada. Marine Geology, 83: 285~308

Granger H C, Warren C G. 1969. Unstable sulfur compounds and the origin of roll-type uranium deposits. Economic Geology, 64 (2): 160~171

Hatch J R, Leventhal J S. 1994. Relationship between inferred redox potiential of the depositonal environment and geochemistry of the Upper Pennaylvanian (Missourian) Stark Shalemember of the Dennis Limestone, Wabaunsee County, Kansas, USA. Chemical Geology, 99 (1-3): 65~82

Jones B, Manning D A C. 1994. Comparion of geochemical indices used for the interpretation of palaeoredox conditions in ancientmudstones. Chemical Geology, 111 (1-4): 111~129

Mclennan S M, Taylor S R. 1991. Sedimentary rocks and crustal evolution: tectonic setting and secular trends. Journal of Geology, 99 (1): 1~21

Pearce J A, Harris N B W, Tindle A G. 1984. Trace element discrimination diagrams for the tectonic interpretation of granitic rocks. Journal of Petrol, 25: 956~983

Rudnick R L, Gao S. 2003. Composition of the continental crust. In: Holland H D, Turekian K K (eds). The Crust: Treatise on Geochemistry. Oxford: Elsevier-Pergamon. 1~64

Russell A D, Morford J L. 2001. The behavior of redox-sensitivemetals across a laminated-massive-laminated transition in Saanich Inlet, British Columbia. Marine Geology, 174: 341~354

Shawe D R, Archbold N L, Simmons G C. 1959. Geology and uranium-vanadium deposits of the Slick Rocks District, San Miguel and Dolores counties, Colorado. Economic Geology, 54 (3): 395~415

Spalletti L A, Queralt I, Matheos S D, et al. 2008. Sedimentary petrology and geochemistry of siliciclastic rocks from the upper Jurassic Tordillo Formation (Neuquén Basin, western Argentina): Implications for provenance and tectonic setting. Journal of South American Earth Sciences, 25 (4): 440~463

Sun S S, Mcdonough W F. 1989. Chemical and isotopic system atics of oceanic Basalts: implication for the Mantle composition and process. In: Saunder A D, Norry M J (eds). Magmatism in the Ocean Basins. Geological Society of London Special Publication. 313~345

Zimmermann U, Bahlburg H. 2003. Provenance analysis and tectonic setting of the Ordovician clastic deposits in the southern Puna Basin, NW Argentina. Sedimentology, 50 (6): 1079 ~ 1104

Наумов С С, Шумилин М В. 1994. 前苏联铀矿床的主要工业类型及其普查、勘探与开采经验. 李慈俊译. 国外铀金地质, 1 (2): 143 ~ 146

图　　版

（所有图片均放大 600 倍，图版 1 产自 PM1 剖面，图版 2、3 产自 PM2 剖面）

图版 1

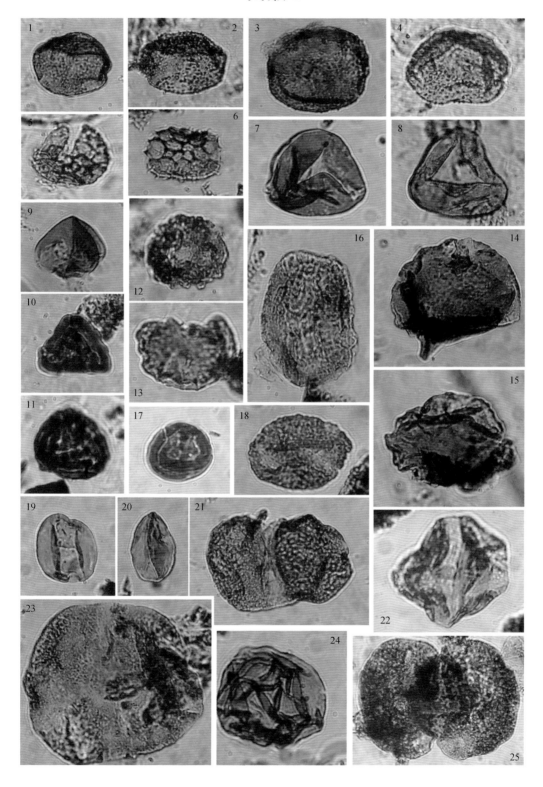

图版 2

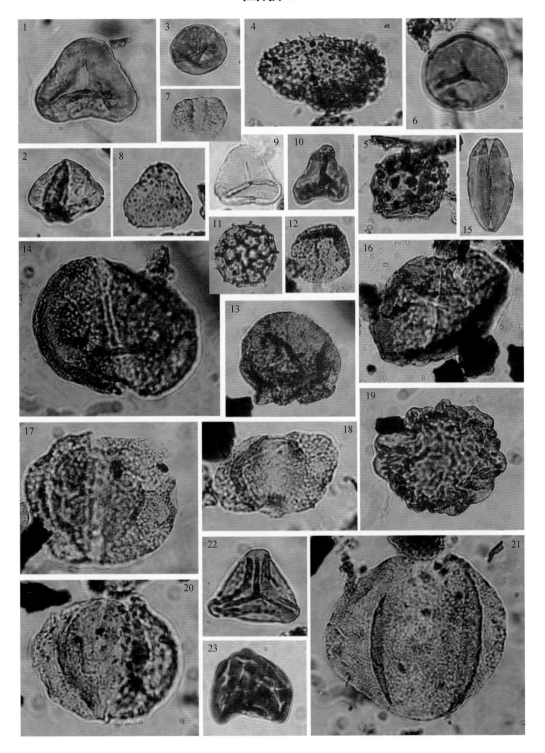

图版 3

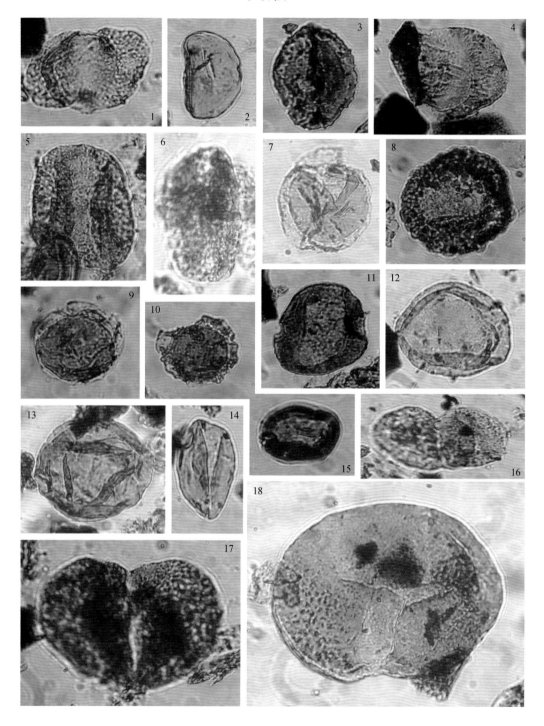

图版 1

1. 小紫萁孢 *Osmundacidites parvus*
样品编号：PM1—b7。
2. 华丽紫萁孢 *O. elegans*
样品编号：PM1—b7。
3. 威氏紫萁孢 *O. wellmanii*
样品编号：PM1—b7。
4. 变刺紫萁孢 *O. diversispinulatus*
样品编号：PM1—b7。
5. 网纹石松孢 *Lycopodiumsporites reticulumsporites*
样品编号：PM1—b4—3。
6. 南方拟棒石松孢 *L. austroclavatidites*
样品编号：PM1—b2—2。
7、8. 南方桫椤孢 *C. australis*
3、4. 样品编号：PM1—b5。
9. 小桫椤孢 *Cyathiditesminor*
样品编号：PM1—b5。
10. 阿塞勒特孢属 *Asseretospora*
样品编号：PM1—b7。
11. 绕转阿塞勒特孢 *A. gyrate*
样品编号：PM1—b7。
12. 较小脑形粉 *Cerebropollenitesminor*
样品编号：PM1—b7。
13. 窄缘冠翼粉 *Callialasporitesmicrovelatus*
样品编号：PM1—b4—3。
14. 冠翼粉属 *Callialasporites*
样品编号：PM1—b7。
15. 敦普冠翼粉 *C. dampieri*
样品编号：PM1—b7。
16. 矩形四字粉 *Q. anellaeformis*
样品编号：PM1—b4—3。
17. 环圈克拉梭粉 *C. annulatus*
样品编号：PM1—b4—3。
18. 卡里尔脑形粉 *C. carlylensis*
样品编号：PM1—b7。
19. 小广口粉 *Chasmatosporitesminor*
样品编号：PM1—b4—3。

20. 苏铁粉属 *Cycadopites*
样品编号：PM1—b7。
21. 单/双束松粉属 *Abietineaepollenites/ Pinuspollenites*
样品编号：PM1—b4—3。
22. 阿里粉属 *Alisporites*
样品编号：PM1—b2—2。
23. 原始松柏粉属 *Protoconiferus*
样品编号：PM1—b4—3。
24. 皱球粉属 *Psophosphaera*
样品编号：PM1—b2—2。
25. 罗汉松粉属 *Podocarpidites*
样品编号：PM1—b4—3。

图版 2

1. 南方桫椤孢 *C. australis*
样品编号：PM2—b18—1。
2. 小桫椤孢 *Cyathiditesminor*
样品编号：PM2—b23—2。
3. 古老水藓孢 *S. antiquasporites*
样品编号：PM2—b23—2。
4. 棒瘤孢属 *Baculatisporites*
样品编号：PM2—b26—2。
5. 叉瘤孢属 *Ristrickia*
样品编号：PM2—b23—2。
6. 小托第蕨孢 *Todisporitesminor*
样品编号：PM2—b26—2。
7. 苍白开通粉 *Caytonipollenites pallidus*
样品编号：PM2—b26—1。
8. 三角细刺孢属 *Planisporites*
样品编号：PM2—b26—2。
9. 三角孢属 *Deltoidospora*
样品编号：PM2—b7—2。
10. 金毛狗孢属 *Cibotiumsporites*
样品编号：PM2—b7—2。
11. 拟满年石松孢 *Lycopodiumsporites annotinoides*
样品编号：PM2—b23—2。

12. 小紫萁孢 *Osmundacidites parvus*

样品编号：PM2—b16—1。

13. 威氏紫萁孢 *O. wellmanii*

样品编号：PM2—b6—1。

14. 原始松柏粉属 *Protoconiferus*

样品编号：PM2—b26—1。

15. 苏铁粉属 *Cycadopites*

样品编号：PM2—b8—1。

16. 宽肋粉属 *Taeniaesporites*

样品编号：PM2—b26—1。

17. 原始松粉属 *Protopinus*

样品编号：PM2—b21—1。

18. 单/双束松粉属 *Abietineaepollenites/Pinuspollenites*

样品编号：PM2—b3—1。

19. 装饰冠翼粉 *C. segamentatus*

样品编号：PM2—b3—1。

20. 拟云杉粉属 *Piceites*

样品编号：PM2—b18—1。

21. 假云杉粉属 *Pseudopicea*

样品编号：PM2—b18—1。

22. 哈氏网叶蕨孢 *Dictyophyllidites harrisii*

样品编号：PM2—b26—2。

23. 阿塞勒特孢属 *Asseretospora*

样品编号：PM2—b16—1。

图版 3

1. 单/双束松粉属 *Abietineaepollenites/Pinuspollenites*

样品编号：PM2—b3—1。

2. 纤细光面单缝孢 *Laevigatosporites gracilis*

样品编号：PM2—b3—1。

3. 离层单缝孢属 *Aratrisporites*

样品编号：PM2—b26—2。

4. 单束多肋粉属 *Protohaploxypinus*

样品编号：PM2—b26—1。

5. 矩形四字粉 *Quadraeculina anellaeformis*

样品编号：PM2—b3—1。

6. 瘦长四字粉 *Q. macra*

样品编号：PM2—b3—1。

7. 同心粉属 *Concentrisporites*

样品编号：PM2—b10—1。

8. 串珠脑形粉 *Cerebropollenites papilloporus*

样品编号：PM2—b23—2。

9、10. 周壁粉属 *Perinopollenites*

9. 样品编号：PM2—b21—1。

10. 样品编号：PM2—b23—2。

11. 广口粉属 *Chasmatosporites*

样品编号：PM2—b21—1。

12. 南洋杉粉属 *Araucariacites*

样品编号：PM2—b23—2。

13. 皱球粉属 *Psophosphaera*

样品编号：PM2—b16—1。

14. 苏铁粉属 *Cycadopites*

样品编号：PM2—b16—1。

15. 环圈克拉梭粉 *Classopollis annulatus*

样品编号：PM2—b21—1。

16、17. 罗汉松粉属 *Podocarpidites*

16. 样品编号：PM2—b11—1。

17. 样品编号：PM2—b23—2。

18. 云杉粉属 *Piceaepollenites*

样品编号：PM2—b21—1。